KB159150

누구나 재배할 수 있는 텃밭채소

고추
RED PEPPER

국립원예특작과학원 著

21세기사

고추

GREEN & RED PEPPER

CONTENTS

4

CONTENTS

제9장 **고추 수확 후 관리 기술**

제10장 **경영과 유통**

제11장 **품질관리**

1

제1장
재배 현황과 경영적 특성

01. 재배 현황

가. 국내 생산 현황

최근 고추는 다양한 기능성과 함께 소비 및 이용이 확대되고 있다. 과거에는 조미료로 쓰이는 건고추와 생식용으로 쓰이는 풋고추로 나누어져 주로 건고추 이용이 대부분을 차지하였다.

건고추는 우리나라에서 1975년 이래 한동안 채소류 중 가장 넓은 재배면적을 차지하고 있었지만 2000년대 들어 지속적인 감소 추세를 보이고 있다. 연도별 재배 현황을 보면〈표 1-1〉 2018년의 재배면적은 28,824ha에서 71,509M/T의 건고추가 생산되었다. 최근 농촌 노동력의 부족, 힘든 노동의 회피 등의 이유로 고추 재배면적과 생산량은 지속적으로 감소되고 있다. 우리나라에서는 고추가 대부분 노지에서 재배되어 고온, 건조, 태풍, 폭우 등의 기후 요인에 따라 영향을 많이 받기 때문에 재배면적과 생산량이 해에 따라 많은 차이를 보인다.

풋고추의 연도별 재배 상황〈표 1-2〉은 재배면적은 2008년까지 꾸준히 증가하다가 이후 다소 감소하였으며, 2011년 이후로는 4,500ha 수준을 유지중이다. 2018년 재배면적은 4,806ha, 생산량은 193,745M/T으로 10a당 평균 수량은 4,031kg이었다.

〈표 1-1〉 연도별 노지 건고추 재배면적 및 생산량

연도	재배면적(ha)	채소 전체에 대한 비율(%)	생산량(M/T)	10a당 수량(kg)
1946~1950	10,729	–	22,270	205
1950~1955	11,376	11.1	36,974	324
1956~1960	13,320	11.7	27,607	208
1961~1965	17,277	13.0	39,797	230
1966~1970	30,867	15.2	66,799	223
1971~1975	55,346	25.8	84,531	159
1976~1980	103,751	38.8	115,595	109
1981~1985	120,853	33.4	148,882	124
1986~1990	89,955	26.1	165,026	188
1991~1995	81,787	22.0	173,951	172
1996~2000	76,740	20.5	194,995	254
2001~2005	64,707	19.7	164,343	253
2006	53,097	18.2	116,915	220
2007	54,876	19.8	160,398	292
2008	48,825	17.7	123,508	253
2009	44,817	17.0	117,324	262
2010	44,584	18.2	95,392	214
2011	42,574	16.3	77,110	181
2012	45,459	20.2	104,146	229
2013	45,360	19.9	117,816	260
2014	36,120	15.6	85,068	236
2015	34,514	16.4	97,697	283
2016	32,181	14.8	85,459	266
2017	28,337	12.5	55,714	266
2018	28,824	12.0	71,509	248

〈표 1-2〉 연도별 시설 풋고추 재배면적 및 생산량

연도	재배면적(ha)	채소 전체에 대한 비율(%)	생산량(M/T)	10a당 수량(kg)
1966~1970	138	0.1	3,425	2,499
1971~1975	327	0.2	4,608	1,461
1976~1980	953	0.4	11,457	1,248
1981~1985	1,850.8	0.52	25,625	1,395
1986~1990	2,386.8	0.72	42,145	1,806
1991~1995	3,660.2	0.98	89,427	2,408
1996~2000	4,981	1.33	159,164	3,165
2001~2005	5,599	1.71	225,486	4,033
2006	5,606	1.92	236,052	4,211
2007	5,966	2.15	253,738	4,253
2008	6,060	2.20	262,254	4,328
2009	5,704	2.17	233,112	4,087
2010	5,392	2.20	205,071	3,989
2011	4,814	1.85	185,147	3,846
2012	4,995	2.22	197,869	3,961
2013	4,851	2.12	181,069	3,733
2014	4,619	2.00	185,915	4,025
2015	4,878	2.31	175,574	3,599
2016	4,455	2.04	169,199	3,798
2017	4,529	2.00	186,232	4,112
2018	4,806	2.00	193,745	4,031

2018년 지역별 노지 건고추 재배면적은 전체 28,824ha 중 경북이 6,768ha로 전체의 23.5%를 차지하고 다음이 전남 15.5%, 전북 14.1%, 충남 10.2%, 충북 9.8% 순이었다. 2018년도 지역별 시설 풋고추 재배면적은 전체 4,806ha 중 경남이 전체의 50.9%인 2,446ha로 가장 많고 이어서 강원 956ha, 전남 426ha, 광주 224ha 순이다. 최근 강원도 지역에서의 시설 풋고추 재배면적이 급격히 늘어 경남 다음으로 많은 면적을 차지하고 있는 것은 여름철 고온기 고랭지에서 풋고추 재배면적이 늘어나고 있기 때문인 것으로 판단된다.

<表 1-3> 시도별 노지 건고추 및 시설 풋고추 재배면적

(2018년도)

지역	건고추		풋고추	
	재배면적(ha)	비율(%)	재배면적(ha)	비율(%)
전국	28,824	100	4,806	100
서울	7	0.0	1	0.0
부산	69	0.2	2	0.0
대구	81	0.3	10	0.2
인천	356	1.2	7	0.1
광주	104	0.4	224	4.6
대전	73	0.3	8	0.2
울산	183	0.6	4	0.1
세종	142	0.5	8	0.2
경기	2,555	8.9	148	3.1
강원	2,113	7.3	956	19.9
충북	2,826	9.8	47	1.0
충남	2,938	10.2	199	4.1
전북	4,078	14.1	129	2.7
전남	4,456	15.5	426	8.9
경북	6,768	23.5	168	3.5
경남	2,024	7.0	2,446	50.9
제주	51	0.2	24	0.5

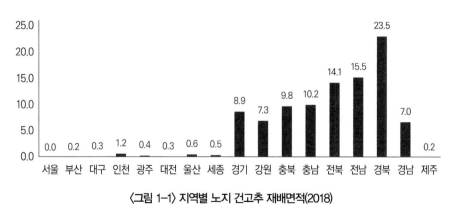

<그림 1-1> 지역별 노지 건고추 재배면적(2018)

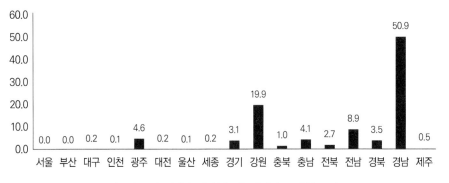

〈그림 1-2〉 지역별 시설 풋고추 재배면적 비율(2018)

나. 국외 생산 현황

2018년 기준 주요 국가별 풋고추 및 건고추 재배면적과 생산량이 많은 상위 20개국
의 현황은 〈표 1-4, 1-5〉와 같다. 풋고추 및 건고추 재배면적과 생산량은 최근 들
어 지속적으로 증가하고 있다. 풋고추 재배면적과 생산량은 상위 20개국이 전체 재
배면적의 88%, 생산량의 91%를 차지하고 있고 건고추는 각각 95.3%, 93.5%를
차지하고 있다. 전 세계적으로 고추의 재배면적과 생산량이 가장 많은 나라는 중국
이다.

2018년 중국의 고추 재배면적과 생산량은 풋고추의 경우 세계 풋고추 재배면적
201만 5천6백ha중 77만 1천6백ha로 전체 재배면적의 38.7%를 차지하고 있
고, 생산량은 전체 생산량 3,680만 톤의 49.5%인 1,821만 톤이다. 건고추 재
배면적은 세계 전체 재배면적은 177만 6천ha 중 47,753ha로 세계 9위인 2.7%
이고, 생산량은 전체 생산량 416만 5천 톤 중 32만 1천 톤으로 7.7%를 생산하
는 세계 제3위의 건고추 생산국이다. 중국의 주요 고추 재배품종은 중국 내의
많은 종묘회사 및 연구 기관에서 품종을 육성하여 공급하고 있고, 고정종 품종
과 일대잡종 품종들이 혼재되어 재배되고 있다. 최근에는 우리나라 일대잡종 고
추 종자의 수출이 늘어나고 있어 우리나라 품종의 재배면적이 급격히 늘어나고
있고, 중국에서 자체적으로 육성한 일대잡종 고추 품종의 보급도 급격히 늘어나
고 있는 실정이다.

중국 다음으로 세계의 주요 풋고추 생산 국가는 인도네시아, 멕시코, 나이지리아, 터키 등의 순이다. 인도네시아의 풋고추 재배면적과 생산량은 30만 9천ha에서 254만 2천 톤이 생산되어 전 세계 풋고추 재배면적의 15.5%, 생산량의 6.9%를 점유하여 각각 세계 2위와 4위의 풋고추 생산 국가이며, 최근 일대잡종 품종의 보급이 급격히 늘어나고 있는 추세이다. 멕시코의 풋고추 재배면적과 생산량은 15만 7천ha에서 337만 9천 톤을 생산하여 전 세계 재배면적의 7.9%, 생산량의 9.2%를 점유하여 각각 세계 3위, 2위를 차지하고 있다. 이외의 풋고추 재배면적이 많은 나라로는 이집트, 대한민국, 에티오피아 등의 순이다.

건고추 재배면적이 많은 국가는 인도, 에티오피아, 미얀마, 방글라데시, 태국 순이다. 2018년도 인도의 건고추 재배면적은 78만 2천ha에서 180만 8천 톤을 생산하여 전 세계 건고추 재배면적의 44.0%, 생산량의 43.3%를 점유하여 건고추 재배면적과 생산량이 가장 많은 것으로 나타났다. 재배 품종은 최근 우리나라 고추 품종의 종자 수출이 늘어남에 따라 일대잡종 품종의 재배가 늘어나고 있고, 인도 자국 내의 일대잡종 품종 개발 및 보급도 급속하게 늘어나고 있다. 인도 다음으로 건고추 재배면적이 많은 나라는 에티오피아로 건고추 재배면적 15만 3천ha에서 29만 4천 톤이 생산되어 재배면적은 세계 2위, 생산량은 3위를 차지하고 있다. 3번째로 건고추 재배면적이 많은 나라는 미얀마로 10만 8천ha에서 13만 톤이 생산되어 재배면적은 세계 3위, 생산량은 7위를 차지하고 있어 단위면적당 생산량이 다소 낮은 것으로 보인다. 이외에 건고추 재배면적이 많은 국가로는 방글라데시, 태국, 베트남, 파키스탄 등의 순이다.

〈표 1-4〉 국가별 풋고추 재배면적과 생산량

(2018년, FAO)

순위	재배면적			생산량		
	국가	면적(ha)	비율(%)	국가	생산량(톤)	비율(%)
계	세계	2,015,618	100	세계	36,800,783	100
1	중국	771,634	38.7	중국	18,214,018	49.5
2	인도네시아	308,547	15.5	멕시코	3,379,289	9.2
3	멕시코	156,799	7.9	터키	2,554,974	6.9
4	나이지리아	97,818	4.9	인도네시아	2,542,358	6.9
5	터키	91,973	4.6	스페인	1,275,457	3.5
6	이집트	42,132	2.1	나이지리아	747,367	2.0
7	대한민국	31,285	1.6	이집트	713,752	1.9
8	에티오피아	30,534	1.5	미국	705,790	1.9
9	카메룬	22,916	1.1	알제리	651,045	1.8
10	알제리	22,108	1.1	튀니지	426,503	1.2
11	미국	21,813	1.1	네덜란드	355,000	1.0
12	북한	21,732	1.1	이탈리아	260,746	0.7
13	베냉	21,052	1.1	모로코	256,522	0.7
14	스페인	20,580	1.0	대한민국	230,593	0.6
15	튀니지	19,362	1.0	루마니아	229,662	0.6
16	루마니아	17,977	0.9	카자흐스탄	226,037	0.6
17	우크라이나	15,200	0.8	니제르	211,413	0.6
18	스리랑카	13,553	0.7	이스라엘	196,112	0.5
19	라오스	13,497	0.7	북마케도니아	182,872	0.5
20	가나	13,174	0.7	우크라이나	176,150	0.5

주) 풋고추는 세계 127개국에서 재배, 생산되고 있음

(자료 : http://faostat.fao.org/site/567/default.aspx#ancor)

〈표 1-5〉 국가별 건고추 재배면적과 생산량

(2018년, FAO)

순위	재배면적			생산량		
	국가	면적(ha)	비율(%)	국가	생산량(톤)	비율(%)
계	세계	1,776,334	100	세계	4,164,592	100
1	인도	781,737	44.0	인도	1,808,011	43.4
2	에티오피아	152,642	8.6	중국	321,290	7.7
3	미얀마	107,551	6.1	에티오피아	294,299	7.1
4	방글라데시	101,072	5.7	태국	247,010	5.9
5	태국	91,675	5.2	파키스탄	148,114	3.6
6	베트남	70,922	4.0	방글라데시	141,177	3.4
7	파키스탄	65,275	3.7	미얀마	130,335	3.1
8	루마니아	56,465	3.2	코트디부아르	117,159	2.8
9	중국	47,753	2.7	가나	115,147	2.8
10	나이지리아	40,225	2.3	베트남	101,548	2.4
11	멕시코	31,590	1.8	나이지리아	70,871	1.7
12	이집트	24,010	1.4	이집트	62,569	1.5
13	베넹	21,052	1.2	멕시코	60,755	1.5
14	코트디부아르	19,804	1.1	네팔	52,500	1.3
15	가나	15,299	0.9	루마니아	50,878	1.2
16	캄보디아	14,183	0.8	베넹	49,125	1.2
17	카메룬	14,128	0.8	콩고	36,884	0.9
18	남아프리카	10,907	0.6	카메룬	35,019	0.8
19	콩고	10,523	0.6	페루	26,232	0.6
20	네팔	10,500	0.6	보스니아	25,745	0.6

주) 건고추는 세계 74개국에서 재배, 생산되고 있음

(자료 : http://faostat.fao.org/site/567/default.aspx#ancor)

02. 국가별 고추류 수출·입 동향

최근 15년간 국내 고추류 수입 물량 및 금액은 연차 간 다소 차이는 있으나 꾸준히 증가되고 있는 추세이다〈그림 1-3〉. 수입량은 국내 생산량이 급감했던 2011년 21만 7천 톤으로 전년 대비 5만 톤 이상 증가했으며 그 후 소폭 감소하다가 2019년 24만 4천 톤이 수입된 것으로 나타났다. 주요 수입국은 중국으로 2019년도 전체 수입 물량과 금액의 95.8%, 93.9%를 차지하고 있고, 다음이 베트남으로 4.0%, 5.4%를 차지하고 있다. 이외에도 고추를 수입하는 국가는 미얀마, 스페인, 인도 등 36개국에서 적은 양의 수입이 이루어지고 있다〈표 1-6〉.

고추류의 주요 수입 품목은 〈표 1-7〉과 같이 전체 수입 품목의 98%가 냉동 고추이고, 다음이 건조한 것으로 분쇄하지 않은 고추류가 1.3%, 파쇄 또는 분쇄한 고추류가 0.5% 이며 기타 고추류와 일시저장 처리한 고추류의 수입량은 매우 미미하다.

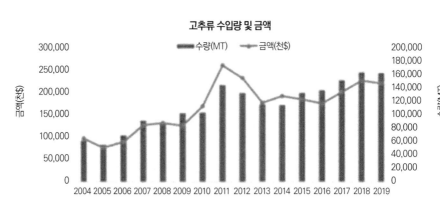

자료 : http://www.kati.net

〈그림 1-3〉 연도별 고추류 수입 물량 및 금액의 변화

<표 1-6> 고추류 주요 국가별 수입 물량 및 금액

(단위 : 천 톤)

국가	2018년			2019년		
	물량(톤)	금액(천$)	비율(%)	물량(톤)	금액(천$)	비율(%)
총계	246,212	151,145	100	244,319	147,758	100
중국	230,081	137,514	93.5	234,079	138,812	95.8
베트남	15,980	12,836	6.5	9,884	8,047	4.0
미얀마	0.1	0.4	0.0	126	94	0.05
스페인	1	15	0.0	95	140	0.03
인도	76	193	0.03	85	208	0.03
기타	74	587	0.03	51	456	0.02

자료 : http://www.kati.net

<표 1-7> 고추류의 주요 수입 품목별 비율

(단위 : 천 톤)

명칭	2018년			2019년		
	물량(톤)	금액(천$)	물량 비율(%)	물량(톤)	금액(천$)	물량 비율(%)
계	246,212	151,145	100	244,319	147,758	100
기타(고추류)	0	0	0	0	0	0
고추류 캡시컴속의 열매나 피멘타속의 열매 (건조한 것/부수지도 잘게 부수지도 않은 것)	2,906	7,568	1.2	3,215	9,228	1.3
고추류 (파쇄 또는 분쇄한 것)	1,072	3,447	0.4	1,128	3,653	0.5
캡시컴속 또는 피멘타속의 열매(냉동)	242,235	140,130	98.4	239,976	134,877	98.2
고추류 (일시저장 처리/고추의 것)	0	0	0	0	0	0

자료 : http://www.kati.net

우리나라 고추류의 수출액은 2012년 3천 4백 톤 수출 이후 2017년까지 다소 감소하다가 2019년 3천 5백 톤으로 나타났다〈그림 1-4〉. 2019년 기준 주요 수출국은 미국과 일본이 전체의 50.9%로 절반 이상을 차지하며, 그 다음은 대만 8.6%, 베트남 8.4% 순이다. 이외에도 필리핀, 캐나다, 호주, 독일 등 74개국에 수출이 되고 있으며 주요 수출국별 물량 및 금액은 〈표 1-8〉과 같다.

주요 수출 품목으로는 분쇄한 고추류가 전체의 90.2%로 가장 많고, 다음으로 기타 고추류가 9.5%이며 다른 품목의 수출은 미미한 것으로 나타났다〈표 1-9〉.

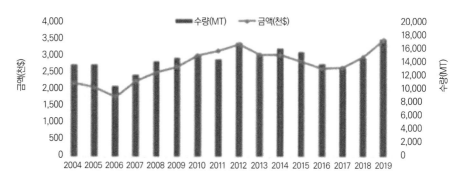

자료 : http://www.kati.net

〈그림 1-4〉 연도별 고추류 수출 물량 및 금액의 변화

〈표 1-8〉 고추류 주요 국가별 수출 물량 및 금액

(단위 : 천 톤)

국가	2018년			2019년		
	물량(톤)	금액(천$)	비율(%)	물량(톤)	금액(천$)	비율(%)
총계	2,952	14,931	100	3,517	17,418	100
미국	859	4,112	29.1	1,114	5,685	31.7
일본	607	4,322	20.6	676	4,106	19.2
대만	350	1,201	11.8	301	1,105	8.6
베트남	157	650	5.3	296	1,147	8.4
필리핀	233	905	7.9	268	1,050	7.6
기타	746	3,740	25.3	863	4,324	24.5

자료 : http://www.kati.net

〈표 1-9〉 고추류의 주요 수출 품목별 비율

명칭	2018년			2019년		
	물량(톤)	금액(천$)	물량 비율(%)	물량(톤)	금액(천$)	물량 비율(%)
계	2,951.6	14,931.4	100	3,517.5	17,417.8	100
기타(고추류)	244.4	1,510.8	8.3	335.7	1,804.6	9.5
고추류 캡시컴속의 열매나 피멘타속의 열매 (건조한 것/부수지도 잘게 부수지도 않은 것)	0.4	8.8	0.0	0.1	6.9	0.0
고추류 (파쇄 또는 분쇄한 것)	2,703.5	13,397.8	91.6	3,172.7	15,584.1	90.2
캡시컴속 또는 피멘타속의 열매(냉동)	0.4	2.6	0.0	4.0	8.2	0.1
고추류 (일시저장 처리/고추의 것)	2.9	11.4	0.1	5.0	14.0	0.1

자료 : http://www.kati.net

03. 경영적 특성

가. 가격 동향

연도별 고추 kg당 평균 가격은 2013년 대비 2019년에 건고추는 13,188원에서 17,588원으로 33% 상승하였는데 이는 최근 노지 고추 재배면적의 감소에 따라 생산량이 감소하였기 때문이다. 노지 고추는 경북, 전남과 전북 등의 산간 지역에서 많이 재배되고 있으며, 농촌 인구감소와 고령화로 인한 노동력 부족으로 전국 재배면적이 2013년도에 45,360ha에서, 2018년에는 28,824ha로 36% 감소하였다. 반면 풋고추와 홍고추 가격은 증가 추세이나 건고추처럼 크게 증가하지는 않고 있다. 이는 노지와 시설에서 재배되어 생산되나 시설 풋고추 재배면적에 큰 변화가 없어 연도별 가격 변동이 상대적으로 적은 것으로 나타났다〈그림 1-5〉.

(원/kg)

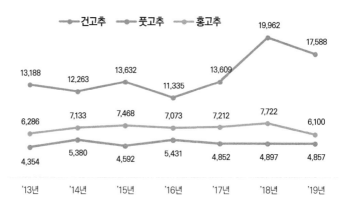

자료 : 한국농수산식품유통공사 :http://www.kamis.co.kr/customer/price

〈그림 1-5〉 연도별 고추 가격 동향

건고추의 연도별, 월별 가격은 〈그림 1-6〉과 같다. 최근 5년간 건고추 월별 가격 동향을 보면 건고추 출하 시기인 8월과 9월 이후부터 당해 연도 생산량에 따라 가격이 증가하거나 하락하고 있음을 알 수 있다. 최근 5년(2015~2019년) 가격을 보면 수확기에 김장용 햇 건고추를 미리 준비하기 위한 수요 증가로 가격이 상승하다가 김장철이 다가오는 10월 이후부터는 하락하고 있음을 알 수 있다. 그리고 12월 이후부터 이듬해 7월까지는 가정용 수요가 많지 않고 일정하여 저장한 건고추 출하 조절로 큰 가격 변동 없이 일정하게 유지되고 있다. 건고추를 생산하는 농가는 저장에 의한 단경기 출하보다는 수확기에 판매하는 것이 상대적으로 수취 가격을 높일 수 있을 것이다.

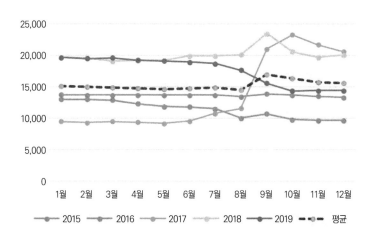

자료 : 한국농수산식품유통공사 : http://www.kamis.co.kr/customer/price

〈그림 1-6〉 연도별, 월별 건고추 가격 동향(화건 상품, 도매가격 기준)

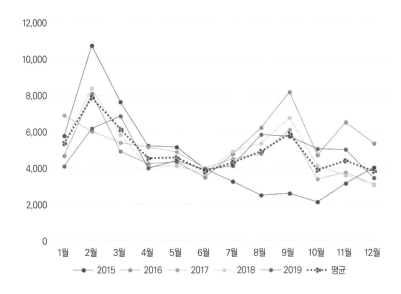

(원/kg)

자료 : 한국농수산식품유통공사 :http://www.kamis.co.kr/customer/price

〈그림 1-7〉 연도별, 월별 풋고추 가격 동향(상품, 도매가격 기준)

2015년부터 2019년까지 최근 5년간 풋고추의 가격 동향은 〈그림 1-7〉과 같다. 5년 평균 풋고추 가격은 시설재배에서 난방비가 많이 소요되는 겨울철에 생산되는 1월에서 3월이 높고, 강원도 등 노지에서 재배되는 풋고추는 9월이 공급량이 적어 높다. 풋고추 가격은 연차 간에 월별로 상당한 차이가 있었다. 연차 간에는 2015년 2월 가격이 kg당 10,764원으로 가장 높은 가격을 유지하였으며, 2015년 10월에는 같은 해 겨울작형의 풋고추 가격이 높았기 때문에 노지 풋고추 재배 농가는 재배면적을 증가하여 kg당 가격은 2,129원으로 가격이 가장 낮았다. 풋고추 월별 가격은 전반적으로 생산량이 많은 4월~7월과, 소비자 수요가 적은 10월~12월에 가격이 낮다.

(원/kg)

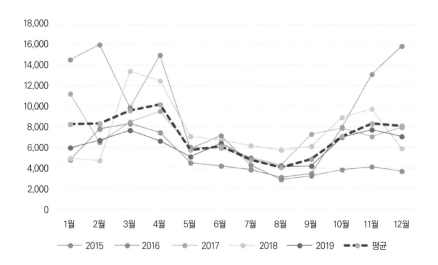

자료 : 한국농수산식품유통공사 :http://www.kamis.co.kr/customer/price

〈그림 1-8〉 연도별, 월별 붉은 고추 가격 동향(도매가격, 상품 기준)

붉은 고추의 최근 5년간 가격 동향을 살펴보면〈그림 1-8〉 풋고추와 마찬가지로 연차 간에 월별로 상당한 차이가 있었다. 가격이 가장 높았던 시기는 2015년 12월로 kg당 가격이 15,805원이고, 가격이 가장 낮은 시기는 2016년 5월로 kg당 가격은 3,120원까지 하락하였다. 5년 평균 월별 가격은 4월 가격이 높고, 8월 가격이 가장 낮다〈그림 1-8〉.

나. 수익성 동향

연도별 노지 건고추에 대한 수익성 변화를 보면〈표 1-10〉 기준 연도 1980년부터 2018년까지 조수입과 경영비, 소득 모두 증가 추세이다. 특히 조수입과 소득보다는 고용노동비, 농약비, 멀칭비닐 등 농자재비 증가 폭이 커서 경영비가 12.3배로 조수입(7.8배), 소득(7배)보다 큰 폭으로 증가하였다. 노지 건고추의 소득률은 62~85% 수준으로, 소득률의 증감은 경영비의 증감보다는 조수입의 증가에 따른 소득의 증감으로 소득이 변하고 있다.

〈표 1-10〉 연도별 노지 건고추 수익성 변화 추이

(년 1기작/10a)

연도	조수입(원)		경영비(원)		소득(원)		소득률(%)
1980	686,083	1.0	103,817	1.0	582,266	1.0	84.9
1985	707,075	1.0	210,304	2.0	496,771	0.9	70.3
1990	855,496	1.2	303,101	2.9	552,395	0.9	64.6
1995	1,613,201	2.4	346,718	3.3	1,266,483	2.2	78.5
2000	1,837,157	2.7	427,518	4.1	1,409,639	2.4	76.7
2005	2,209,103	3.2	637,548	6.1	1,571,555	2.7	71.1
2010	2,452,345	3.6	929,331	9.0	1,523,014	2.6	62.1
2011	4,127,265	6.0	993,543	9.6	3,223,723	5.5	76.4
2012	4,322,148	6.3	1,033,979	10.0	3,288,168	5.6	76.1
2013	2,910,452	4.2	1,033,444	10.0	1,877,008	3.2	64.5
2014	2,999,310	4.4	1,074,664	10.4	1,924,646	3.3	64.2
2015	3,330,785	4.9	1,108,584	10.7	2,222,201	3.8	66.7
2016	2,829,572	4.1	1,060,581	10.2	1,768,991	3.0	62.5
2017	3,419,980	5.0	1,048,678	10.1	2,371,302	4.1	69.3
2018	5,343,604	7.8	1,281,260	12.3	4,062,344	7.0	76.0

자료 : 통계청, 고추소득분석, http://kosis.kr/statisticsList/

연도별 시설 풋고추에 대한 수익성 변화를 보면〈표 1-11〉 기준 연도 1980년부터 2018년까지 조수입과 경영비, 소득 모두 증가 추세이다. 특히 고용노동비, 농약비 그리고 보온 및 피복 자재를 비롯한 농자재비 등의 증가 폭이 커서 경영비가 47.7배로 크게 증가하였다. 그러나 조수입은 시설재배 풋고추 품종 개발과 재배 기술의 발달, 시설재배 환경의 개선 등으로 생산량이 증가하여 기준 연도(1980년) 대비 21.4% 증가하였으며, 소득은 경영비 증가로 14.6배 증가하였다. 같은 기간 동안 평균 시설 풋고추의 소득률은 39.6%~79.4%로 나타났으며, 경영비 증가로 인하여 감소 추세에 있다.

〈표 1-11〉 연도별 시설 풋고추 표준 소득 변화

(년 1기작/10a)

연도	조수입(원)		경영비(원)		소득(원)		소득률(%)
1980	739,665	1.0	152,422	1.0	587,243	1.0	79.4
1985	951,101	1.3	332,142	2.2	618,959	1.1	65.1
1990	4,484,025	6.1	1,219,001	8.0	3,265,024	5.6	72.8
1995	8,002,917	10.8	3,667,734	24.1	4,335,183	7.4	54.2
2000	11,752,659	15.9	6,807,048	44.7	4,945,611	8.4	42.1
2005	14,299,632	19.3	7,092,694	46.5	7,206,938	12.3	50.4
2010	19,616,454	26.5	8,801,611	57.7	10,801,843	18.4	55.1
2011	17,460,217	23.6	9,428,942	61.9	8,031,275	13.7	46.0
2012	21,979,510	29.7	11,877,081	77.9	10,102,429	17.2	46.0
2013	18,124,121	24.5	9,575,892	62.8	8,548,229	14.6	47.2
2014	18,762,999	25.4	9,251,965	60.7	9,511,034	16.2	50.7
2015	20,660,137	27.9	9,573,875	62.8	11,086,262	18.9	53.7
2016	17,328,183	23.4	8,461,275	55.5	8,866,907	15.1	51.2
2017	13,622,811	18.4	8,221,591	53.9	5,401,220	9.2	39.6
2018	15,861,277	21.4	7,263,093	47.7	8,598,184	14.6	54.2

자료 : 농촌진흥청. 농축산물소득자료집. http://www.nongsaro.go.kr

최근 노지 건고추 및 시설 풋고추의 투입 요소 비용을 보면 노지 건고추는 10a 당 3,665천 원으로 비중이 높은 투입 요소 비목은 노동비(69.5%), 종묘비 (5.3%), 농약비(5.2%) 순으로 많다. 시설 풋고추는 노동비(41.3%), 감가상각 비(12.7%), 수도광열비(12.6%), 재료비(8.7%) 순으로 높게 나타났다. 노지 건 고추와 시설 풋고추 재배 농가는 생산 요소 투입 비용 중 비중이 높은 노동비를 우선적으로 절감하기 위한 생력화 기술을 도입할 필요가 있다〈표 1-12〉.

〈표 1-12〉 노지 건고추와 시설 풋고추 투입 요소 비용

(단위 : 천 원/10a)

구분	종묘비	비료비	농약비	수도 광열비	재료비	감가 상각비	기타 비용	노동비	자본 용역비	계
노지 건고추	196	157	191	55	148	50	163	2,548	157	3,665
	(5.3)	(4.3)	(5.2)	(1.5)	(4.0)	(1.4)	(4.4)	(69.5)	(4.3)	(100)
시설 풋고추	523	698	412	1,522	1,056	1,533	415	5,358	578	12,095
	(4.3)	(5.8)	(3.4)	(12.6)	(8.7)	(12.7)	(3.4)	(41.3)	(4.8)	(100)

자료 : 농촌진흥청, 농축산물소득자료집, http://www.nongsaro.go.kr

2018년 기준 노지 건고추 및 시설 풋고추의 소득을 보면 노지재배의 경우 소득 률은 76.0%로 시설재배의 54.2% 보다 높다. 그러나 소득 금액 면으로 볼 때 4,062천 원으로 다른 해에 비교하여 많이 증가되었지만, 시설재배 8,598천 원 의 47.2% 수준이었다.

〈표 1-13〉 2018년 노지 고추 소득 분석표

(전국기준 : 년 1기작)

소득 항목별	2018	
	농가당	10a당
총수입 (원)	8,833,528	5,343,604
생산비 (원)	6,059,275	3,665,395
내급비 (원)	3,941,220	2,384,135
순수익 (원)	2,774,253	1,678,210
경영비 (원)	2,118,055	1,281,260
소득 (원)	6,715,473	4,062,344
주산물 (kg)	410	248
부산물 (kg)	50	30
소득율(%)	76.0	

〈표 1-14〉 2018년 시설 풋고추 소득 분석표

(기준 : 년 1기작/10a)

	비목별		수량	단가(원)	금액(원)	비고
총수입	주산물가액		5,449kg	2,911	15,861,277	상품화율 : 99.2%
	부산물가액					
	계				15,861,277	
생산비	경영비	중간재비	종자·종묘비			523,220	N : 45.2kg P : 5.0kg K : 5.7kg 요소 81.8kg 유안 0.6kg 용성인비 0.7kg 염화칼리 0.4kg 황산칼리 0.9kg 붕소 10.3kg 농용석회 5.1kg 규산질 kg 복합비료 102.1kg 전기 14,032.2kw 유류 1,796.6L 가스 L 하우스비닐외피 148.8kg 하우스비닐내피 61.1kg 피복용비닐 400.2kg 육묘상자 개 할죽 11.8개 지주대 58.6개 롯트 1.5개 끈 9.9개 짐 36.4kg 포장재(PP마대) 407.9개 보온 덮개 14.0m
			종자	141.4g	1,121	
			종묘	1,501주	372	
			보통(무기질)비료비			279,705	
			부산물(유기질)비료비			418,104	
			농약비			412,298	
			수도광열비			1,522,229	
			기타재료비			1,055,621	
			소농구비			7,291	
			대농구상각비			397,581	
			영농시설상각비			1,135,280	
			수리·유지비			67,164	
			기타비용			104,367	
			계			5,922,861	
		농기계·시설임차료				555	
		토지임차료				214,934	
		위탁영농비				20,527	
		고용노동비		127.0시간		1,104,215	
		남		22.4시간	12,306		
		여		104.6시간	8,770		
		계				7,263,093	
	자가노동비		250.3시간		4,254,348	
	남		136.0시간	17,000		
	여		114.3시간	17,000		
	유동자본용역비				108,544	
	고정자본용역비				211,816	
	토지자본용역비				257,627	
	계				12,095,428	
부가가치					9,938,416	
소득					8,598,184	
부가가치율(%)					62.7	
소득률(%)					54.2	

2

제2장

생리 · 생태적 특성

01. 온도

고추는 과채류 중에서도 높은 온도를 요구하는 고온성 채소로 온도 관리가 생산량에 중요한 요인임으로 세심한 관리가 요구된다. 육묘할 때에는 발아를 균일하게 하는 것이 매우 중요하므로 발아 온도를 28~30℃ 정도로 약간 높게 맞추어 주는 것이 좋으며 적어도 20℃ 이상은 유지되어야 한다. 적온 상태에서는 파종 후 3~5일이면 싹이 나오는데 싹이 난 후에는 파종할 때 덮었던 비닐이나 신문지를 제거하여, 햇빛을 충분히 받도록 하고, 온도는 낮에는 27~28℃, 밤에는 22~23℃로 약간 내려서 관리한다.

파종상에서 본잎이 2~3매가 완전히 펴지면 가식상이나 포트로 옮겨 심어야 하는데 이때는 파종상 온도보다 2~3℃ 높여 활착을 돕고 4~5일정도 지난 후에 온도를 서서히 낮추어 낮에는 25~27℃, 밤에는 15~17℃, 지온은 18~20℃ 정도로 관리한다. 최근에는 육묘용 트레이에 직접 파종하여 옮겨 심지 않고 육묘하거나 전문 육묘 업체에서 묘를 구입하여 사용한다.

〈표 2-1〉 작물별 발아 최적 온도 및 최고, 최저 온도

작물	최적 온도(℃)	최고 온도(℃)	최저 온도(℃)	비고
고추	20 ~ 30	35	10	
토마토	20 ~ 30	35	10	발아 시에는 암상태가 유리
가지	15 ~ 30	33	10	

아주심기(정식) 전에는 옮겨 심은 후의 환경을 예상하여 재배지 조건에서 견딜 수 있도록 육묘상의 온도를 낮에는 22~23℃, 밤에는 14~15℃, 지온은 20℃에서 15℃ 정도로 낮추어 관리하면서 모종을 단단하게 키워야 한다. 온상의 온도와 묘 소질과의 관계를 보면 지온이 높아지면 꽃 수가 많아지고, 첫 개화는 빨라진다. 그러나 낙뢰(꽃봉오리가 떨어지는 것), 낙화(꽃이 떨어지는 것)가 많아지므로 지온은 24℃ 전후가 알맞다. 지온이 너무 높게 되면 뿌리가 웃자라 꽃의 소질이 나빠지고 열매를 맺을 수 있는 꽃 수가 줄어들게 된다. 또한 건조하거나 비료 부족이 일어나기 쉽고 지온이 너무 낮으면 뿌리의 발육이 억제되므로 지상부의 생육도 줄어들어 꽃 수가 감소된다. 그러므로 기온이 높아 지상부가 웃자라게 될 때는 지온을 낮추어 뿌리의 발육을 억제시켜서 지상부의 발육을 조절하여 꽃 수가 많아지도록 한다. 반대로 기온이 낮아 지상부의 자람이 불량할 때에는 지온을 높여 뿌리의 신장을 촉진시키고 지상부의 생육을 좋게 하여 꽃 수가 많아지도록 해야 한다. 일반적으로 고추는 지온의 영향보다 기온의 영향을 크게 받으므로 기온 확보에 주의를 해야 한다. 밤 온도가 낮아질수록 1차 분지(방아다리)까지의 엽수가 증가하고, 개화가 늦어진다. 이상의 조건들을 고려할 때 고추 재배에 알맞은 최저 기온은 18~20℃ 정도로 토마토보다는 고온성이다.

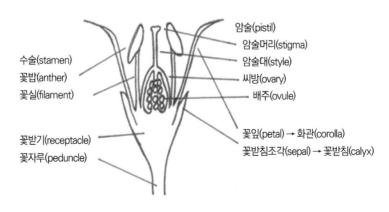

〈그림 2-1〉 고추 꽃의 구성

고추 꽃이 피는 시간은 오전 6시부터 10시 사이가 가장 왕성하고 꽃가루가 나오는 것은 꽃이 피는 것(개화)보다 늦어 오전 8시부터 12시까지가 최성기이나 품종에 따라서는 오후에 꽃가루(화분)가 나오는 품종도 있다. 화분발아(꽃가루관이 나오는 것)는 꽃피기 1일 전의 꽃가루(화분)에서도 발아하여 화분관 신장(꽃가루관이 자라는 것)이 가능하지만 당일에 핀 꽃의 꽃가루(화분)가 더 잘 발아하고 신장된다. 꽃가루의 발아, 신장의 적온은 품종에 따라 차이가 있지만 20~25℃로 15℃보다 낮은 온도 혹은 30℃보다 높은 온도에서는 잘 발아하지 못한다〈표 2-2〉.

〈표 2-2〉 고추의 꽃가루(화분) 발아 및 화분관 신장과 온도

온도(℃)	화분발아율(%)		화분관 신장(㎛)	
	사자고추	녹광	사자고추	녹광
10	0.8	0.2	58.8	80.0
15	53.6	47.5	197.6	140.6
20	46.6	40.7	1,230.4	1,291.0
25	39.8	40.4	1,732.6	1,819.1
30	30.2	20.5	1,395.1	1,580.0
35	10.2	5.4	107.0	48.0
40	0.1	0.0	43.3	-

꽃피는 시기에 고온이 지속되거나 고온장해를 받으면 수정(꽃가루가 자라 배주와 만나 종자가 될 배를 만드는 것) 능력이 없는 화분의 형성이 많아진다. 수정 능력이 없는 화분은 화분모세포(꽃가루가 나오기 전의 원모세포)의 이상분열에 의해 형성되는 것으로 생각되고, 꽃이 피기 2주일 전의 평균기온과 수정 능력이 없는 화분의 발생 비율이 밀접한 관련이 있는 것으로 알려져 있다. 즉 30℃ 이상에서는 50% 이상의 불량 화분(수정 능력이 떨어지는 꽃가루)이 발생하는 것으로 알려져 있다.

고추는 수정이 되지 않아도 단위결과로 열매가 달리게 되나 과실 내에 종자가 형성되지 않아 모두 기형과 또는 석과(돌처럼 딱딱해지면서 잘 자라지 못해 작은 고추가 되는 것)가 된다. 이런 현상은 특히 시설 내 저온기 재배에서 발생이 심하고 장마가 오랫동안 계속되는 경우에도 발생된다. 밤 온도와 단위결과와의 관계를 보

면 13℃에서도 단위결과는 가능하지만 종자가 없는 과실이 되고, 18℃ 이상에서는 정상적인 착과가 이루어지고 종자가 형성된다〈표 2-3〉. 고추의 온도와 착과율과의 관계를 비교하여 보면 온도가 낮은 경우에는(10~16℃) 착과된 과실의 발육이 불량하고 착과율도 떨어지며, 온도가 높으면(21~27℃) 생육이 양호하고 꽃도 많이 형성되지만 착과율이 떨어지는 경향이 있고, 16~21℃에서는 생육은 떨어지나 꽃이 피고(개화), 열매가 달리는 것(결실)은 높은 경향을 보여 고추에서의 개화, 결실에 알맞은 온도는 16~21℃의 범위라고 할 수 있다.

〈표 2-3〉 단위결과에 미치는 야간온도의 영향

품종명	13℃		18℃		23℃	
	종자 수(개)	단위결과(%)	종자 수(개)	단위결과(%)	종자 수(개)	단위결과(%)
품종 1	0	100	58.5	0	89.8	0
품종 2	0.8	78.5	102.0	0	91.2	0
품종 3	0	100	48	0	163.0	0
품종 4	0	100	79	0	208.0	0

* 단위결과 : 수분(꽃가루가 암술머리로 옮겨지는 것), 수정(꽃가루가 싹이 나서 배낭내의 배주와 만나 종자가 될 배를 만드는 것)이 정상적으로 이루어지지 않아 종자가 생기지 않고 과실이 발달하는 것

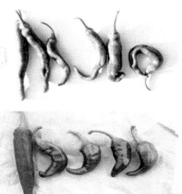

〈그림 2-2〉 저온, 고온 등의 원인으로 수정이 정상적으로 이루어지지 않아
과실의 모양이 정상적으로 자라지 못한 것 (왼쪽 석과, 오른쪽 기형과)

02. 광(햇빛)

광에 대해서는 토마토나 오이보다 고추는 덜 민감한 것으로 알려져 있다. 토마토는 광의 세기(광도)가 낮아지면 화아분화가 늦고, 착과 절위가 높아지는 경향이 있지만 고추는 이러한 영향이 거의 없다. 이것은 토마토의 광포화점(光飽和點)이 7만 lux이나 고추는 광포화점이 3만 lux로 다른 과채류보다 낮기 때문이다. 그러므로 고추는 극 단일(햇빛을 받는 시간이 짧아지는 것)을 제외하고는 광도에 큰 영향을 받지 않는다. 그러나 햇빛을 충분히 쪼여주는 것이 생육에 좋고 개화 결실에도 효과적이다. 햇빛을 제한하게 되면 생육이 불량해지고 착과율과 과실 비대가 느려져서 수량이 적어진다〈표 2-4〉.

〈표 2-4〉 광의 강도와 수량과의 관계

(門田, 1967)

광도(%)	지상부중(g)	개화 수(개)	착과율(%)	수확과 수(개)	수량(g)
100	157.7	86	72.1	62	454.8
50	121.5	71	63.4	45	292.8
20	108.4	68	51.5	35	128.8

※ 광도 : 100% 5만 lux, 구름 낀 날 5,000~6,000 lux, 광도 50% : 차광망 1겹, 광도 20% : 차광망 2겹 설치

* 광포화점 : 식물이 광합성을 하는데 활용할 수 있는 최대한의 빛의 세기
* 광보상점 : 식물이 광합성을 하는데 필요한 최소한의 빛의 세기
* 화아분화 : 열매가 달리는 채소는 열매가 달리기 위해서는 꽃눈이 분화되어 꽃이 피고 수분 수정이 이루어져야 열매가 달리게 되는데 꽃이 피기 위해 꽃눈의 분화가 일어나는 것

실제 고추 재배에서 햇빛 부족이 문제가 되는 것은 시설재배이다. 시설재배에서는 하우스 내의 보온자재나 하우스 골재에 의해 광선의 제한을 받기 쉽다. 그러므로 시설재배에서는 이랑을 가능한 넓게 하고 주간을 어느 정도 밀식하는 것이 유리하다. 고추의 하루 광합성량은 오전 중에 전체의 70~80%, 오후에 20~30% 정도가 이루어지므로 고추는 오전 중에 광선이 잘 쪼이도록 관리하는 것이 좋다. 고추의 생육에는 장일(햇빛 받는 시간이 길어지는 것) 조건에서 파종 후 개화까지의 소요 일수는 짧아지고, 착과 수는 다소 많아지는 경향이지만 일장(하루 중의 햇빛을 받는 시간)이 크게 관여하지 않는 것으로 알려져 있다〈표 2-5〉.

〈표 2-5〉 고추(피망) 생육과 개화 결실에 미치는 일장의 영향 (Cochran, 1936)

온도	일장	초장(cm)	파종 후 개화까지 일수(일)	착화 수(개/주)	착과율(%)
10 ~ 16℃	장일	14.3	–	0	0
	자연일장	10.8	135	1	0
16 ~ 21℃	장일	52.6	95	290	35.5
	자연일장	35.7	84	297	41.0
21 ~ 27℃	장일	76.9	82	687	16.3
	자연일장	48.3	73	712	30.3

※ 처리 시기 : 12~4월, 장일처리 : 전등으로 보광

03. 수분

고추의 뿌리는 주로 토양 속으로 깊이 자라지 않고 흙의 표면에 분포하는 천근성(뿌리가 깊게 들어가지 않는 성질)으로 토양이 건조하면 수량이 낮아지고, 여러 가지 생육 장해가 발생된다. 물 주는 양은 날씨, 흙의 특성(토성), 환기량, 착과율, 시비량, 멀칭유무 등을 고려하여 적절하게 조절하여야 한다. 노지재배에서는 여름철의 건조가 생육 및 수량에 크게 영향을 미치므로 밭이 계속 건조되지 않도록 주의해야 한다. 그러나 노지재배에서는 여름철 장마기에 접어들면 오히려 침수에 의한 뿌리의 기능이 나빠져 습해를 받는 경우가 많은데 보통 침수된 지 2일 정도가 지나면 식물체가 죽게 된다〈표 2-6〉. 이것은 멀칭재배를 하는 경우, 특히 투명 멀칭을 하는 경우 그 경향이 더욱 뚜렷하여 침수되었다가 햇빛이 나게 되면 고추가 시들게 되는데 이것은 뿌리가 과습으로 인해 장해를 받았기 때문이다. 이와 같이 고추는 건조에도 약하고 침수에도 매우 약하므로 배수관리에 더욱 주의해야 하고, 가뭄 때는 물주는 시설(관수시설)을 설치하여 적기에 물을 주는 것이 수확량을 높이는데 중요한 요인이 된다.

〈표 2-6〉 침수 시간이 고추 품종별 생육 및 수량에 미치는 영향

구분		생존율(%)		생과 수량(kg/10a) 및 지수			
		신홍	대풍	신홍	지수	대풍	지수
침수 기간(일)	0	100	100	1,282	100	671	100
	0.5	100	98	1,239	97	487	69
	1	88	90	945	74	309	51
	2	13	5	63	5	0	0
	4	0	0	0	0	0	0
	6	0	0	0	0	0	0

04. 토양

뿌리는 식물체를 지지하고 흙 속의 양분과 수분을 흡수하는 기능뿐만 아니라 흡수한 양·수분을 지상부로 이동시키고 잎에서 만든 동화양분을 뿌리 끝부분까지 전달하는 통로 역할을 한다. 따라서 작물이 제대로 생육하고 과실을 비대 시키며 강한 비바람을 맞아도 쓰러지지 않으려면 튼튼하고 활력이 높은 뿌리를 형성해야 한다. 그런데 고추의 경우는 뿌리가 주로 표토(토양의 위 부분)에서 약 40cm까지 분포하는 천근성(淺根性) 작물이며 타 작물에 비해 부정근(不定根)이 잘 발생하지 않아 지상부 생육에 비해 지하부 발달이 잘 안되는 특성을 갖고 있다. 다른 작물에 비해 지상부/지하부 비율이 상대적으로 높아 바람에 약하고 건조나 습해에도 약하다. 따라서 고추를 안전하게 양질의 고추를 다수확하기 위해서는 지하부 환경을 개선하여 뿌리의 분포가 깊고 넓도록 하여야 한다. 그러려면 밭을 깊이 갈고 유기물을 많이 주고, 이랑을 20cm 이상으로 높여주는 것이 좋다. 본밭에 고추를 심을 때는 육묘할 때 포트에 심겼던 깊이대로 심어 뿌리의 통기성과 배수성이 좋도록 해야 한다. 고추는 토양에 대한 적응성은 넓은 편이지만 수분을 보유하는 능력(보수력)이 좋은 양토 또는 식양토가 유리하다. 토양산도(pH)에 대해서는 크게 민감하지 않으나 pH 6.0~6.5 정도의 토양에서 생육이 좋으며, pH 5.0 이하에서는 생육이 불량하고 역병 등의 토양병해 발생이 증가된다.

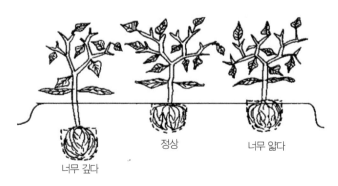

〈그림 2-3〉 고추 심는 깊이

05. 비료

고추는 비료에 대해 매우 둔감한 작물이지만 생육기간을 통해서 비료성분이 지속적으로 유지되는 상태가 아니면 수량이 떨어지는 경우가 많기 때문에 웃거름을 알맞게 주는 것이 다수확에 유리하다. 시비량은 토양의 비옥도(肥沃度), 연작 횟수, 앞 작물과의 관계, 재식주수, 재배기간, 비료성분의 흡수 이용률 그리고 노지재배와 시설재배 등에 따라 다르다.

노지재배지에서는 비에 의한 비료의 용탈(빗물에 비료성분이 씻겨 내려가는 것)이 심하여 질소비료의 이용률이 30~40% 밖에 안 되지만, 시설재배의 경우에는 비에 의한 용탈이 거의 일어나지 않아 비료 이용률은 노지보다 높은 편이다. 작형별 표준시비량은 〈표 2-7, 표 2-8〉과 같다. 표준시비량은 노지 고추의 경우 질소-인산-칼리의 성분량으로 각각 19.0-11.2-14.9kg/10a, 풋고추 시설 재배의 경우는 22.5-6.4-10.1kg/10a이다.

〈표 2-7〉 고추 재배에 적합한 토양의 화학성

| 산도 (pH, 1:5) | 유기물 (g/kg) | 인산 (mg/kg) | 양이온 교환용량(CEC)[1] $(cmol^+/kg)$ | | | CEC $(cmol^+/kg)$ | EC[2] (dS/m) |
			칼리	칼슘	마그네슘		
6.0~6.5	25~35	450~550	0.7~0.8	5.0~6.0	1.5~2.0	10~15	2이하

[1] 양이온(염기) 교환용량(CEC) : 특정한 pH에서 일정량의 토양에 전기적 인력에 의하여 다른 양이온과 교환이 가능한 형태로 흡착된 양이온의 총량.

[2] 전기전도도(EC) : 토양 속에 남아 있는 비료성분의 양을 측정할 수 있는 기준이 되는 값. 토양 속에 염류(비료성분)가 많이 녹아 있을수록 EC 값이 높아짐.

〈표 2-8〉 작형별 고추의 표준시비량

(성분량, kg/10a)

구분	질소(N)	인산(P)	칼리(K)	퇴비	석회(Ca)	비고
노지재배	19.0	11.2	14.9			
시설재배	22.5	6.4	10.1	2000	200	퇴비, 석회는 실량임
밀식재배	19.0	12.3	15.5			

06. 개화 및 착과 습성

일반적인 고추 품종은 정식 단계가 되는 본잎이 11~13매 달렸을 때 이미 30개 가까운 꽃이 필 준비가 끝나게 되고, 약 10~13절의 제1차 분지에 첫 개화가 피는 특성을 갖고 있다. 그리고 계속해서 각 분지 사이에 꽃이 맺히는 무한화서(無限花序, 식물체가 자라면서 계속 꽃이 피는 성질)에 속하며 대개 노지재배에서는 주당 300~400개, 하우스재배에서는 600~1,200개 가까운 많은 꽃이 피지만 일시에 피는 것이 아니고 3~4번의 주기를 갖는다. 꽃이 피는 시기는 오전 6시부터 10시 사이가 가장 왕성하고 꽃가루가 나오는 시간은 꽃피는 시간보다 약간 늦어 오전 8~12시까지가 최성기이다. 그리고 꽃가루의 발아 및 신장 온도는 품종에 따라 약간 차이가 있지만 20~25℃ 정도이고 15℃보다 낮은 저온이나 30℃보다 높은 고온에서는 잘 발아하지 못해 수정 능력이 없는 화분으로 되는 경우가 많다. 열매가 맺히는 것은 약 70%가 자기 꽃가루받이에 의해 수정이 되지만 30% 정도는 다른 꽃과의 꽃가루받이를 통해 열매가 맺히게 된다. 특히 시설재배에서는 밀폐로 인한 다습, 저온 조건이 유지되기 때문에 수정이 잘 되지 않는 경우가 많으므로 통풍을 하거나 지주를 가볍게 흔들어 주는 것이 착과율을 높이는데 효과가 크다. 착과율은 노지재배의 경우는 10월 중순까지 수확 가능한 건고추로 계산할 때 총 개화 수의 약 20% 정도이다. 그러나 시설재배에서는 양·수분 조건과 온도 및 햇빛 조건을 적합하게 관리할 경우 50~60%까지 착과율을 증대시킬 수 있다. 열매가 크는 시기는 낮과 밤을 가리지 않고 연속적으로 크지만 양분 전류의 특성상 낮에 약 60%, 초저녁에 약 40% 정도의 비율로 자란다. 노지 건고추는 보통 개화 후 45~50일 정도 지나(평균 적산 온도가 1,000~1,300℃) 착색 성숙이 완료되며 이때가 수확 적기이다. 그러나 하우스 풋고추의 경우에는 개화 후 15~20일 정도 지나 과실의 비대가 완료되기 직전에 수확하는 것이 수량성을 높일 수 있고 소비자의 기호도 충족시킬 수 있는 품질이 된다.

〈그림 2-4〉 정상적인 개화

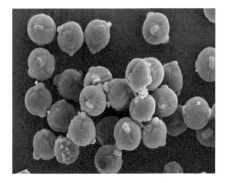

〈그림 2-5〉 고추 꽃가루

〈그림 2-6〉 불수정에 의한 낙화

적산 온도 : 고추의 생육에 필요한 열량을 나타내기 위한 것으로 고추의 생육이 가능한 최저 온도인 5℃ 이상의 하루 중의 온
도를 더한 값

MEMO

3

제3장

품종 선택

01. 품종의 구비 조건

국내 고추는 건고추, 풋고추, 홍고추, 착색단고추 등 재배 용도에 따라 다양하나 크게 건과용과 풋고추용으로 구분된다. 국내 고추 품종은 1970년대 이전 지방 재래종에서 1970년대 후반 일대잡종 품종이 개발되기 시작하면서 건과 품질, 열매 크기, 수량성 및 내병성이 빠르게 개량되어 왔다. 국내 고추 품종 생산 판매 현황은 건고추, 풋고추, 착색단고추를 포함하여 3,503품종이 신고되었고 매년 많은 신품종이 판매되고 있다〈표 3-1〉. 국내 고추는 재배 용도가 다양하며 품종 수가 많고, 품종의 교체가 빠르게 이루어지며, 품종의 특성이 유사하여 재배 목적에 맞는 품종을 선택하는 것이 중요하다. 고추는 연작에 약하고 가뭄 및 집중호우 등 기상 여건에 따라 작황이 매우 불안정하다. 따라서 안정된 수량과 소득을 얻기 위해서는 재배지의 환경과 관리 조건 및 소비자의 기호성을 고려하여 내병성을 갖춘 고품질 다수확계 품종을 선택해야 한다.

년도	품종 수	년도	품종 수	년도	품종 수
1997	234	2005	149	2013	244
1998	78	2006	172	2014	241
1999	70	2007	147	2015	164
2000	69	2008	129	2016	150
2001	73	2009	152	2017	119
2002	76	2010	156	2018	195
2003	113	2011	209	2019	224
2004	132	2012	207	계	3,503

건고추

1) 착과력이 우수하고, 착색 및 건조기간이 빨라야 한다.

2) 생육 후기까지 초세가 강하고 열매 크기와 과형이 균일해야 한다.

3) 건과 품질이 우수하며 고춧가루가 많이 나와야 한다.

4) 절간이 짧고 꼭지가 잘 떨어져 재배관리, 수확이 용이해야 한다.

5) 역병, 바이러스 등의 병과 가뭄과 습해 등에 강해야 한다.

6) 환경조건에 의한 생리장해가 적은 품종이어야 한다.

풋고추

1) 절간이 짧고 채광, 통풍 및 밀식재배에 유리한 품종이어야 한다.

2) 개화 시기가 빠르고 생육 후기까지 착과력이 우수하고 열매 크기가 균일한 품종이어야 한다.

3) 과실 색은 진한 녹색으로 광택이 있고, 표면이 매끈한 품종이어야 하며 용도별 적합한 과실 특성을 나타내야 한다.

4) 고온, 저온 및 햇빛 부족 조건에서도 개화 및 꽃가루 터짐이 잘되어 착과 및 과실 비대가 잘 되어야 한다.

5) 바이러스에 견디는 힘이 있고, 가뭄 및 습해에 강해야 한다.

6) 환경조건에 의한 생리장해가 적은 품종이어야 한다.

02. 품종 선택 요령

국내에서 재배되고 있는 고추 품종은 그 수가 많고 재배 용도가 다양하다. 고추는 연작에 약하고 가뭄과 습해 등에 의한 피해가 자주 발생하므로 내병·내재해성 품종을 선택한다. 재배지의 환경과 관리 조건, 판매 경로, 소비자의 기호성 등을 고려하여 품종을 선택하여 재배하도록 한다.

신품종을 재배할 경우 신품종에 대한 기대 심리로 일시에 전 재배지를 신품종으로 대체하는 것보다 단계적으로 신품종의 재배면적을 늘려나감이 보다 안정된 수량과 소득을 얻을 수 있다.

한 가지 품종보다는 두세 가지 정도의 품종을 선택하는 것이 좋다. 안정된 소득을 위해서는 한 가지 품종을 재배하는 것보다는 두 품종 정도, 즉 품질계 품종과 내병계 품종, 조생종과 중만생종, 한발에 강한 것과 습해에 강한 것 또는 두 개의 종묘회사 품종을 재배하는 것이 바람직하다.

토양, 기후 등 지역에 적합한 품종 선택을 선택하여야 한다. 동일 품종이라 할지라도 토질, 온도, 강우량 등에 따라 초세, 내병성, 수량 등이 매우 다르게 나타나므로 재배지의 환경조건과 관리 조건 및 소비자의 기호성 등을 고려하여 적합한 품종을 선택하는 것이 좋다.

품종특성 및 관리 요령을 파악하여야 한다. 고추는 여러 개의 과실을 여러 번 수확하므로 재배기간, 재배지 전체, 과실 전체를 보고 품종특성을 파악하는 것이 필요하다. 재배할 품종에 대한 재배 작형, 내병성, 시비 관리 등에 대하여 잘 파악하여 선택한다. 특히 신품종에 대하여는 특성과 재배관리 요령 등을 파악한 후 신품종으로 대체하는 것이 안전하다.

03. 품종의 분류

국내 주요 고추 품종은 품종특성 및 재배 요령에 따라 이용 용도, 재배 작형, 내병성 및 조숙성 등으로 분류할 수 있다.

건고추

건고추 품종은 노지재배, 터널재배, 비가림재배 작형 품종으로 구분되며 대부분 노지재배 품종이다. 절간이 짧고 초형이 크지 않고 초기 보온의 효과가 높은 품종은 터널재배에 적합하다. 최근에는 재배 안정성을 높이고자 비가림재배가 증가하면서 기존의 비가림 전용 품종을 비롯해 노지 또는 터널 품종 가운데 비가림 겸용 품종이 증가하고 있다. 특히 비가림재배에서는 초기 아주 심는 시기의 저온, 여름철 생육기의 고온의 환경조건에서도 활착이 빠르고 착과력 및 과실 비대가 연속적으로 우수하고 생육 후기까지 초세가 강하고 장기간의 재배에서도 단과 발생이 적은 품종이 유리하다.

대부분 건고추용으로 이용되며 건조 방법에 따라 양건이 가능한 품종, 과피가 두꺼워서 가능하면 화건이 적합한 품종으로 구분될 수 있다. 또한 건고추로 주로 이용되지만 홍초 또는 풋고추로도 이용 가능한 품종이 있다

노지 고추는 재배기간이 길고 재배 시기에 가뭄, 건조 등 기상 환경이 좋지 않으므로 재배 안정성 향상에 역병 및 바이러스에 대한 내병성이 중요하다. 내병성에 따라 일반계와 역병 내병계로 크게 구분된다. 피알(PR)은 역병 내병성을 의미하며 발병 재배지 역병 균주의 병원성, 균주와 품종 간의 반응, 배수 등의 재배환경에 따라 품종의 내병성 정도가 다를 수 있다. 고추에 피해를 주는 바이러스 종류는 많으나 내병성 품종은 일부 바이러스 또는 재배지 내병성으로 바이러스 종류 및 재배관리에 따라 내병성 정도가 다를 수 있다. 최근에는 꽃노랑총채벌레에 의해 매개되는 칼라병(토마토반점위조바이러스, TSWV)이 급

속도로 확산되어 고추 재배 농가에 많은 피해를 발생시켜 이에 대한 내병성 품종이 개발되어 농가에 보급되고 있으며, 역병과 바이러스에 견디는 힘이 강한 복합내병성 품종이 증가하고 있고 그 밖에 세균성반점, 청고병에 대한 내병성 품종이 일부 소개되고 있다.

또한 역병과 함께 우리나라 고추 생산량에 가장 큰 피해를 주고 있는 탄저병 저항성 품종도 많이 개발되고 있어 농가들의 선택폭이 넓어지고 있다.

〈표 3-2〉 재배 작형별 품종 분류

재배 작형	품종명
노지	AR돌격탄, AR레전드, AR최강탄, AR친환경, AR탄저박사, GT-5, GT-7, PR강찬, PR강한거, PR강한대군, PR거탑, PR넘버원, PR다동이, PR다이아, PR대다수, PR명작, PR부활, PR빅레드, PR슈팅스타, PR스마트, PR알파고, PR에이스킹, PR올레, PR착한, PR칼라알파, PR칼라왕, PR케이26, PR케이대장건, PR케이원투, PR케이탑, PR한우리, PR홍건만점, 강탄보석, 거대박, 거물, 건초조은, 국풍조생, 금강석, 기대만발, 기대이상, 나잘난, 노블레스, 농자왕, 다부진, 다정한, 대권선언, 대들보, 만물, 만사초월, 매력, 명콤비, 명품대군, 미소만발, 백승, 복주머니, 불녹수, 불탑, 붉은거탑, 비비빅, 빅스타, 빅포, 상상이상, 샛별, 신동건, 신바람, 신비, 신칼라왕, 아크다, 아크다플러스, 에이스칼라, 연타석, 열기둥, 오호라, 운수대통, 위풍당당, 전력질주, 진강, 진흥칼라, 참한홍, 천하대세, 천하평정, 최강선언, 충성, 칼라매직, 칼라스탑, 칼라스피드, 칼라짱, 칼라킹, 칼탄박사, 칼탄패스, 칼탄플러스, 케이비전, 큰사랑, 태양의후손, 특보, 티탄대박, 피왈왕대박, 필승, 함초롱, 해나라, 홍보석
터널	e맛조은, PR내고향, PR백두홍, PR벼락부자, PR새바람, PR소득왕, PR싹쓸이, PR청록, PR케이스타, PR한다발, 배로따, 에코스타, 역강대장군, 조생거물, 파란들맛, 홍가네
노지+터널	AR탄생, AR탄생, AT신호탄, PPS탄저킹, PR-V강찬, PR강력한, PR강심장, PR대칸, PR돈타작, PR맘에든, PR매일따, PR불초, PR새마을, PR세계최고, PR스피드스타, PR이조은, PR조생만점, PR조생만점, PR진대건, PR청탑, PR칼라스타, PR터널, PR팔도진품, PR화건, TS-나인, TS-세븐, TS엘리트, 강력대군, 강탄지구, 거창한, 국풍탄, 넘버세븐, 붙여우, 불칼라, 슈퍼매일따, 아시아점보, 에이스타, 완전무장, 점핑, 질투의화신, 참빛고은, 칼라119, 칼라강, 칼라대장, 칼라만점, 칼라제패, 칼라지존, 칼라커트, 칼라탄, 칼라퍼펙트, 칼라포스, 칼라헌터, 타네강, 파워스피드, 폭탄선언, 피알시대, 후끈왕
노지(터널)+비가림	PR조생강찬, PR조생만점, PR청춘60, PR킹카, 거대한탄생, 다복한가정, 불칼라, 불폭포, 비가림칼라, 신초왕, 역강수문장, 조생역강, 태후, 해맑은
비가림	PR하우스, 비가림스피드, 홍보석플러스, 홍장군비가림

〈표 3-3〉 재배 용도별 품종 분류

용도	품종명
건고추용(양건)	PR세계최고, 국풍조생, 불세출, 붉은거탑, 신통방통, 역강대장군, 질투의화신, 참한홍, 천하평정
건고추용(화건)	AR돌격탄, AR레전드, AR최강탄, AR친환경, AR탄생, AR탄저박사, AT신호탄, PPS탄저킹, PR강력한, PR강한거, PR거탑, PR내고향, PR대다수, PR대칸, PR돈타작, PR막강한, PR매일따, PR벼락부자, PR불초, PR새마을, PR새바람, PR슈팅스타, PR스피드스타, PR신홍길동, PR에이스킹, PR열청, PR소대강, PR조생강찬, PR조생만점, PR진대건, PR청춘60, PR칼라스타, PR칼라알파, PR칼라왕, PR케이대장건, PR케이원투, PR킹카, PR한다발, TS-나인, TS-세븐, TS엘리트, 강탄지구, 거대박, 거창한, 기대만발, 기대이상, 대들보, 만물, 만사초월, 매력, 명콤비, 명품대군, 미각촌, 병강세, 불녹수, 불여우, 불탑, 비가림칼라, 빅스타, 빅케이탑, 상상이상, 샛별, 슈퍼매일따, 신바람, 신칼라왕, 신홍, 아시아점보, 아크다플러스, 에이스칼라, 에코스타, 역강대장군, 열기둥, 오케이탄골드, 완전무장, 점핑, 조생역강, 진강, 진홍칼라, 천년의기다림, 칼라119, 칼라강, 칼라대장, 칼라만점, 칼라박사, 칼라스탑, 칼라커트, 칼라킹, 칼라탄, 칼라팔팔, 칼라퍼펙트, 칼라플러스, 칼라헌터, 칼라헌터, 칼탄박사, 칼탄플러스, 큰새아침, 태양의후손, 피알왕대박, 후끈왕
홍고추 및 건고추 겸용	e맛조은, GT-5, GT-7, PR-V강찬, PR강심장, PR강찬, PR맘에든, PR백두홍, PR빅레드, PR상록, PR소득왕, PR이조은, PR착한, PR청록, PR청춘88, PR케이스타, PR홍건만점, 강력대군, 강탄보석, 국풍탄, 넘버세븐, 노블레스, 농자왕, 다복한가정, 백년동안, 복주머니, 불칼라, 비비빅, 빅스톱, 신비, 에이스탄, 연타석, 참한홍, 충성, 칼라매직, 칼라스피드, 칼라제패, 칼라지존, 칼라짱, 칼라포스, 칼탄패스, 태후, 파란늘맛, 필승, 홍가네
풋, 홍, 건고추 겸용	PPS신홍, PR강열, PR매운향골드, PR신강열, PR청탑, TS-매운향골드, 강신, 녹수단, 대열, 동오매운향, 신강열, 신록풋, 신청군, 신청향, 신초롱, 신초왕, 신칼라, 이열치열, 장녹수, 큰청군, 토종화신

〈표 3-4〉 내병성별 품종 분류

내병성	품종명
바이러스	대들보, 맴맴, 후끈왕
역병+바이러스	P), P),PR-V강찬, PR강력한,PR강열, PR강찬, PR강한거, PR거탑(C), PR내고향, PR대수, PR대칸, PR돈타작, PR막강한, PR맘에든, PR매일따, PR백두홍, PR벼락부자, PR불초, PR빅레드(C), PR상록, PR새마을, PR새바람, PR세계최고, PR스피드스타(C, PR신홍길동, PR에이스, PR이조은, PR조대강, PR조생강찬, PR조생만점, PR진대건, PR착한, PR천하대장군, PR첫사랑, PR청춘60, PR청춘88, PR케이스타(C), PR킹카, PR한다발, PR홍건만점(C), PR화권, T), T), 강력대군(C), 거대박, 거대한탄생, 거룩한, 거창한, 건초은, 기대만발(C, 기대이상, 나잘난(C), 넘버세븐(C), 노블레스(C, 농자왕(C), 다복한가정, 다부진(C), 다정한, 대권선언,만물, 명콤비, 명품대군, 미각촌, 미소만발, 불녹수, 불세출, 불여우, 불탑, 불폭포, 붉은거탑, 비비빅(C), 빅스타(C), 빅스톱(C, 빅케이탑, 상상이상, 샛별, 슈퍼매일따, 신바람, 신비, 아시아점보, 역강대장군, 열기둥, 점핑, 조생역강, 질투의화신, 천년의기다림, 천하평정, 태양의후손, 태후(C), 피알왕대박
청고병	완전무장, 칼라강, 칼라퍼펙트
세균성반점병	PR슈팅스타, 아리따운, 완전무장, 전력질주
탄저병	AR돌격탄, AR레전드, AR최강탄, AR친환경, AR탄생, AR탄저박사, AT신호탄, PPS탄저킹, 국풍탄, 에이스탄, 에코스타, 오케이탄골드, 타네강
토마토반점위조 바이러스병(TSWV)	GT-5, PR칼라스타, PR칼라알파, PR칼라왕, TS-나인, TS마하고추, TS-세븐, TS엘리트, TS챔프고추, TS큰청군, 매력, 불칼라, 비가림칼라, 신칼라, 신칼라왕, 에이스칼라, 진홍칼라, 칼라119, 칼라강, 칼라대장, 칼라만점, 칼라매직, 칼라박사, 칼라스탑, 칼라스피드, 칼라제패, 칼라지존, 칼라짱, 칼라커트, 칼라킹, 칼라팔팔, 칼라퍼펙트, 칼라포스, 칼라헌터
탄저병+TSWV	GT-7, 빅포, 칼라탄, 칼탄박사, 칼탄패스, 칼탄플러스

※ 바이러스 : C-오이모자이크 바이러스, T-담배모자이크 바이러스, P-고추연한모틀바이러스

건고추는 열매 특성에 따라 숙기, 착과 특성, 과 크기 등으로 구분할 수 있다. 숙기별로 극조생종, 조생종, 중생종 등으로 구분되며 착과 특성에 따라서는 생육 초기부터 후기까지 연속적으로 착과가 이루어지는 연속 착과형과 주로 중하절 부분에 착과가 집중되는 집중 착과형으로 구분할 수 있다. 과 크기는 대부분 대과와 극대과 품종으로 구분된다. 최근에는 농촌 노령화 및 일손 부족으로 인해 수확에 드는 노동력이 덜 드는 극과형 또는 극대화형 품종에 대한 요구가 높아지고 있다.

〈표 3-5〉 숙기별 품종 분류

숙기	품종명
극조생종	PR세계최고, PR청춘60, 거대한탄생, 색조은플러스, 역강대장군
조생종	AR돌격탄, AR레전드 AR최강탄, AR친환경, AR탄저박사, e맛조은, PR내고향, PR백두홍, PR벼락부자, PR상록, PR새마을, PR새바람, PR소득왕, PR스피드스타, PR에이스, PR열청, PR잘되는골드, PR조대강, PR청록, PR청춘88, PR칼라왕, PR하우스, PR화건, TS마하, 강신, 강탄보석, 강탄지구, 거룩한, 기다림, 다복한가정, 다정한, 대권선언, 명품대군, 병강세, 불세출, 불폭포, 붉은거탑, 세계일, 슈퍼매일따, 신칼라왕, 아리따운, 안전벨트, 에이스칼라, 조생역강, 질투의화신, 천년의 칼라강탄, 칼라박사, 칼라스피드, 칼라제패, 칼라킹, 칼라탄, 칼라헌터, 칼탄박사, 홍가네, 홍장군비가림
중조생종	AR탄생, AT신호탄, PPS탄저킹, PR강심장, PR거탑, PR대다수, PR대칸, PR맘에든, PR매일따, PR신홍길동, PR에이스킹, PR전국구, PR조생강찬, PR조생만점, PR천하대장군, PR첫사랑, PR칼라알파, PR케이대장건, PR한다발, TS-나인, 강력대군, 국풍탄, 기대이상, 나잘난, 넘버세븐, 다부진, 대들보, 만사초월, 매력, 불탑, 빅스타, 에이스탄, 에코스타, 완전무장, 전력질주, 천하평정, 칼라119, 칼라강, 칼라대장, 칼라만점, 칼라스탑, 칼라짱, 칼라퍼펙트, 칼라포스, 케이비전, 큰사랑, 태양의후손, 태후, 파워스피드
중생종	GT-5, GT-7, PR-V강찬, PR강력한, PR강찬, PR강한거, PR돈타작, PR막강한, PR불초, PR빅레드, PR슈팅스타, PR진대건, PR칼라스타, PR케이스타, PR킹카, PR홍건만점, TS-세븐, TS엘리트, TS챔프, 강탄지구, 거대박, 거대박, 건초조은, 기대만발, 노블레스, 농자왕, 만물, 명콤비, 미각촌, 미소만발, 복주머니, 불녹수, 불여우, 불칼라, 비가림칼라, 비비빅, 빅스톰, 빅케이탑, 빅포, 상상이상, 샛별, 신바람, 신비, 아시아점보, 아크다플러스, 열기둥, 오케이탄골드, 점핑, 진홍칼라, 최강선언, 칼라매직, 칼라지존, 칼라커트, 칼라팔팔, 칼라플러스, 칼탄패스, 칼탄플러스, 타네강, 티탄대박, 피알왕대박, 해나라, 후끈왕

숙기	품종명
연속 착과	PR강대국, PR강찬, PR거탑, PR막강한, PR상록, PR소득왕, PR신대장, PR에이스, PR이조은, PR진대건, PR청록, PR케이대장건, TS엘리트, 거대박, 대들보, 만물, 미각촌, 불칼라, 샛별, 신통방통, 아시아점보, 아크다플러스, 에코스타, 역강대장군, 역강수문장, 열기둥, 전력질주, 점핑, 천년의기다림, 칼라대장, 케이비전, 큰대궐, 큰사랑, 타네강, 피알왕대박, 필승, 해나라, 홍가네
집중 착과	강탄지구, 국풍조생

〈표 3-7〉 과실 크기별 품종 분류

과 크기	품종명
극대과종	AR탄생, GT-5, GT-7, PR강력한, PR강찬, PR강한거, PR거탑, PR내고향, PR대다수, PR돈타작, PR백두홍, PR벼락부자, PR불초, PR빅레드, PR새마을, PR슈팅스타, PR신홍길동, PR에이스킹, PR잘되는골드, PR조대강, PR진대건, PR케이대장건, PR케이스타, PR케이원투, PR킹카, PR하우스, PR한다발, TS-나인, TS-세븐, TS엘리트, 강력대군, 거대박, 거대한탄생, 거룩한, 거창한, 기대이상, 넘버세븐, 노블레스, 농자왕, 다부진, 대궐, 대들보, 만물, 명콤비, 명품대군, 미각촌, 미소만발, 붉은거탑, 비기림칼라, 비비빅, 빅스타, 빅스톰, 빅케이탑, 빅포, 샛별, 신바람, 신비, 아크다플러스, 에이스탄, 에코스타, 오케이탄골드, 완전무장, 최강선언, 칼라119, 칼라매직, 칼라박사, 칼라스탑, 칼라스피드, 칼라짱, 칼라팔팔, 칼라헌터, 칼탄패스, 케이비전, 큰새아침, 태양의후손, 태후, 해나라, 후끈왕
대과종	AR돌격탄, AR최강탄, AR친환경, AR탄저박사, AT신호탄, PPS탄저킹, PR강대국, PR대칸, PR막강한, PR새바람, PR스피드스타, PR에이스, PR이조은, PR조생강찬, PR조생만점, PR착한, PR천하대장군, PR첫사랑, PR청록, PR청춘60, PR청춘88, PR칼라알파, PR칼라왕, PR화권, 강탄보석, 강탄지구, 개권선언, 기대만발, 다복한가정, 다정한, 만사초월, 매력, 불녹수, 불세출, 불여우, 불칼라, 불탑, 상상이상, 세계일, 슈퍼매일따, 신칼라왕, 아시아점보, 에이스칼라, 전력질주, 점핑, 조생역강, 질투의화신, 천하평정, 칼라강, 칼라강탄, 칼라대장, 칼라만점, 칼라지존, 칼리킹, 칼라탄, 칼라퍼펙트, 칼라포스, 칼탄박사, 칼탄플러스, 타네강, 티탄대박, 파워스피드, 피알왕대박, 홍가네, 홍장군비가림

고추 품종의 매운맛의 정도는 건고추의 주요한 품질 특성으로 매운맛을 나타내는 성분의 함량에 따라 구분되며 국내 건고추의 대부분은 순한맛으로 매운맛 품종의 비중이 높지 않다. 건고추의 매운맛 정도별 품종 분류는 재배환경에 따른 매운맛의 변화와 매운맛의 구분 기준에 따라 차이가 있을 수 있다.

〈표 3-8〉 매운맛 정도별 품종 분류

매운맛	품종명
순한맛	다부진, 배로따, PR청춘88, 신바람, 큰대궐, AR레전드, AR탄저박사, AR친환경, 칼탄박사,
보통맛	매력, 나잘난, 홍가네, 복주머니, 기대만발, 병강세, 기대이상, 대들보, 역강대장군, 칼라커트, 칼라헌터, PR강찬, 만물, TS-세븐, 비가림칼라, PR강력한, PR킹카, PR잘되는골드, PR하우스, PR강심장, PR착한, PR조대강, PR에이스, PR첫사랑, PR강대국, 칼라지존, 칼라제패, 불여우, 천년의기다림, 진홍칼라, 태양의후손, PR칼라왕, TS챔프, 칼라강탄, PR돈타작, PR진대건, 역강수문장
매운맛	GT-7, 칼탄패스, 빅포, GT-5, 칼라스피드, 칼라짱, 칼라스탑, 칼라매직, 빅스타, 빅스톰, 노블레스, 비비빅, PR거탑, 케이비전, PR백두홍, PR한다발, PR청록, PR소득왕, e맛조은, 거대박, 피알왕대박, 불칼라, 열기둥, 불탑, 불녹수, 명콤비, 미소만발, 불폭포, 최강선언, 만사초월, 상상이상, 비가림스피드, PR케이대징건, PR매일따, PR대다수, PR이조은, 슈퍼매일따, 건초조은, PR한우리, PR슈팅스타, PR케이스타, PR스피드스타, 칼라만점, PPS탄저킹, 국풍탄, AR탄생, 조생역강, PR조생강찬, PR-V강찬, 샛별, PR홍건만점, 필승, 국풍조생, 강력대군, 에이스탄, 태후, 넘버세븐, TS-나인, PR칼라스타, 오케이탄골드, PR불초, 칼라킹, 에이스칼라, AR최강탄, AR돌격탄, 칼라탄, 거창한, 불세출, PR대탄, PR강한거, PR새마을, PR에이스킹, PR맘에든, 칼라팔팔, 미각촌, 농자왕, 해나라, 칼라박사, PR신홍길동, PR막강한, PR청춘60, 질투의화신, PR화권, PR세계최고, 명품대군, 천하평정, PR천하대장군, 신칼라왕, 티탄대박, TS마하, TS엘리트, 칼라포스, 후끈왕

풋고추

풋고추용 품종은 크게 과실 특성에 따라 녹광형(일반계), 청양형(신미계), 꽈리형, 할라페뇨형, 오이형 고추로 나눌 수 있다.

녹광형 고추는 하우스나 시설을 이용한 촉성, 반촉성, 억제 재배 작형에서 많이 재배되는 대표적인 풋고추 품종으로 매운맛이 적고, 저온기 하우스재배에서 착과, 비대가 좋으며, 과형의 변화가 적고 광택이 우수하다. 과장은 12~14cm 정도이다.

청양형 고추는 재래종과 같이 고유의 얼큰한 매운맛과 감칠맛을 지닌 품종으로 하우스나 시설을 이용한 촉성, 반촉성 억제 재배 작형에서 많이 재배되는 풋고추 품종으로 저온기에 착과 및 비대가 좋아야 한다. 과실의 길이는 7~9cm이고, 매운맛이 매우 강하다.

꽈리형 고추는 육질이 연하고 부드러워 풋고추 및 조림용으로 알맞으며, 과실 표면에 쭈글쭈글한 굴곡이 있다. 대부분 과실의 길이는 5~7cm 정도이고, 무게는 5g 내외가 적당하다. 풋고추용과 마찬가지로 저온에서도 착과 및 비대가 잘되어야 한다.

〈표 3-9〉 풋고추의 과형에 의한 품종 분류

과형	품종명
녹광형	광록, 녹광, 녹국풋, 녹생, 맛스타풋, 순한길상
청양형	PM신강, PM신탑, PPS신홍, PR강열, PR강초, PR농신, PR매운향골드, PR청양, PR큰청군, THE강한청양, TS-매운향골드, TS큰청군, 강신, 녹수단, 슈퍼청양, 신록풋, 신불, 신청군, 신청향, 신초롱, 신초왕, 신칼라, 신홍, 올인원, 이열치열, 천리향, 청녹, 청양, 청탑, 칼라큰신홍, 토종화신
꽈리형	농우꽈리풋, 미풍꽈리, 생생맛꽈리풋, 실꽈리, 참맛꽈리, 피엠꽈리풋, 한림꽈리
할라페뇨형	달고나풋고추, 대왕맛풋
오이형	과일맛풋, 길상, 따고또따고, 롱그린맛, 미남풋고추, 미인풋고추, 상크미풋, 슈퍼청록풋, 스위티풋, 아맛나풋, 트랜드, 혈조마일드

할라페뇨형은 과형이 포탄형으로, 과피가 두껍고, 과육이 치밀하며 아삭한 생식용 또는 절임용 고추로 매운맛이 적당하여 청소년과 노년층의 기호에 적합하다. 과장은 7cm, 과경은 4cm 정도이다.

오이형 고추는 녹광형 고추와 과형은 비슷하나 과가 훨씬 큰 대과이다. 과색은 농녹색으로 매운맛이 약하고 맛과 향이 우수한 풋고추이다. 꾸준히 소비자들이 찾고 있는 품종으로 남부 지방의 하우스재배, 강원 지방의 노지재배면적이 늘어나고 있다.

04. 주요 품종 특성

건고추

가. 강력대군

- **특성**

  역병 내병성이며 바이러스에 강한 품종이다. 중조생계 극대과종이며 착과력이 우수하다. 건과 품질이 우수하고 매운맛이 강한 품종으로 홍초 및 건초 출하에 유리하다.

- **유의 사항**

  착과성이 높은 품종으로 초세가 떨어지지 않도록 주기적으로 추비 관리를 하여 주어야 한다. 극대과 품종으로 석회 결핍이 발생할 수 있어 철저히 관리해야 된다. 오이모자이크바이러스(CMV-fny) 이외의 바이러스에 발병이 심할 경우 병징이 나타날 수 있으며, TSWV에는 이병성이므로 총채벌레 등 매개충 방제를 철저히 해야 한다. 역병 이외의 청고병과 같은 토양전염성병에는 이병될 수 있다.

나. 거대박

- **특성**

  역병과 바이러스에 강한 품종이다. 극대과종으로 건과의 색택 및 광택이 우수하고 매운맛이 강하다. 건과의 바람들이가 우수하다. 착과력이 좋고 후기까지 연속 착과되어 수량성이 우수하다.

- **유의 사항**

  극대과종이며 연속 착과형이므로 재배지 준비 시 퇴비와 밑거름 및 소석회를 충분히 시비해야 한다. 착과 후에는 초세가 약해지지 않도록 주기적으로 웃거름을 주어야 한다. 역병 이외에 다른 토양병에는 감염되어 고사될 수 있다. 각종 바이러스를 매개하는 진딧물과 총채벌레 방제를 철저히 해야 한다.

다. 거창한

- 특성

초세가 강하고 초형이 크다. 바이러스, 역병 내병계 품종이다. 귀가 연하여 수확이 용이하고 후기까지 단과 현상이 적은 극대과종이다. 매운맛이 강하고 건과품질이 우수하다.

- 유의 사항

분지수가 적은 품종이므로 측지를 2~3개 남기고 재배한다. 초형이 큰 대과종으로 밀식을 삼가고 중기 이후 가지가 늘어지지 않도록 긴 지주대를 사용하여 유인관리 한다. 생육 초중기의 지나친 강우 시 꼭지 부위에 무름 증상이 발생할 수 있다. 중기 이후 질소 과다와 칼리 부족 시 착색이 불량해 질 수 있으므로 적정한 추비를 실시하고 충분한 후숙 후에 건조한다.

라. 구구팔팔

- 특성

숙기는 중조생계 품종이며 과실이 아주 큰 극대과종이다. 초세는 비교적 강한 편이며 착과력이 뛰어나고 후기 단과 현상이 없다. 역병에 강하며 석회 결핍에 둔감한 품종이다. 매운맛이 비교적 강하고 바이러스병에 강한 품종이다.

- 유의 사항

초세가 비교적 큰 편이므로 밀식을 지양하고 충분한 재식거리를 확보하여 준다. 역병에는 저항성을 가지고 있으나 청고병 등 다른 토양병은 이병될 수 있으니 오염 재배지에는 재배를 피한다. 바이러스에는 강하지만 예방을 위해서 진딧물, 총채벌레의 방제를 철저히 한다. 척박지나 배수가 불량한 토양에는 생육이 나빠질 수 있으니 재배를 피한다. 토비와 석회를 충분히 사용하고 추비를 주기적으로 주어야 한다.

마. 넘버세븐

- **특성**

  역병저항성품종으로 바이러스에 강하며 극대과종 품종이다. 중생종이며 초세가 좋아 후기까지 대과 생산이 가능하다. 건과 품질이 우수하고 매운맛이 강한 품종으로 홍초 및 건초 출하에 유리하다. 과면 요철이 적어 상품성이 우수하다.

- **유의 사항**

  착과성이 높은 품종으로 주기적으로 추비 관리를 해야 한다. 초세가 강한 품종으로 밀식재배는 피하는 것이 유리하다. 오이모자이크바이러스(CMV-fny) 이외의 다른 바이러스는 감염될 수 있으므로 총채벌레 등 매개충 방제를 철저히 해야 한다. 역병 이외의 풋마름병 같은 토양전염성병에는 이병될 수 있다. 재배 시 기상조건, 토양 조건, 시설 환경 등이 적합하지 않을 경우 각종 생리장해가 추가 발생할 수 있다.

바. 빅스타

- **특성**

  생육이 왕성하고 초세가 강한 중조생계 품종이다. 과가 굵고 크며 연속 착과된다. 매운맛이 강하고, 건과의 색택이 좋아 건과 품질이 우수하다. 오이모자이크바이러스(CMV-fny) 및 역병 내병성 품종이다.

- **유의 사항**

  퇴비와 기비를 충분히 넣고 밭 준비를 하며, 관수 시설을 설치하고 재배한다. 초형이 큰 편이므로 충분한 재식거리를 확보하여야 한다. 대과종이 연속 착과되므로 꾸준한 추비 관리가 필요하다. 칼슘결핍증의 발생이 있을 수 있으므로 가물 때에는 관수를 하고 칼슘제를 엽면시비 한다. 토양 수분의 급변, 혹은 장기간 강우 시 열과나 꼭지 빠짐이 발생할 수 있다.

사. 불칼라

- 특성

  초세가 강한 대과종으로 착과력이 우수하고 후기까지 연속 착과 되어 수량성이 우수하다. 토마토반점위조바이러스 저항성품종이며 역병과 바이러스에도 강한 편이다. 과형이 우수하고 곡과가 적어 홍초 출하에 유리하고 생리장해(열과, 칼슘결핍과)에 비교적 둔감하다.

- 유의 사항

  재배지 준비 시 퇴비와 밑거름 20% 증량하고 소석회를 충분히 시비해야 한다. 초세가 강하고 분지성이 우수하며 입성이어서 기존보다 재식거리를 약간 줄여줘야 한다. 착과성이 우수하고 후기까지 연속 착과 되므로 3~5회 웃거름 관리가 필요하다. 각종 바이러스를 매개하는 진딧물 방제를 철저히 해야 한다. 수확 후 1~2일 후숙 후 건조하는 것이 바람들이가 좋다. 역병 이외에 다른 토양전염성 병에는 감염되어 고사될 수 있다.

아. 샛별

- 특성

  역병 및 오이모자이크바이러스 저항성 품종이다. 착과성이 우수하고 17cm 이상의 극대과종 품종이다. 하단부터 상단까지 과가 굵고 연속 착과된다.

- 유의 사항

  연속 착과 품종으로 추비 관리를 소홀히 할 경우 초세가 약해지고 곡과 및 단과가 발생할 수 있다. 극대과종으로 칼슘결핍증 발생이 있을 수 있다. 5월 하순부터는 칼슘 비료를 2~3회 엽면시비하고 적정 토양 수분을 유지토록 한다. CMV 저항성품종이나 매개충의 밀도가 높을 경우 이병될 수 있으므로 총채벌레 등 매개충을 철저히 방제한다. 풋마름병과 같은 토양전염성병의 발생이 심한 재배지에서는 이병되어 고사될 있으므로 재배 시 유의한다.

자. 아시아점보

- 특성

대과종 품종으로 잎색이 짙은 녹색이며 초세가 강하다. 연속 착과력이 좋고 초세가 강하다. 과피가 두꺼워 화건 전용 품종이다. 역병 및 바이러스 내병계 품종이다.

- 유의 사항

재배지 준비 시 퇴비와 기비를 충분히 사용한다. 역병 이외의 풋마름병 같은 토양전염성병에는 감염되어 고사될 수 있으므로 주의한다. 칼슘결핍증을 예방하기 위해 관수와 칼슘 비료를 시비해야 한다. 생육 초기 질소비료가 너무 많으면 착과가 지연될 수 있다.

차. 점핑

- 특성

초세가 강하여 재배가 용이하고 역병에 강한 품종이다. 잎색이 짙은 녹색이고 바이러스에 아주 강하다. 대과종으로 수확이 용이하며 건과 품질이 우수한 품종이다. 연속 착과력이 좋고, 수량성이 높다.

- 유의 사항

재배지 준비 시 퇴비와 기비를 충분히 사용한다. 칼슘결핍증을 예방하기 위해서 관수와 칼슘 비료를 시비한다. 생육 초기에 질소비료가 너무 많으면 착과가 지연될 수 있으므로 주의한다. 풋마름병과 같은 토양전염성병에는 주의한다.

카. 칼라짱

- 특성

초세가 강한 중조생계 극대과종 품종이다. 분지성이 강하고 착과력이 우수하고 매운맛이 강하며 과형이 균일하다. 건과의 색택이 좋고 홍고추 및 건고추 품질이 우수하다. 오이모자이크바이러스, 토마토반점위조바이러스 및 역병 복합 내병성 품종이다.

- 유의 사항

퇴비와 기비 및 소석회를 충분히 넣고 밭 준비를 하여, 관수 시설을 설치하고 재배한다. 초세가 강하여 충분한 재식거리를 확보한다. 극대과의 과실이 연속 착과되므로 꾸준한 추비 관리가 필요하다. TSWV(Tsw gene)에 내병성 품종이긴 하나 고추 묘령이 어린 경우 재배관리 시 온도가 높은 경우, 총채벌레 밀도가 높은 경우 이병될 수 있다.

타. 칼라킹

- 특성

반직립형 초형의 초세가 강하고 재배가 용이한 품종이다. 과형이 균일하고 조생계 대과종이다. 건과 품질이 우수하고 신미가 강하다. TSWV 및 바이러스, 역병 내병성이 강하다.

- 유의 사항

조생계 대과종 품종으로 충분한 퇴비와 기비를 사용한다. 생육 중기 이후 질소 과다와 칼리 부족 시 착색이 불량해질 수 있으므로 적정한 추비를 실시하고 충분한 후숙 후에 건조한다. 토양 수분의 급격한 변화는 열과 발생의 원인이 되므로 척박지와 과습, 배수 불량 재배지에서는 재배를 삼간다. 생육 중 후기에도 착과량이 많으므로 탄저병 방제에 유의하고 화건 건조가 유리하다.

파. AR탄저박사

• 특성

탄저병에 대한 내병성이 일반 품종에 비해 강하다. CMV 재배지 저항성이 우수한 복합내병성 대과종이다. 재배관리가 용이하고 숙기가 빠르며 착과성이 우수하다. 매운맛이 적고 건과 품질 및 고춧가루 수율이 좋다. 절간이 비교적 짧아서 비가림재배도 가능하다

• 유의 사항

기존 품종에 비해 탄저병에 강하지만 발병 환경이나 지역에 따라 병이 발생할 수 있다. 탄저균의 밀도가 높아지는 조건(긴 장마 또는 일반 품종과 재배)에서는 저항성 효과가 떨어질 수 있다. CMV에 강하지만 다른 바이러스에 감염될 수 있으므로 매개충(진딧물, 총채벌레 등)의 방제를 철저히 한다. 육묘상을 과습하게 유지할 경우 세균병이 발생할 수 있다. 건조에 다소 약할 수 있어 충분한 관수가 필요하고 다비재배에 유리한 품종이다.

하. PR케이스타

• 특성

역병저항성이 강하고 바이러스는 포장 저항성을 지닌 복합내병성 품종이다. 대과종으로 초기부터 후기까지 착과력이 우수하고 수량성이 뛰어나다. 건과색이 좋아 상품성이 우수하고 맛은 약간 매운맛이다. 초세는 비교적 강해 후기까지 초세 유지가 용이하며 단과 현상이 거의 없다. 석회 결핍 및 열과에 둔감한 품종으로 생리장해 발생이 적다.

• 유의 사항

초형은 다소 큰 편으로 충분한 채광과 통풍을 위해 밀식을 피하고, 재식 간격을 충분히 유지한다. 착과 수량이 많으므로 후기까지 초세 유지를 위해 착과 초기부터 추비를 지속적으로 시비한다. 역병에는 아주 강한 편이나 침수 피해를 받지 않도록 배수에 유의한다. 건과 품질을 높이기 위해 완숙과를 수확하고 충분히 후숙시켜 건조한다.

4

제4장
고추 육묘 기술

01. 고추 육묘의 특징

'좋은 묘를 키우는 것'은 고추의 성공적인 재배를 위한 가장 중요하다. 고추는 발아에 시간이 많이 걸리고 생육이 느리므로 오랫동안 육묘 관리를 하는데, 노지재배 고추의 경우 육묘 기간이 2개월 이상이다. 어린 묘를 심으면 뿌리의 활력이 높아 번무할 수 있고, 육묘 기간이 길어져 뿌리가 노화하면 정식 후 활착 및 생육이 지연될 수 있으므로 알맞은 묘령이 되도록 육묘해야 한다.

본잎의 수 3~4매 때부터 꽃눈이 분화하기 시작하여, 본잎이 11매 정도일 때는 30개 정도의 꽃눈이 분화한다. 때문에 초기 수량에 묘의 소질이 크게 영향을 미친다. 좋은 환경에서 자란 묘는 탄소동화 능력이 좋아 초기 수확량이 많지만, 불량 환경에서 자란 묘는 생육이 느리고 양분의 합성, 양·수분의 흡수 능력 등이 떨어져 결국 생산성이 낮아지게 된다.

따라서 최적의 환경조건에서 좋은 묘를 키우는 것이 매우 중요하다. 고추는 생육 시 온도 요구도가 높은데, 노지재배 할 묘는 저온기에 육묘가 이루어지므로 환경 관리에 유의해야 한다. 특히 파종기와 육묘 초기는 온도가 매우 낮은 시기이므로 육묘 온도가 낮지 않도록 하고 충분히 햇빛을 받도록 관리해야 한다.

육묘 중 고추가 바이러스에 감염되면 그 피해가 정식 후 크게 나타난다. 접목묘는 접목하는 과정에서 바이러스가 전파될 수 있으므로 접목 도구 관리 등에 특히 주의해야 한다. 고추 묘는 과습에 약하므로 다른 작물에 비해 배수성 및 통기성이 좋은 상토를 선택해야 한다. 특히 온도가 낮고 햇빛 양이 적은 봄 육묘의 생육 초기 과습에 주의해야 한다.

좋은 묘는 뿌리 활력이 높고 영양생장과 생식생장의 균형을 갖춘 묘로서 본 밭의 조건에 잘 적응할 수 있는 소질을 갖추어야 하고, 진딧물, 응애, 총채벌레, 선충, 바이러스, 역병 등과 같은 병해충의 피해를 받지 않은 것이어야 한다. 묘를 구입하여 이용할 경우에는 바이러스 감염이나 해충의 가해 여부 등을 주의 깊게 관찰하여야 한다.

02. 육묘 방식과 육묘법

1. 육묘 방식과 특징

(1) 일반 육묘 (포트 육묘)

플러그 묘가 일반화되기 이전의 육묘 방식으로, 자가 생산 형태이기 때문에 육묘를 위해 시설이나 자재가 필요하고 파종부터 정식할 때까지의 관리 노력이 들며, 정식 작업에도 플러그 육묘에 비해 노력이 많이 든다. 그러나 직접 육묘하기 때문에 정식 후의 생육을 예측하여 육묘 관리를 할 수 있고, 묘의 노화가 늦고 정식 적기의 폭이 넓은 이점이 있다.

〈표 4-1〉 육묘 방식과 특징

(農文協, 2004)

항목 / 육묘 방식	일반 육묘(포트 육묘, 자가 생산)	플러그 육묘(구입)
육묘시설, 자재, 관리 노력	장비, 시설, 노력 필요	필요 없음
육묘 중 생육 조절	쉬움	어려움
노화의 빠르기	늦음	빠름
정식 적기의 폭	넓음	좁음
정식 노동력	많음	적음

(2) 플러그 육묘

플러그 묘는 전문 육묘 업체에서 기른 묘로서 일반 농업자재처럼 구입하여 이용한다. 따라서 재배 농가의 경우 육묘를 위한 시설이나 자재, 노력을 절약할 수 있으며, 정식 노력도 일반 포트묘를 이용하는 경우에 비해 덜 든다. 한편 묘의 노화가 빠르고 정식 적기의 폭이 좁다는 단점이 있으며 포트묘에 비해 육묘 기간이 짧기 때문에 정식 후 수확까지의 기간이 상대적으로 길다.

2. 일반 육묘 방법

(1) 육묘상 및 종자 준비
① 육묘상의 설치
육묘상은 온도 관리가 쉽고 통풍이 잘 되며 햇빛이 잘 들고 비가 내리더라도 물이 고이지 않으며, 해충의 유입을 막을 수 있는 곳에 설치하는 것이 좋다. 그리고 육묘상에는 육묘에 반드시 필요한 관수 장치와 전기 시설을 갖추고 있어야 한다. 육묘온상은 전열온상, 온수온상, 냉상 등이 있으나 전열온상을 많이 이용한다. 전열온상은 설치가 간단하고 설치비가 저렴하며 목표로 하는 온도를 쉽게 유지 조절할 수 있는 장점이 있다.

육묘상을 만들 때는 채광을 좋게 하고 충분한 환기가 되도록 시설의 방향, 피복자재, 골격율(骨格率) 등을 고려하여 설치한다. 최근에는 농가에서도 플러그 트레이를 이용하므로 공정육묘장의 시설을 참고하여 설치하는 것이 좋다. 육묘상을 설치할 때 무엇보다 중요한 것은 포트가 지면에서 떨어지도록 벤치 형태로 설치하는 것이다. 벤치를 만들어 포트를 올려놓으면 포트가 지면에 직접 닿지 않으므로 뿌리가 포트 밖으로 나가지 않고 포트 안쪽에서 발달하고, 상토의 통기성이 좋아지며, 병원균의 전파, 확산이 방지되고 생육이 균일해지는 장점이 있다〈그림 4-1〉.

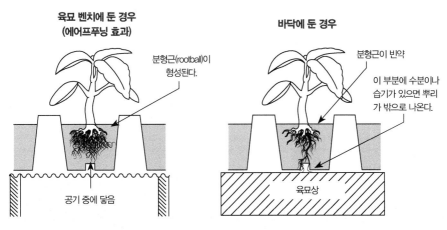

육묘 벤치에 둔 경우
(에어프루닝 효과)

분형근(rootball)이
형성된다.

공기 중에 닿음

바닥에 둔 경우

분형근이 빈약

이 부분에 수분이나
습기가 있으면 뿌리
가 밖으로 나온다.

육묘상

〈그림 4-1〉 육묘시 에어프루닝(Air Pruning) 효과 (農文協, 2004)

〈그림 4-2〉 농가에서 쉽게 만들 수 있는 육묘 벤치

수량지수(%) 100	100 2,059kg/10a 15.5	113 16.0	102 13.9	123 17.0

구분	처리	냉상 A (무처리)	냉상 B (스치로폴 + 상토)	냉상 B (비닐 + 볏짚 + 상토)	전열온상
발아	소요일수(일)	14	5	7	4
	율(%)	56	89	65	98
묘충실율*		39.8	64.1	53.2	74.0
초기수량/총수량(kg/10a)		622/2,059	808/2,336	652/2,108	918/2,524
지수(%)		30.2	34.6	30.9	36.4

※ 묘 충실률은 건물중(mg)/초장으로 조사

파종 : 2월 10일, 이식 : 3월 20일, 정식 : 5월 10일
공시품종 : '다복건고추'
단열재 : 스티로폼(두께 5cm, 크기 90cm x 180cm)
상토 : 숙성상토(퇴비 : 밭흙 = 50 : 50%)

〈그림 4-3〉 묘상별 발아 및 수량 비교

② 종자 준비

재배할 품종을 선택할 때는 주변 농가에서 재배 적응성이 높은 것을 우선 선택한다. 새로운 품종을 고를 때는 미리 몇 가지 품종을 심어서 적응성을 보고 선택하는 것이 좋다. 고추 종자는 단명(短命)종자로 수명이 1~2년 정도이다. 채종 후 오

랜 기간이 지난 종자는 발아율이 불량하고 발아세가 균일하지 못하다. 시판 품종은 발아율이 높으므로 필요한 모종 수보다 1.2배를 파종하면 충분한 모종 수를 확보할 수 있다. 그러나 적당하지 않은 환경에서 보관한 종자, 오래된 종자를 파종할 때는 필요한 모종 수보다 1.5배를 파종한다.

시판 종자는 생산 단계에서 소독하여 판매하므로 종자소독이 필요하지 않다. 그러나 종자소독이 안 된 종자를 사용할 때는 파종 전에 종자소독을 하여야 한다. 베노밀·티람수화제(침지처리, 100g/20L), 티람수화제(분의처리, 4g/종자 1kg) 또는 티오파네이트메틸·티람수화제(침지처리 100g/20L, 분의처리 4g/종자 1kg) 희석액에 종자를 1시간 정도 담가두었다가 그늘에서 물기를 말린 다음 파종한다.

3. 파종부터 이식까지의 관리

(1) 파종상 관리

고추 종자는 발아에 비교적 오랜 시간이 소요되므로 균일한 발아를 위해서는 최아(催芽, 싹틔움)시켜 파종하는 것이 좋다. 최아는 종자를 천에 싸 물에 적신 후 공기가 잘 통하고 수분이 부족하지 않도록 하여 28~30℃에 1~2일간 두면 된다. 싹트기 직전, 즉 뿌리가 종피를 뚫기 이전에 발아공이 부풀어 있는 상태가 파종 적기이다. 뿌리가 나온 종자는 파종할 때 뿌리가 부러질 위험이 크고, 파종할 때 많은 주의가 필요하여 노력이 많이 든다.

파종은 1차 가식을 위해 파종상을 이용하는 경우와 포트에 개별 파종하는 경우가 있다. 파종상에 파종하는 경우는 깨끗한 모래나 상토를 균일하게 깐 다음 6~8cm 간격으로 얕은 골을 만들어 줄뿌림하고, 포트에 파종할 경우는 상토를 포트 용량의 80~90% 정도 채우고 파종한다. 파종 후에는 고운 모래나 굵은 입자의 버미큘라이트를 종자 길이의 2배 정도로 덮고, 물을 충분히 준 다음 발아 적온인 25~30℃에서 관리한다. 적온보다 온도가 낮으면 발아 기간이 길어지고, 높으면 종자가 썩을 수 있으므로 온도 관리에 유의한다.

자엽이나 본잎이 정상적으로 펴지지 않는 경우는 발아까지의 온도 부족, 종자 불량 등을 원인으로 볼 수 있다. 이러한 경우는 잎이 펴질 때까지 기온과 지온을 다소 높게 하여 생육을 촉진시키도록 한다.

(2) 이식(移植, 옮겨심기)

노지재배용 고추를 육묘할 때는 접목하지 않더라도 발아세 촉진, 부정근 발생 촉진, 육묘 비용 절감 등을 목적으로 옮겨심기를 하는 경우가 있다. 이식은 1회 정도가 적절한데 본잎 1~2매 때가 알맞은 시기이다. 이식을 많이 하면 노력이 많이 들고 뿌리 상처, 활착 불량 등으로 일시적인 생육 정체를 나타낼 수 있으므로 피해야 한다. 이식 직후에는 활착을 돕기 위해 온도, 특히 야간온도를 약간 높게 관리하는 것이 좋은데 낮 27~28℃ , 밤 24~25℃로 관리한다.

〈그림 4-4〉 이식 적기의 고추 묘

(3) 이식부터 정식까지의 관리

① 활착의 판단과 온도관리

본잎 4매가 순조롭게 펴지면 활착이 된 것으로 판단하고 지온을 26→22→18℃ , 정식 직전에는 15℃로 서서히 낮추어 준다. 기온도 야간 20→18→15℃로 서서히 낮추어 외기의 저온에 적응되도록 한다. 고온기에는 낮 동안에 환기하여 지나치게 온도가 올라가지 않도록 한다. 햇빛이 강하거나 온도가 높아 묘가 시들면 한랭사 등으로 가볍게 차광해준다.

② 묘의 완성과 진단·대책

제1분지의 첫 꽃이 개화하기 전후가 정식에 알맞은 때이다. 초세가 약한 품종은 다소 어린 묘를 정식하고, 강한 품종은 다소 늦게 정식하여 정식 후의 초세를 조절한다. 만약 정식이 늦어지거나 엽색이 지나치게 옅을 때는 액비 등으로 1~2회 추비를 주어 묘의 노화를 막는다. 반대로 엽색이 지나치게 짙으면 질소과잉이므로 추비를 보류한다.

유묘 후기에 절간이 지나치게 길면 광량 부족, 고온 관리 등을 원인으로 생각할 수 있다. 이때는 즉시 광 환경을 개선하여 낮 동안 충분한 빛을 받을 수 있도록 하며, 온도를 다소 낮추는 등 절간의 신장을 억제한다.

4. 플러그 육묘 방법

(1) 육묘시설 및 자재

① 육묘시설

육묘용 시설은 가능하면 비닐하우스나 유리온실 등의 전용 시설을 이용한다. 간혹 재배용 시설과 겸용하는 경우가 있는데, 토양전염성병해의 오염이 우려되므로 가능한 피한다. 또한 빛을 충분히 받을 수 있고 통풍이 잘되는 장소를 고른다. 반드시 배수구를 설치하여 시설 내 배수·제습에 힘쓴다. 묘는 온도 변화에 민감하기 때문에 천장이 높은 형태의 하우스가 적합하다. 이중커튼을 설치한 경우에는 채광성을 고려하여 잘 말아 올릴 수 있는 구조로 한다.

② 상토

플러그 육묘는 일반 육묘에 비해 적은 양의 상토를 이용한다. 직경 12cm 비닐 포트에 약 250mL의 상토가 들어가는데 반해 50공 플러그 트레이의 한 셀에는 그의 1/4 정도인 약 70mL의 상토가 이용된다. 그러므로 플러그 육묘의 상토는 일반 포트 육묘의 상토와는 특성이 달라 원료의 재료와 비료 첨가량 등이 크게 다르다. 파종상(播種床)이나 일반 포트 육묘를 위한 원예용 상토는 토양이 주재료이고 비료성분도 비교적 많으나 플러그 육묘용 상토는 피트모스, 코코피트, 버미큘라이트 등이 주재료이고 비료성분도 비교적 적다.

육묘용 상토는 다음과 같은 조건을 갖추어야 한다.

- 묘 생육이 균일하고 양호해야 한다.
- 물리적·화학적 특성이 적절하고 안정적이어야 한다. (pH는 6.0~6.5 정도가 적당하며 EC는 0.5~1.2dS/m(1:5) 이하)
- 생육에 필요한 비료성분을 함유해야 한다.
- 병해충에 오염되어서는 안 되며, 잡초 종자나 유해 성분 등을 포함해서는 안 된다.
- 일정한 품질로 장기적으로 안정되게 공급되어야 한다.
- 취급이 용이해야 한다.

이상의 조건에 더하여 플러그 육묘용 상토는 다음과 같은 특성이 추가로 요구된다.

- 발아율 및 입모율이 높다 : 파종상(播種床)과 육묘상(育苗床)을 겸하기 때문에 발아 불량은 결주 발생으로 이어진다. 그 때문에 전용 복토재료(버미큘라이트)를 이용하는 경우가 많다.
- 적정한 비료성분이 함유되어 있다 : 육묘 기간과 추비의 유무를 고려한 비료성분이 배합된다. 비료성분을 포함하여 추비가 필요 없는 유비(有肥) 상토와 비료성분이 거의 포함되어 있지 않아 추비로 생육을 조절하는 무비(無肥) 상토로 나눌 수 있다.
- 분형근(盆形根, rootball)이 형성되기 쉽다 : 분형근 형성이 제대로 이루어지지 않으면 정식할 때 플러그 트레이에서 묘를 뽑기 어렵다. 질소 성분이 많은 경우나 과습 상태에서는 분형근 형성이 제대로 이루어지지 않는다.
- 보수성 및 배수성이 우수하다 : 상토량이 극히 적기 때문에 관수 관리가 곤란해지기 쉽다. 따라서 주재료로 피트모스나 버미큘라이트와 같이 보수성 및 배수성이 우수한 재료를 이용한다.
- 발수성(撥水性, 표면에 물이 잘 스며들지 않는 현상) : 피트모스를 주재료로 한 상토는 건조하면 물을 잘 흡수하지 않는 성질이 있다. 상토에 따라서 발수를 막기 위해 습전제(濕展劑)가 첨가된 것도 있다.
- 각 셀에 균등하게 충진될 수 있다 : 이 특성은 셀의 크기가 작을수록 강하게 요구된다. 따라서 시판 상토는 분상(粉狀)이나 분상 혼합의 형태가 많다.
- 가볍다 : 가비중 0.3~0.5 kg/L 정도의 것이 많다.

고추 플러그 육묘용 상토는 일반 플러그 육묘용 경량 혼합 상토의 구비 조건과 크게 다르지 않다. 즉 통기성, 보수성 등이 좋고 가벼우며 병해충에 오염되어 있지 않아야 한다. 시판 상토를 구입하여 사용할 경우에는 임의로 다른 재료와 섞지 않는 것이 좋으며, 너무 짓누르지 말고 추비에 세심한 주의가 필요하다. 비료가 없는 상토는 파종 직후부터, 비료가 어느 정도 들어있는 상토는 비절(肥切, 비료부족 현상)이 나타나기 시작하면 추비를 해야 한다. 또 같은 상토라 하더라도 용기가 작으면 비절이 빨리 나타난다. 추비는 비료가 첨가된 상토는 요소 0.2% 용액이나 4종 복합비료 또는 육묘 전용 비료를 규정대로 희석하여 2~4일 간격으로 관주하여 준다. 비료가 없는 상토는 3요소 외에 마그네슘, 칼슘 그리고 미량요소가 포함된 완전액비를 관주하여 준다.

③ 파종상
플러그 육묘에서는 플러그 트레이에 직접 파종하는 방법과 파종상에서 플러그 트레이로 이식하는 방법이 있다. 일반적으로는 플러그 트레이에 직접 파종한다. 저온기에는 일단 파종상에 파종하여 이식하는 편이 발아 온도를 충분히 확보할 수 있어 초기 생육이 빠르고 균일한 묘를 얻을 수 있어 유리하다. 이식은 떡잎 펴진 직후, 본엽은 펴지기 전에 하는 것이 뿌리의 손상이 적다.

④ 플러그 트레이
플러그묘는 포트 육묘에 비해 용기의 크기와 육묘 배지의 양이 작고 셀 사이의 간격이 좁기 때문에 육묘 기간이 길면 지상부가 웃자라기 쉽고 뿌리가 노화되어 정식 후 활착이 잘 되지 않게 된다. 고추의 경우 용기가 큰 경우에는 육묘 일수가 길고 작은 경우에는 육묘 일수가 짧거나 1회 가식하는 경우에 사용된다. 50~128공 플러그 트레이를 이용하면 추비와 환경 관리 기술에 따라 80일까지 육묘가 가능하나 그 이하의 작은 용기로는 장기 육묘가 곤란하다.

⑤ 작형별 적정 육묘 일수와 묘의 크기
육묘 일수는 영양생장과 생식생장의 균형이 맞게 묘를 키워서 정식할 때까지의 일수로써 육묘 용기의 크기, 환경 관리, 영양 관리 등에 따라 달라진다. 육묘 용기의 크기가 작을수록 밀식 조건이 되어 지상부가 웃자라기 쉽고 지하부에 양분과 수

분을 보유하는 능력이 적어지기 때문에 육묘 기간을 연장하는 것이 불리하다. 일반적으로 작은 용기에서 육묘하는 것이 큰 용기에 육묘하는 것보다 잎과 뿌리의 노화가 빨라진다. 따라서 육묘할 때 용기가 크면 묘 소질은 좋아지나 육묘 자재나 관리에 많은 비용이 소요되므로, 묘 소질이 좋으면서 경제적이고 용기 크기를 선택해야 한다.

육묘 기간이 지나치게 길어지면 용기 안에서 뿌리가 감기고 활력이 떨어지는 '뿌리 노화'로 정식 후 활착 및 초기 생육이 나빠진다. 반면 지나치게 어린 묘는 뿌리 활력이 좋아 양분과 수분을 대량 흡수하여 번무하기 쉽고 영양생장을 지속하여 착과율이 떨어지며 숙기가 늦어질 뿐만 아니라 소과(小果)가 많아진다. 따라서 온도가 높고 토양에 비료성분이 많은 시설재배에서는 어린 묘를 정식하는 것을 피해야 한다. 시설 토양에 불가피하게 어린 묘를 심어야 할 경우에는 기비량과 관수량을 줄이는 것이 좋다. 반대로 노화묘는 충분한 시비와 관수가 필요하다. 따라서 될 수 있으면 좋은 환경에서 짧은 기간 내에 육묘하여 뿌리가 활력이 좋을 때 정식하는 것이 바람직하다. 품종에 따라서 초세가 약한 품종은 적정 육묘 일수보다 약간 어린 묘를, 초세가 강한 품종은 정식기를 약간 늦춰 정식 후 초세 조절을 하는 것이 바람직하다.

<표 4-2> 고추의 적정 육묘 일수와 묘의 크기

재배 작형	육묘 일수	정식묘의 크기
노지재배	70~80일	본엽 11~13매 전개시, 1번화 개화
촉성재배	60~65일	본엽 11~13매 전개시, 1번화 개화
반촉성재배	80~90일	본엽 11~13매 전개시, 1번화 개화
억제재배	50~60일	본엽 10~11매 전개시, 1번화 개화 직전

(2) 파종
① 종자 준비
일반 육묘와 같이 한다.

② 상토 채우기
플러그 트레이는 작물의 균일한 생육을 위해서 각 셀에 동일한 양의 배지를 담아야 한다. 플러그 육묘용 배지는 대개 피트모스와 버미큘라이트를 주재료로 하여 용적 비중이 작고 푹신하게 담겨 있다. 따라서 상토 포대 그대로 창고에 장기간 쌓아두면 상토가 압축되어 용적 비중이 변하는 경우가 많은데 사용하기 전에 잘 혼합하여 잘게 부수는 것이 균일하게 상토를 채우는 포인트이다.
1년 이상 보관한 오래된 배지는 비료의 분해가 진행되어 비료성분이 바뀌었을 위험성이 있으므로 가능한 사용하지 않도록 한다. 개봉하여 오래 지난 배지는 주재료인 피트모스가 건조하여 발수성이 강해져 관수해도 흡수를 잘 하지 못하여 발아 불량이나 묘가 균일하지 않게 크는 원인이 되므로 가능하면 사용하지 않도록 한다.

③ 파종
상토를 채운 플러그 트레이의 셀에 종자를 1립씩 파종하고 굵은 입자의 버미큘라이트 등으로 약 5mm 정도 덮는다. 파종한 플러그 트레이는 발아실에 넣어 균일하게 발아하도록 한다. 발아실은 25~30℃ 정도의 온도와 적당한 습도를 맞춰주면 4~6일 정도 후에 균일하게 발아한다. 고추의 발아 적온은 25~30℃로 온도가 낮으면 발아가 늦고 발아해도 묘의 소질이 불량하다. 30℃ 이상의 고온이 되면 발아율이 낮아진다. 발아실에서 발아시킬 때 늦게 꺼내면 배축이 웃자라므로 발아되면 바로 육묘하우스 또는 온실로 옮긴다.

(3) 육묘관리
발아실에서 나온 고추 묘 또는 접목활착이 끝난 고추 접목묘는 육묘 하우스로 옮겨 출하 전까지 육묘한다. 육묘시설에는 육묘 벤치, 자동관수장치, 추비를 위한 액비 혼입 장치, 공조(空調) 장치가 설치되어 있다.
물빠짐을 좋게 하고 에어프루닝〈그림 4-1〉에 의해 뿌리가 플러그 트레이 밖으로 자라는 것을 방지하며 분형근 형성이 잘 되도록 대개 철망으로 된 육묘 벤치가 이용되고 있다. 높이는 작업성을 고려하여 60~70cm 정도이다.

① 온도 관리

육묘 기간 중 온도 관리는 묘의 생육단계에 따라 달리해 준다. 발아실에서 꺼낼 때부터 떡잎이 펴질 때까지는 낮 25~30℃, 밤 15~20℃로 관리한다. 떡잎이 펴진 후 이식 전까지는 낮 25℃ 전후로 관리하고 환기를 하여 묘를 강건하게 한다.

② 관수 관리

균일한 묘를 생산하려면 관수 관리가 가장 중요하다. 플러그 트레이의 건조 상태와 관수 타이밍을 꼼꼼하게 관리하여야 성공적으로 육묘를 할 수 있다

플러그 트레이를 발아실에서 꺼낸 후에 바로 충분한 관수한다. 발아 기간 중에는 관수를 하지 않으므로 이때 관수를 충분하게 해야 출아(발아)가 균일하게 이루어진다.

관수는 날씨에 따라 조정하는데 맑은 날이나 구름 낀 날은 아침에 충분하게 관수하고 배지의 건조 상태를 보면서 추가로 관수할지를 판단한다. 비 오는 날은 배지의 건조 상태를 보아 배지에 수분이 충분하면 관수를 보류한다.

배지의 건조 상태를 판단하는 방법으로는 플러그 트레이를 들어 올렸을 때의 무게를 기준으로 하거나(관수 직후와 건조 상태의 플러그 트레이의 무게를 파악), 묘가 자라면 묘를 플러그 트레이에서 뽑아 배지의 수분 상태를 확인한다.

관수는 오전 중에 하고 저녁에는 지상부가 다소 건조한 상태가 되도록 하는 것이 바람직하다. 저녁에 관수하면 묘가 웃자라거나 병이 발생하는 원인이 되므로 삼가야 한다. 관수가 지나치면 뿌리 발육이 늦어지고 지상부만 생육이 진행된 불안정한 묘가 되어, 정식 후 활착이 불량해진다.

아침에 충분하게 관수를 해도 통로에 위치한 플러그 트레이는 바람의 영향을 받아 건조하기 쉽기 때문에, 날씨와 묘의 상태를 보면서 한낮을 전후해 관수한다. 햇빛이 강한 경우에는 낮에 전체적으로 가벼운 관수를 하는 것이 좋다.

건조된 배지는 발수성이 강해져 플러그 트레이 위에서 하는 관수는 거의 효과가 없게 된다. 이때는 건조한 플러그 트레이를 흐르는 물에 담가 플러그 트레이 윗부분으로 물이 배어나올 때까지 놓아두면 된다.

관수에 사용하는 물은 병원균 등에 오염이 되었거나 수질이 나쁜 것은 피하고 농업용수 관리 기준에 적합한 것을 사용한다.

③ 영양 관리

육묘기에 영양이 부족하면 생육이 늦어지고 정식 후에 뿌리 내리기도 어려울 뿐만 아니라 꽃눈의 형성과 발육이 나빠진다. 따라서 상토를 만들 때 충분한 양의 비료를 고르게 넣어야 한다. 시판 상토를 사용할 때에도 육묘 일수가 길어지거나 작은 포트를 쓸 때 관수량이 많으면 비료분이 떨어질 수 있으므로 육묘 중기 이후에는 묘의 상태를 살펴 비료 부족 증상이 보이면 추가로 공급해 주어야 한다.

시비하는 시기 및 횟수 등은 상토 내의 원래 비료량, 생육단계, 육묘 계절, 육묘 용기의 크기에 따라 다르다. 기비가 첨가된 상토를 이용할 때는 육묘 초기에는 시비하지 않고 중기 이후에 시비한다. 무비 상토를 이용할 때는 파종 직후부터 시비 계획에 맞추어 시비하는데 생육 초기는 2~3일 간격, 중기 이후는 1~2일 간격으로 표와 같은 조성의 배양액을 공급한다. 국립원예특작과학원이 추천하는 육묘용 배양액의 조성은 〈표 4-3〉과 같다.

〈표 4-3〉 국립원예특작과학원 개발 육묘용 표준 배양액 조성

다량원소			미량요소		
비료염	농도(mM)	비료량(g/MT)	비료염	농도(mM)	비료량(g/MT)
			Fe-EDTA	Fe 2~5	5~25
KNO_3	2.4	242.6	H_3BO_3	B 0.5	3.0
$Ca(NO_3)_2 \cdot 4H_2O$	2.4	566.9	$MnSO_4 \cdot 4H_2O$	Mn 0.5	2.0
$NH_4H_2PO_4$	0.8	92.0	$CuSO_4 \cdot 5H_2O$	Cu 0.02	0.05
$MgSO_4 \cdot 7H_2O$	0.8	197.2	$ZnSO_4 \cdot 7H_2O$	Zn 0.05	0.22
			$Na_2MoO_4 \cdot 2H_2O$	Mo 0.01	0.02

(N 112 ppm, EC 1.4 dS/m)

〈표 4-4〉 무비 상토를 이용한 고추 육묘 시비 관리

구분	생육단계	시비 관리
1단계	파종부터 떡잎 전개까지	파종 후 1회
2단계	본잎 1매부터 3~4매까지	3일에 1회
3단계	본잎 4~5매부터 8~9매까지	2일에 1회
4단계	본잎 9~10매부터 정식까지	1~2일에 1회

(4) 작형별 관리

고온기에 육묘할 때는 고온과 장일로 생장속도가 빨라 환경에 민감하고, 진딧물, 총채벌레 등의 밀도가 높다. 따라서 관리를 소홀히 하면 묘 소질이 크게 영향을 받을 수 있다는 점에 유의해야 한다. 저온기에 육묘할 때는 온도가 낮고, 일장이 짧으며, 일조량이 부족하여 육묘상의 밀폐 시간이 길어지므로 공중 습도가 높아지고 일조 부족으로 웃자라기 쉽고, 병 발생이 많아질 수 있다. 또한 저온과 단일로 육묘 일수가 길어진다. 특히 이때는 상토의 과습으로 인한 뿌리 발육 장해가 많으므로 물 관리에 주의해야 한다.

육묘 중기는 묘가 왕성하게 발육하는 단계로 균형적인 생육을 하도록 광합성을 촉진하고 양분 전류가 잘 되도록 관리해야 한다. 이때는 꽃눈분화 및 발달이 이루어지는 단계이므로 온도는 주간은 높고, 야간은 낮게 관리하는데 특히 야간에는 기온보다 지온을 높게 즉 20℃ 정도를 유지하는 것이 좋다.

육묘 후기는 묘상 환경을 서서히 정식 재배지의 조건에 적응시키는 순화 단계로 정식 1주일 전부터 정식까지의 기간이다. 광선을 많이 받도록 하고 온도를 정식할 재배지의 온도와 비슷하게 낮춰 관리한다. 관수량을 줄여 잎이 작고 당 함량이 높게 되어 불량 환경에 적응할 수 있게 한다. 순화된 묘는 옮겨 심었을 때 몸살이 적고 정식 후 활착이 빠르고 생육이 왕성하다. 지나치게 순화하면 오히려 조기 수량이 떨어질 우려가 있으므로 하우스 정식묘의 순화는 약하게, 노지나 터널 정식용은 강하게 순화시킨다.

(5) 병해충관리

육묘는 재배 시기에 앞서 이루어지기 때문에 환경을 잘 관리하지 못하면 병해충의 발생이 문제되기도 한다. 저온기에는 잘록병, 고온기에는 진딧물, 총채벌레 등과 같은 해충이 많은 때이므로 예방과 방제를 잘 해야 한다.

모잘록병은 발아부터 어린 묘에 발생하는 병으로 어린 묘의 아래 부분이 물에 데친 것처럼 물러진 후 잘록해지면서 쓰러져 결국 죽는다. 옮겨 심은 묘에서도 같은 증상이 나타난다. 모잘록병은 주로 라이족토니아(Rhizoctonia), 피티움(Phytium) 균에 걸려 발생한다. 피티움균은 발아하여 줄기가 매우 연약할 때, 라이족토니아균은 발아부터 옮겨 심은 묘까지 넓은 시기에 걸쳐 발생한다.

육묘 초기에 상토가 과습하면 발생하기 쉬운데 특히 온도가 낮고 일조량이 부족

할 때, 묘가 웃자라 연약할 때 많이 생긴다. 겨울에 묘상을 덮은 비닐에 맺힌 물방울이 오염된 지면에 떨어져 병을 전파시키기도 한다. 균사의 형태로 흙 속이나 자재, 기구 등에서 월동하여 다음 해에 전염원이 된다. 육묘상 내의 온도가 낮지 않도록 하고, 밤낮의 온도차가 너무 크지 않게 관리한다. 파종 전에 상토 및 종자를 소독하고 파종할 때 질소가 많지 않도록 하고, 물을 알맞게 주고 습도가 높아지지 않도록 적절하게 환기한다. 병이 발생했을 때는 적용 약제를 관주해 준다.

총채벌레

역병(인공접종)

잘록병

바이러스 감염묘

〈그림 4-5〉 고추 육묘시 병해충 증상

바이러스가 육묘기에 감염되면 정식 후 정상 수확이 어려워진다. 가장 흔히 볼 수 있는 것은 잎에 농록색과 담록색으로 얼룩무늬 모양을 나타내는 모자이크 병징이다. 주된 바이러스는 담배모자이크바이러스(TMV)와 오이모자이크바이러스(CMV)이다. TMV는 주로 즙액, 접촉, 종자, 토양 등으로 전염되고 진딧물에 의하여 전염되지는 않는다. CMV는 즙액과 진딧물에 의하여 전염된다. 바이러스병은 일단 발병되면 치유가 불가능하므로 최선의 방제 방법은 감염되지 않도록 예방하는 것이다. 따라서 육묘기에는 진딧물 방제를 잘 해야 하는데 일주일 간격으로 살충제를 뿌려주는 것이 안전하다.

반점세균병은 잎, 잎자루, 줄기에 발생하는 병인데 잎에 나타난 병징은 잎 뒷면에 작은 반점이 생기고 이 반점들이 커지거나 합쳐져 원형 또는 부정형의 병반을 만든다. 병반의 가운데는 암갈색을 띤다. 잎의 앞면은 처음에는 황색을 띠지만 뒤에 갈색으로 변하고 한 여름에는 병반의 가운데가 백색으로 변하기 쉽다. 감염된 잎은 떨어지기 쉽고, 잎자루나 줄기는 처음에는 수침상을 띠다가 뒤에 파괴되어 갈색반점이 된다. 병원균은 주로 기공으로 침입하는데 시설재배에서는 잘 발생하지 않지만 습도가 높고 기온이 20~25℃에서 많이 발생한다. 15℃ 이하나 30℃ 이상에서는 거의 발생하지 않는다.

역병은 유묘에서 수확기에 이르는 전 생육기간에 걸쳐 발생하고 뿌리, 줄기, 잎, 과실 등에 모두 병을 일으킨다. 묘상에 발생할 경우는 처음 줄기의 아래 부분이 짙은 녹색의 수침상으로 되어 점차 잘록해지고 줄기와 잎은 약간 누르스름해지면서 시들어 말라 죽는다. 역병의 발생은 7~9월의 장마와 함께 발생하며, 10월 중순까지 발생을 계속한다. 역병은 풋마름병(청고병)과 혼동하기 쉬운 병인데 역병은 줄기 아래 부분이 약간 잘록해지면서 그 부분에서 나오는 뿌리들이 썩는다. 그러나 풋마름병은 줄기의 목 부분이 조금 굵어지는 경향이 있고 썩지 않는 것이 역병과 다르다. 역병은 Phytophthora라는 곰팡이가 침입하여 일어나는데 병원균은 물을 따라 전파한다. 벤치를 사용하여 육묘하고 오염된 상토를 사용하지 않도록 한다. 장마기 역병이 발생한 육묘상에는 동수화제 등의 적용 약제를 살포해 준다. 최근에 고추를 장기간 재배하는 시설재배에서는 역병저항성품종을 대목으로 하여 접목한 묘를 이용하고 있다.

(6) 고추 묘의 생육 진단

목표로 하는 묘 소질은 작형, 품종, 접목 유무 등에 따라 차이가 있으나

- 잎이 적당히 두껍고 너무 넓지 않고 비교적 작아야 한다.
- 줄기가 굵고, 마디 사이가 너무 벌어지지 않아야 한다.
- 잎색은 너무 진하지도 옅지도 않은 녹색을 띤다.
- 떡잎이 손상되지 않고 건전하다.
- 지상부가 전체적으로 볼륨감이 있다.
- 병해충의 피해가 없다.
- 접목묘의 경우, 접수와 대목의 접합 부위가 잘 유합되어 있어야 한다.
- 흰색의 굵은 잔뿌리가 잘 발달되어야 한다.

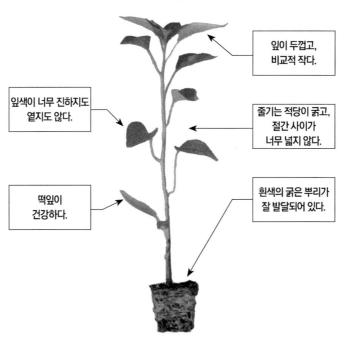

〈그림 4-6〉 정식기의 고추 묘

03. 접목묘 생산

가. 접목 재배 목적과 이용 현황

작물의 집약재배에 따른 염류집적, 토양물리성 악화 및 토양전염성병원균 증가 등의 연작장해를 극복하기 위해 윤작, 객토, 토양소독 등과 함께 저항성 대목을 이용한 접목 재배가 오래전부터 행해져 왔다. 접목(椄木, grafting)은 식물조직의 재생(regeneration)에 의하여 두 개체가 물리적으로 결합하여 하나의 개체가 되는 것이다. 대개 과수에서 많은 연구가 이루어져 왔지만, 최근에는 내병성, 불량 환경 저항성 및 양·수분 흡수 촉진을 통한 생육 증가 등을 목적으로 하는 과채류 접목 재배가 한국, 일본, 대만 등 아시아 국가에서 널리 행해지고 있으며, 최근 세계적으로도 그 이용이 증가하는 추세이다.

플라스틱 필름의 이용, 접목 기술 및 관련 자재의 발달과 함께 박과 및 가지과 채소와 같은 과채류의 접목 재배면적은 지속적으로 증가하고 있다. 우리나라의 경우 오이, 수박, 참외 등의 박과 채소 재배에서는 대부분 접목묘가 이용되고 있으며, 토마토, 가지, 고추 등의 가지과 채소에서도 그 이용이 증가하고 있다.

고추 접목 재배는 토마토나 가지에 비해 비교적 최근에 시작되었다. 시설 고추의 장기 재배에 따른 연작장해가 증가하고, 그에 따라 토양병해의 발생도 증가하고 있다. 이에 대한 대책으로써 가지과 이외의 작물과의 윤작이나 토양소독 등이 행해지고 있다. 또한 역병, 시들음병 등에 대한 병저항성이나 내염성, 내습성, 내건성, 내저온성 등 불량 환경에 대한 내성(耐性)을 갖는 대목을 이용한 접목묘의 이용도 증가하고 있는 추세이다. 시설 고추뿐만 아니라 노지 고추 재배시에도 일부 접목 재배가 시행되고 있다.

〈표 4-5〉 채소 접목 재배면적 및 구입묘 이용 비율(2011년)

작물명	재배 유형	재배면적(ha)	재배면적 중 접목 재배면적(ha)	접목 재배 비율(%)	구입묘 비율(%)		
					전체	실생묘	접목묘
수박	소계	8,822	8,709	99	85	0.1	84.8
	노지,터널	1,658	1,652	100	87	0.3	87.1
	하우스	7,161	7,054	99	84	3.4	84.2
	유리온실	3	3	100	100	0.0	100.0
오이	소계	1,131	1,002	89	89	6.9	81.9
	노지,터널	111	16	15	19	14.0	5.4
	하우스	1,020	986	97	96	3.4	90.2
참외	소계	4,345	4,258	98	9	0.4	8.2
	노지,터널	1	-	-	100	100.0	-
	하우스	4,344	4,258	98	9	3.4	8.2
멜론	소계	761	66	9	49	44.5	4.7
	노지,터널	59	0	0	100	100.0	0.0
	하우스	702	66	9	45	3.4	5.1
호박	소계	1,068	236	22	38	24.1	13.9
	노지,터널	520	11	2	20	18.4	2.1
	하우스	548	225	41	55	3.4	25.2
토마토	소계	1,183	814	69	93	24.8	68.3
	노지,터널	173	128	74	94	20.0	74.2
	하우스	1,003	682	68	93	3.4	67.3
	유리온실	7	4	54	54	0.0	53.8
가지	소계	87	35	41	69	28.3	40.7
	노지,터널	45	6	14	46	32.4	13.9
	하우스	41	29	70	94	3.4	70.2
고추	소계	12,514	1,276	10	55	44.8	10.1
	노지,터널	10,421	204	2	49	46.7	2.0
	하우스	2,075	1,070	52	86	3.4	50.9
	유리온실	18	2	11	100	0.0	11.1

출처: 채소 접목 재배와 접목묘 생산 현황, 2013, 농촌진흥청

생산 품종과 그 비율			대목 품종과 그 비율		
품종명	주수(천주)	비율(%)	품종명	주수(천주)	비율(%)
녹광고추	2,332	16.1	탄탄대목(고추)	8,503	83.2
청양	2,066	14.2	안성맞춤(고추)	1,286	12.6
기타	1,824	12.6	미팅(고추)	277	2.7
신흥고추	1,160	8.0	기타	150	1.5
대촌	977	6.7	코네시안핫(고추)	2	0.02
길상	817	5.6			
농우꽈리풋고추	689	4.7			
배로따	686	4.7			
홍대	614	4.2			
부촌고추	581	4.0			
합계	14,529		합계	10,218	

출처: 채소 접목 재배와 접목묘 생산현황, 2013, 농촌진흥청

나. 접목묘 생산

1) 접수 및 대목의 육묘

현재 이용되고 있는 고추 대목은 시판 고추와 동종(同種, *C. annuum*)으로서, 역병, 청고병 또는 TMV 바이러스 저항성품종이 이용되고 있다.

〈표 4-7〉 고추 접목용 대목의 분류

(임 등, 2006)

병저항성	품종
역병	코레곤 PR-380((주)코레곤), R-세이프(흥농씨앗), VIK, PR-파워(농우바이오), 탄탄대목(농우바이오), PR-힘센((주)코레곤)
역병 + 풋마름병	튼트내 고추대목, 코네시안핫(흥농씨앗)
역병 + TMV	카타구루마(사카다 코리아)

고추는 고온성 작물로 파종 후 발아까지 25~30℃에서 5~7일 정도의 기간이 소요되는데, 적온보다 온도가 낮으면 발아 기간이 길어지고 높으면 종자가 썩을 수 있으므로 온도 관리에 신경을 써야 하며, 과습에 약하므로 배수성 및 통기성이 좋은 상토를 사용하고 물 관리에 주의해야 한다.

가) 파종 시기

접목묘는 접목 후 활착까지의 사이에 생육이 거의 멈추거나 매우 느려지기 때문에, 실생묘에 비해 정식까지의 육묘 기간이 일주일정도 더 소요된다. 파종 시기는 대목과 접수의 생육 속도를 고려하여 대목과 접수의 생육 속도가 같거나 접수가 대목보다 좀 더 어리도록 대목과 접수를 같이 파종하거나 대목을 계절에 따라 5일(고온기)~10일(저온기) 정도 먼저 파종하도록 한다.

나) 파종용 트레이의 선택

육묘 효율면에서는 공수(孔數)가 많은 플러그 트레이를 사용하는 것이 좋으나, 지나치게 공수가 많은 플러그 트레이를 이용하게 되면 접목 시점에서 지상부의 식물체들이 서로 밀집하여 접목 작업이 어렵고, 접목 후에는 줄기가 가늘게 자라 도장하기 쉽다. 따라서 접목 작업의 효율성 및 접목 후 생육을 고려하여 플러그 트레이를 선택해야 한다.

접목묘는 실생묘에 비해 셀 크기가 좀 더 큰 플러그 트레이를 사용하는데, 일반적으로 육묘 기간 등을 고려하여 105공, 72공, 50공(시설 고추) 플러그 트레이가 이용된다. 접수의 경우 대목에 비해 상대적으로 육묘 기간이 짧기 때문에 대목과 같은 크기의 플러그 트레이를 이용하거나 좀 더 작은 셀 크기의 플러그 트레이를 이용해도 된다.

〈표 4-8〉 접수 육묘 시 플러그의 셀 크기 및 양액 공급 회수가 고추 접목묘의 활착 및 생육에 미치는 영향(파종 66일 후)

처리		활착률^z (%)	초장 (cm)	엽수 (매)	경경 (mm)	엽면적 (cm²)	건물중 (g)	
플러그 트레이 공수(개)	양액 공급 회수(회/주)						전체	지하부
72	2	97	16.9	13.0	3.91	99.4	0.682	0.122
105	2	100	17.0	13.7	3.83	96.4	0.667	0.120
105	3	99	16.7	13.1	3.76	105.3	0.661	0.107

z) 접목 14일 후
* 접목 시기 : 파종 후 25일 후, 본엽수 4~6매, 접목 위치 : 자엽과 제1본엽 사이

다) 육묘 일수

환경조건에 따라 생육 속도의 차이는 있지만, 파종 후 30~40일 정도 육묘하여 대목과 접수의 본엽이 4~6매 정도 전개되었을 때 접목한다. 이보다 엽수가 적은 시기에는 접목 위치의 절간이 너무 짧아 접목을 하기 어렵거나 접목을 할 수 있어도 줄기가 가늘어 접수와 대목을 접합시키는 작업이 어렵다. 반대로 육묘 일수가 길어져 엽수가 더 많아진 경우에는 줄기와 잎이 번무하고 줄기가 단단해져 활착까지의 소요 기간이 더 길어진다. 따라서 적정 접목 시기를 벗어난 경우 접목시의 작업성이 나빠지고 접목활착률이 저하하게 된다. 대목의 줄기가 너무 가늘거나 접수에 비해 대목의 줄기가 상대적으로 가늘면 접목 후 묘가 휘어서 자랄 수 있으므로, 양·수분 및 환경 관리를 철저히 하여 묘가 충실하게 자랄 수 있도록 한다.

라) 접수와 대목의 저장

고추 접목묘 생산을 위해 준비한 접수 및 대목이 이상 기상, 농가의 정식 지연 및 접목 작업 인력의 수급 불안 등 불량한 기상 환경과 작업 조건으로 인해 접목 시기를 놓치는 경우가 있다. 이러한 접목 작업 지연에 따른 묘 품질의 변화는 접목묘의 품질에 영향을 미쳐 접목묘의 품질 저하와 생산성 감소로 이어질 수 있다. 따라서 불량한 기상 환경 및 작업 조건 등에 대응하여 고품질 고추 접목묘의 안정적인 생산과 접목 작업 효율 향상을 위한 고추 접목묘 접수와 대목의 단기 저장 기술 적용이 필요하다.

불량 기상 및 작업 환경 등으로 인해 예정된 접목 시기에 접목 작업을 하기 어려운 경우, 접목 시기에 이른 접수와 대목 모종을 트레이 채로 저장하거나 단근하여 저장할 수 있다. 트레이 채로 저장하는 경우 트레이를 대차 선반에 놓고 비닐로 대차를 밀봉하여 저장하고, 단근한 모종의 경우 김치통과 같은 플라스틱 용기에 밀봉하여 저장한다. 저장 조건과 기간은 〈표 4-9〉와 같다.

구분		주요 내용	저장 방법
모종 규격	접수	초장 (6~7cm), 엽수 (2.5~3매)	
	대목	초장 (6~7cm), 엽수 (3~4매)	
저장 조건		온도 (12℃), 상대습도 (80% 이상), 암흑상태	모종 저장 시 밀봉하여 수분 손실을 방지함
저장 일수		최대 3일 이내	

2) 접목

접목은 가능한 직사광선이 들지 않는 선선한 장소에서 실시하도록 한다. 접목활착 기간 중에는 관수가 어려우므로 접목 전에 충분한 관수를 하는데, 접목 당일에 두상 관수를 하게 되면 잎에 물방울이 맺혀 접목 작업이 어려우므로 하루 전에 충분히 관수한다. 접목 후 저면관수하는 경우도 있다.

가) 접목 시 필요 자재

고추 접목 작업 시에는 접목대, 접목용 면도날(양면날 또는 단면날), 접목용 집게 또는 핀, 소독용 도구(알코올, 탈지분유 등), 라벨, 필기도구 등을 준비한다. 바이러스 등의 전염을 막기 위해 접목 도구 등은 수시로 소독 및 교체한다.

나) 접목 위치

접목 작업 시 고추 대목을 플러그 트레이에서 뽑아서 접목하는 방법과 플러그 트레이 상에서 접목을 하는 방법이 이용되고 있다. 이에 따라 육묘 기간 및 접목 위치에 다소 차이가 있다. 고추 대목을 플러그 트레이에서 뽑아서 접목하는 경우 대목을 쉽게 뽑기 위해서는 셀 내에 뿌리돌림이 완전히 이루어져야 하므로, 뽑지 않고 접목하는 경우에 상대적으로 육묘 기간이 길어진다. 절단 위치는 대목의 경우 제1본엽 바로 위에서 절단하고, 접수는 1본엽과 2본엽 사이에서 절단하여 접목한다. 대목을 뽑지 않고 플러그 트레이 상에서 접목하는 경우 대목과 접수 모두 자엽과 제1본엽 사이를 절단하여 접목한다.

항목	접목 방법	접목시 본엽수	육묘 기간	육묘 공간 활용도	접목 부위(대목)
A	트레이에서 발췌 후 접목	6-7매	길다	낮다	제1본엽 바로 위
B	트레이상에서 그대로 접목	4-5매	짧다	높다	자엽과 본엽 사이

다) 접목 방법

과채류에 이용되는 접목 방법으로는 삽접, 핀접, 할접, 합접, 호접 등이 있으며, 고추 접목에는 할접, 핀접 및 합접이 이용되고 있다.

• 할접

할접은 대목이 접수 보다 약간 굵은 것이 좋으므로, 대목을 3~4일 먼저 파종하고, 접목 시기는 핀접과 같이 본엽 3~4매가 전개되었을 때 한다. 대목을 수평으로 자르고 줄기의 중앙 부위를 5mm 정도의 깊이로 칼집을 내어 짜개고, 여기에 쐐기 모양으로 다듬은 접수를 끼우고 클립으로 고정한다.

• 핀접

핀접은 일본에서 개발한 접목 방법으로 세라믹 소재의 핀(두께 0.5mm, 길이 1.5cm)을 이용하여 대목과 접수를 연결하는 접목 방법이다. 이 접목 방법은 박과 채소처럼 대목의 줄기에 공동 부분이 있는 경우는 접목 작업이 불편하고 활착률이 떨어지므로, 가지과 작물인 토마토, 가지 등에 적합한 방법이다. 대목과 접수의 굵기가 같아야 유리하므로 대목과 접수를 같이 파종하여 본엽이 3~4매일 때 접목한다. 대목의 조제는 대목의 떡잎 위쪽 1~2cm 부위를 수평으로 절단하고 잘린 면에 세라믹 핀을 길이의 1/2 정도 꽂는다. 접수의 조제는 생장점 밑에서 대목의 굵기와 비슷한 부위를 접목용 칼로 수평으로 절단한 후 대목에 꽂혀있는 세라믹 핀의 나머지 부분에 꽂는다. 이때 대목과 접수의 단면이 서로 잘 밀착되도록 꽂아야 한다. 이와 같이 핀접은 접목 작업이 간편하여 접목하는데 노동력을 절감할 수 있지만, 접목활착 시 상대습도가 낮으면 접목부위가 건조되기 쉬워 접목 후 활착률을 높이기 위해서는 접목 전용 활착실이 있어야 하고, 일본으로부터 수입되는 핀값이 개당 25원 정도로 상당히 고가이다.

• 합접

핀접과 같은 방법이나 핀 대신에 클립을 이용한다. 대목의 떡잎 상단 1cm 부위를 30도 정도의 각도로 자르고 접수도 같은 굵기의 부위를 대목과 같은 각도로 자르고 절단 부위를 잘 맞추고 클립으로 고정한다.

〈그림 4-7〉 접목 방법별 접목부위 (원예연, 2004)

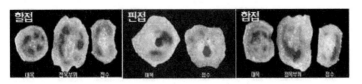

〈그림 4-8〉 접목 방법별 대목과 접수의 형성층 연결 (원예연, 2004)

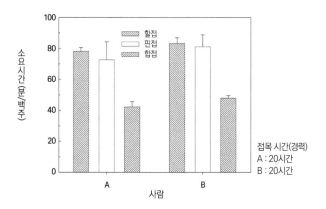

〈그림 4-9〉 접목 방법별 접목 소요시간(원예연, 2004)

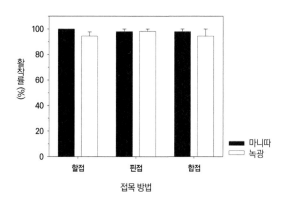

〈 그림 4-10〉 접목 방법별 활착률(원예연, 2004)

라) 접목 방법별 비교

할접, 핀접, 합접 방법으로 접목하였을 때, 핀접과 합접 방법에서는 접목에 거의 같은 시간이 소요되었으나 할접 방법에서는 두 배 정도의 시간이 소요되었다. 할접, 핀접, 합접 방법으로 접목하였을 때 고추 품종 간에 약간의 차이는 있었지만 접목 방법별 활착률의 차이는 거의 없었다. 접목 방법별 접목 소요 시간 및 활착률을 비교하였을 때, 할접에 비해 핀접과 합접 방법이 접목 소요 시간이 짧은 반면에 활착률에서는 차이가 없어 보다 효율적이었다. 그러나 핀접 방법의 경우 세라믹 핀의 가격이 접목 집게보다 두 배 정도 비싸다는 점을 고려한다면, 합접을 이용하는 것이 가장 효율적이라고 할 수 있다.

최근 농업 인력의 감소 및 고령화에 따라 농업 노동력이 질적으로 약화되는 경향을 보이고 있어, 재배의 생력화 기술 개발이 요구되고 있다. 특히 정교하고 숙련된 기술을 요하는 과채류 접목 작업에 있어서도 대량 규격묘 생산을 위해 접목 기계의 개발이 진행, 실용화 단계에 이르고 있다. 농업공학연구소에서 개발된 고추 합접식 접목 기계는 반자동식으로 접목용 대목과 접수를 공급하면, 자동으로 절단 가공, 집게 공급, 접합 및 배출하는 구조로 이루어져 있다.

〈그림 4-11〉 고추 합접식 접목 기계(농공연, 2007)

4) 접목 후 활착 환경 관리

가) 접목활착상의 설치

일반적으로 접목묘의 활착은 온실 내 벤치 위에 두 겹의 PE 필름과 차광막을 이용하여 만들어진 터널 내에서 이루어진다. 접목묘 위에 계절에 따라 한 겹 또는 두 겹의 필름을 피복하여 활착 기간 중 증발산을 최대한 억제시키기 위해 상대습도를 높게 관리한다. 그러나 이러한 환경조건에서는 접목묘의 증산 및 광합성이 억제되고 묘가 도장하며 접목부위의 병원균 감염을 통한 병 발생의 가능성이 높으므로, 관리에 유의해야 한다.

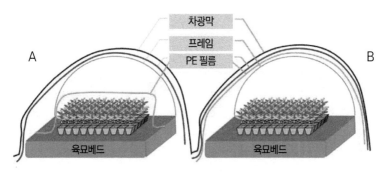

〈그림 4-12〉 육묘시설 내 접목활착상의 설치

〈그림 4-13〉 활착 중인 고추 접목묘

나) 온도 관리

접목 당일과 접목 후 1~2일은 습도 및 온도의 유지를 위해 비닐을 밀폐하여 활착을 촉진시킨다. 접목 후 3일간은 25~30℃ 정도로 온도를 관리한다. 이 기간 동안 온도가 너무 낮으면 세포분열이 억제되어 대목과 접수 부위의 연결이 늦어지고, 활착률도 낮아지므로 온도 관리에 주의한다. 접목 4~7일 후부터는 서서히 온도를 낮추어서 묘의 도장을 막고, 그 이후에는 일반적인 관리 방법으로 관리한다.

다) 습도 관리

습도 관리는 접목 후 2~3일 동안이 가장 중요한데 접수의 뿌리를 절단하는 핀접, 합접, 할접은 접목 후 2~3일 동안 접목상이 거의 포화 상태로 관리하고, 호접의 경우도 80~90% 정도 유지해야 한다. 이 기간 동안 습도가 낮으면 절단 부위가 건조해져 접목활착률이 떨어진다. 접목 후 4~5일이 경과하면 고습도 조건에서 대목의 줄기가 짓물러 쓰러지거나 병이 발생하므로, 습도를 차츰 낮추어 관리한다.

라) 광 관리

접목 직후부터 접목 후 1~2일까지는 접수와 대목 모두 식물체가 절단되어 접수와 대목 사이에 물 오름이 원활하지 않아 식물체가 위조하기 쉽다. 따라서 직사광선을 받지 않도록 차광을 실시하고, 접목 후 3~5일경까지는 아침에 30~40분 정도 잠깐 차광을 벗겨 햇볕을 받게 하였다가 다시 덮어서 시들지 않도록 관리한다. 접목 후 7~10일부터는 정상적인 관리를 하면 된다.

고추 접목시	접목 6일 후

〈그림 4-14〉 접목 시와 접목 6일 후의 고추 접목묘

4) 정식 및 재배관리

접목묘가 완전히 활착이 이루어져 접목부위가 완전히 접합이 이루어진 이후에는 정식 전에 접목 클립을 제거한다. 대목에서 발생하는 곁순은 발생 즉시 제거하는 것이 좋다.

고추는 천근성 작물로 정식 시 재식 깊이가 너무 깊어지면 수량이 감소한다. 접목묘 정식 시 재식 깊이가 깊어 접목부위가 땅에 묻히거나 지표면에 너무 가까우면, 토양 중에서나 강우 시 빗물에 의해 병원균이 접목부위를 통해 식물체에 침입, 역병에 감염될 우려가 있다. 따라서 가능한 접목부위가 지면에서 5cm 이상 떨어지도록 정식하도록 한다. 어린 묘를 정식할 경우는 뜨거워진 멀칭재료에 의해 줄기가 상하지 않도록 한다.

〈표 4-10〉 재식 깊이가 플러그묘 생육과 수량에 미치는 영향(원예연, 2001)

재식 깊이 (cm)	엽 면적 (cm²/주)	건물중 (g/주)	수확과 수 (개/주)	과중 (g/개)	주당 수량 (g/주)	수량 (kg/10a)
4.5	4,710	113.0	74.0	5.65	418.1	278.7(100)
6.0	3,899	100.2	56.2	5.84	328.2	218.8(79)
7.5	3,393	96.9	74.0	3.78	279.7	186.5(67)

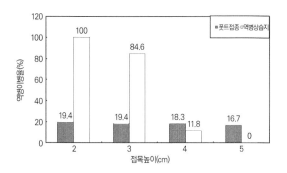

〈그림 4-15〉 접목 높이별 역병 발생률 (영양고추시험장, 2005)

6) 접목이 고추의 생육에 미치는 영향

가) 접목에 의한 접목묘의 생육

시판 고추 대목은 일반 고추 품종과 동종(同種, *C. annuum*)으로서, 정상적인 활착 환경 관리가 이루어진 경우 대목에 따라 다소 차이가 있으나 90% 이상의 접목 활착률을 보였다. 고추 접목묘의 생육은 접목 후 활착까지의 사이에 거의 멈추거나 매우 느려지기 때문에, 실생묘에 비해 일주일 정도 느리다〈표 4-12〉.

〈표 4-11〉 대목 종류별 접목활착률

(원예연, 2004)

카타구루마	코레곤 PR-380	PR-power	탄탄
95%	92	98	98

〈표 4-12〉 대목 종류별 고추 접목묘의 생육 (파종 후 65일째)

(원예연, 2004)

대목	초장(cm)	경경 (mm)	엽 수(매)	엽 면적(cm²)	건물중 (g)		
					잎	줄기	뿌리
무접목	48	3.54	13.7	133.7	0.407	0.500	0.201
카타구루마	39	2.85	12.7	108.3	0.340	0.343	0.120
코레곤 PR-380	38	2.78	11.3	90.0	0.277	0.300	0.110
PR-파워	39	2.79	10.3	113.4	0.293	0.320	0.137
탄탄	37	2.91	11.7	109.6	0.310	0.337	0.140

나) 접목이 고추의 병 발생에 미치는 영향

국내 시판 고추 대목의 저항성을 검정한 결과는 〈표 4-13〉과 같다. 대목의 종류에 따라 생존율에 차이를 보였고 '탄탄' 대목 및 '원강 1호'가 가장 높은 생존율을 나타냈다.

<표 4-13> 고추 접목 재배 대목별, 접종 농도별 생존율

(영양고추시험장, 2006)

품종명	발병 정도(1.5×10³)	생존율(%)	발병 정도(1.5×10⁵)	생존율(%)
PR-파워	1.03	98.6	1.06	97.2
탄탄	1.00	100.0	1.00	100.0
카타구루마	1.00	100.0	1.00	100.0
코네시안핫	1.00	100.0	1.14	91.7
PR-380	2.68	48.6	4.74	1.4
R-세이프	1.00	100.0	1.06	97.2
튼튼네	1.00	100.0	1.19	91.7
원강 1호	1.00	100.0	1.00	100.0
고은	3.69	0.0	4.89	0.0

* 발병 정도 조사 : 접종 10일 후
* 발병 정도 : 1(건전)∼5(고사)

다) 접목이 고추의 저온신장성에 미치는 영향

고추 재배 시 야간 최저 온도를 달리하였을 때, 최저 온도가 낮을수록 수량은 크게 감소하였다〈표 4-14〉. 최저 온도 8℃ 처리구의 경우, 후기 생육도 제대로 이루어지지 않았고, 착과량이 가장 적었다. 최저 온도 13℃ 처리구의 경우, 18℃ 처리구에 비해 전체 수량의 감소율은 상대적으로 작았으나, 전체 수량에 대한 비정상과의 비율이 높았다. 같은 온도 조건하에서는 접목을 한 처리가 접목을 하지 않은 처리보다 전반적으로 수량이 높았다. 대목의 종류에 따른 수량 차이는 크지 않았다.

〈표 4-14〉 정식 후 야간 최저 온도별 대목 종류에 따른 '녹광' 의 수량

(2004. 11 ~ 2005. 2)

수량 (g/주) 대목	8℃		13℃		18℃	
	정상과	비정상과	정상과	비정상과	정상과	비정상과
무접목	73	7	541	710	1,034(100)	411(100)
카타구루마	82	20	696	870	1,172(113)	388(94)
코레곤 PR-380	78	14	574	669	1,174(114)	404(98)
PR-파워	86	11	480	856	1,255(121)	363(88)
탄탄	93	14	641	975	1,186(115)	480(117)

라) 접목이 고추의 과실특성에 미치는 영향

가지, 수박, 멜론 및 오이 접목 재배의 경우 접수와 대목의 조합에 따라 생육,
수량 및 과실품질 등이 영향을 받는 것으로 알려져 있다. 고추 접목 재배의 경
우에도 접수와 대목의 조합에 따라 과장, 과폭 등의 과실 특성, 과실 내 캡사이
신 및 유리당 함량도 영향을 받았다. 따라서 접목에 의한 과실 특성의 변화를
고려하여 대목을 선택하는 것이 바람직하다.

〈표 4-15〉 대목 종류별 풋고추 과실 특성

처리		과장(cm)	과폭(mm)	과중(g)	강도(kN/m²)	경도(kN/m²)
접수	대목					
녹광	Auto-graft*	12.4	14.9	11.3	537	5,363
	카타구루마	12.4	14.6	11.7	545	5,446
	코네시안핫	12.7	14.7	12.1	568	5,331
	코레곤 PR-380	12.5	14.4	11.3	569	5,275
	탄탄	12.3	14.8	11.5	547	5,135
	PR-파워	12.4	14.6	11.1	550	5,577
생생	Auto-graft	10.0	14.1	4.3	398	4,113
	카타구루마	10.3	14.4	4.5	407	3,940
	코네시안핫	10.0	14.5	4.4	401	3,731
맛짜리	코레곤 PR-380	10.1	13.9	4.3	379	3,451
	탄탄	10.2	14.1	4.6	419	3,587
	PR-파워	9.9	14.3	4.5	372	3,084
신홍	Auto-graft	9.7	12.0	6.3	533	5,552
	카타구루마	9.4	12.0	6.7	505	4,766
	코네시안핫	9.3	12.0	5.9	538	5,787
	코레곤 PR-380	9.9	12.5	6.9	478	4,740
	탄탄	9.7	12.1	9.1	504	4,878
	PR-파워	9.7	12.7	6.5	517	4,923

* Auto-graft : 접수 품종을 대목으로 이용하여 접목

04. 인공광 이용 완전제어형 식물공장에서의 고추 접목묘 생산

가. 식물공장의 도입 필요성

식물공장은 채소나 묘를 중심으로 하는 작물을 시설 내에서 광, 온·습도, 이산화탄소 농도 및 배양액 등의 환경조건을 인공적으로 제어해 계절이나 장소에 관계없이 자동적으로 연속 생산하는 시스템을 말한다. 특히 완전제어형 식물공장은 외부 환경과 완전 폐쇄된 환경에서 인공광을 활용하고, 온·습도 등 생물환경의 완전제어, 외부 환경의 영향을 받지 않고 병해충의 차단이 가능해 농약, 병원균으로부터 안전한 식물생산이 가능하다.

고온기 연속 강우 및 일조 부족 등 기후변화, 이상기상에 따른 환경 관리 및 고품질 접목묘 생산의 어려움으로, 외부 기상 환경의 영향을 상대적으로 적게 받는 완전제어형 식물공장에서의 묘 생산이 시도되고 있다.

나. 고추 접목묘 생산

1) 접수 및 대목, 접목활착 종료 후 접목묘의 육묘
· 접수 및 대목 육묘 기간 : 4주일
· 접목활착 종료 후 접목묘의 육묘 기간 : 고추 2~3주일
· 온도 조건 : 주야간온도 25/18°C
· 광원 및 광량 : 인공광(형광등 또는 LED), PPF 200μmol·m^2·s^{-1} 이상
· 광주기: 14시간 광조건/10시간 암조건
· 양액 종류 및 공급 농도: 육묘용 한방 양액(코씰), EC 1.4dS·m^{-1}
· 관수 및 양액공급 : 저면관수, 주 2회 관수 및 주 1회 양액 공급
   (* 양액 매일 공급 시 생육 촉진 효과가 있어 육묘 기간을 단축시킬 수 있음)
· 이산화탄소 농도 : 대기조건(약 400ppm)
   (* 이산화탄소 공급 시 (농도 1,000ppm) 생육 촉진 효과가 있어 고추의 경우 3~4일 육묘 기간 단축 가능)

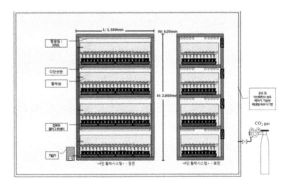

〈그림 4-16〉 폐쇄형 육묘 시스템 : 접목묘 활착용

2) 접목활착

- 활착 기간 : 6일
- 온도 조건 : 27°C 항온
- 광원 및 광량 : 인공광(형광등 또는 LED), PPF 50~100μmol·m^2·s^{-1} 이상
  (* 광량이 높을수록 활착 기간 중 광합성 및 생육 촉진)
- 광주기: 12시간 광조건/12시간 암조건
- 상대습도 조건 : 고추 85% 이상
  (* 광량이 높을수록 적정 상대습도의 폭이 좁아지므로, 상대습도를 보다 높게 관리해야함)
- 이산화탄소 농도 : 대기조건(약 400ppm)
  (* 이산화탄소 공급시 (농도 1,000ppm) 생육 촉진 효과가 있어, 고추의 경우 1일 활착 기간 단축 가능)

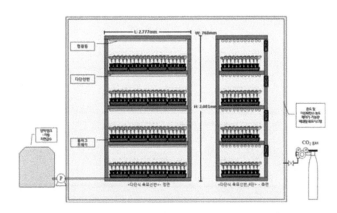

〈그림 4-17〉 폐쇄형 육묘 시스템 : 접수 및 대목 육묘용

〈표 4–16〉 인공광 이용 접목활착실에서의 접목활착 환경 관리 요령

접목활착기간(일)	1		2		3		4		5		6	
광주기(암/명, 시간)	12	12	12	12	12	12	12	12	12	12	12	12
· 접목직후 접목묘의 스트레스를 줄이기 위해 암기부터 시작 · 광주기는 식물의 화아분화 등에 영향을 주므로, 시간조절 시 주의필요												
광량($\mu mol \cdot m^{-2} \cdot s^{-1}$)	–	50	–	50	–	50	–	100	–	100	–	100
· 광량측정 위치: 플러그 트레이 상단면 · 접목 후 늦어도 2일 이내 광조사 필요 · 광량을 높여줄 경우, 습도 관리에 주의(습도 적정범위를 벗어날 경우, 위조·고사 위험)												
기온(℃)	27	27	27	27	27	27	27	27	27	27	27	27
· 제시온도보다 낮을 경우 접목활착지연 가능성 있음 · 단근접목시에는 발근촉진을 위해 1~2℃ 높게 관리 · 온도를 높게 관리할 경우 습도 관리에 주의(습도 적정범위를 벗어날 경우, 위조·고사 위험)												
상대습도(%)	\<박과 채소\>											
	95% 이상	95% 이상	95% 이상	95% 이상	95% 이상	95% 이상	90% 이상	90% 이상	90% 이상	90% 이상	90% 이상	90% 이상
	\<가지과 채소\>											
	90% 이상	90% 이상	90% 이상	90% 이상	90% 이상	90% 이상	85% 이상	85% 이상	85% 이상	85% 이상	85% 이상	85% 이상
· 제시범위보다 낮아질 경우, 위조·고사 위험												

※ 주의 사항 : 인공광 이용 접목활착실에서의 접목묘를 바로 시설(외기 조건)로 옮겨 갑작스럽게 햇빛에 노출시킬 경우 갑작스러운 환경 변화에 의한 장해를 입을 수 있으므로, 차광막 하에서 1일 정도 순화 과정을 거쳐야 함. 특히 가을 또는 겨울철과 같이 온도 및 상대습도가 낮은 조건에서는 육묘 시스템과 외부 환경조건의 차이가 심해 접목묘가 강한 스트레스를 받아 장해를 일으킬 수 있으므로 관리에 주의를 요함

5

01. 재배 형태의 분화

우리나라에서 현재 고추의 재배 형태는 조숙재배와 촉성재배, 반촉성재배, 억제
재배 등으로 구분한다. 이처럼 재배 형태가 다양하게 이루어짐으로써 홍고추 및
풋고추의 주년생산이 가능해졌다. 조숙재배는 아주심기 후 재료에 따라 노지재
배, 터널재배, 비가림 하우스재배로 나눌 수 있다. 최근 탄저병 억제 및 국내 자
급률 향상을 위해 비가림 시설 지원과 재배가 적극 권장되고 있다. 비가림 하우스
재배는 강원도 지역에서는 여름철 풋고추 생산을, 다른 지역에서는 노지 고추 안
정 재배를 위해 주로 활용되고 있다. 또한 터널재배에서 조기 아주심기에 따른 서
리 및 우박 피해 예방, 수량 증대, 농약 절감을 목적으로 막덮기 부직포를 이용한
재배도 다수 이루어지고 있다.

재배 형태는 대체로 재배되는 시기에 따라 구분되는데, 재배 형태에 따른 재배 시
기는 〈그림 5-1〉과 같다.

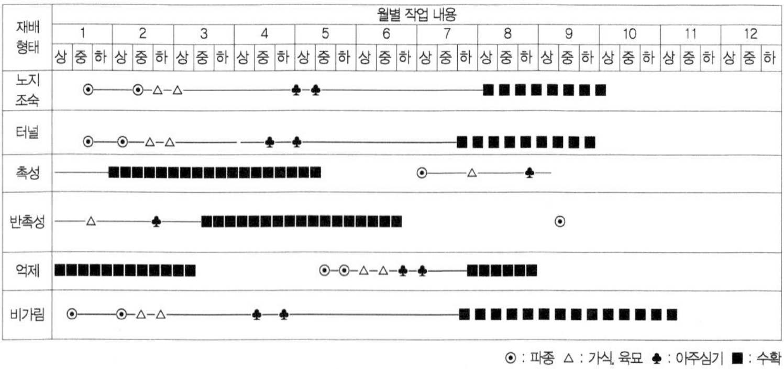

〈그림 5-1〉 재배 형태별 재배 시기

현재 가장 많이 재배되는 재배 형태는 노지조숙재배로 건고추 생산을 목적으로 하는 재배 형태이다. 노지조숙재배는 전국 어디에서나 재배가 가능하고 지역에 따라 재배기간이 다소 달라지지만 대체로 남부 지방은 4월 하순, 중부 지방 5월 상순에 아주심기하여 서리가 오기 전까지 재배가 지속된다. 터널조숙재배는 중남부에서 많이 재배하는 재배 형태로 노지에 소형 터널을 설치하여 노지조숙재배보다 다소 아주심기 시기를 앞당겨 재배하는 재배 형태이다. 무리하게 아주심기를 앞당기면 냉해나 동해를 받는 수가 있으므로 주의해야 한다. 일라이트부직포 터널재배는 서리를 예방할 수 있으나 동해는 막을 수 없으므로 주의하여야 하며, 지역별 아주심기일 보다 7일 정도 조기 아주심기가 가능하다. 촉성재배는 11월 중순경에 아주심기하여 시설 내에서 월동하면서 풋고추를 생산하는 재배 형태로 난방비를 감안하여 남부 지방에서 하는 것이 적합하다. 반촉성재배는 2월 하순경에 아주심기하여 7월까지 재배하는 재배 형태로서 중남부 지방에 적합하나 난방비를 감안하면 남부 지방에서 난방을 적게 하고 보온을 충실히 하여 재배하는 것이 적합하다. 억제재배는 고온기에 육묘를 하여 9월 중순경에 아주심기·재배하는 재배 형태로 역시 시설 내에서 월동한다.

노지재배의 경우는 장마, 태풍, 가뭄 등의 기상 환경 조건에 의해 영향을 많이 받아 작황의 변화가 심하고, 시설재배의 경우 적정 환경조건이 아닌 시기에 재배하기 위해서는 외부 환경과 차단할 수 있는 재배 시설과 시설 내를 적정 조건의 환경으로 조성해 줄 수 있는 부대 장치가 필요하다.

어떤 재배 형태를 선택하여 재배할 것인가는 그 지역의 입지조건과 경제성 및 재배자의 기술 수준을 종합적으로 고려하여 판단해야 한다. 재배 형태 선정 시 가장 중요한 것은 경제성으로 어떤 지역에 어떤 재배 형태가 가장 많은 소득을 올릴 수 있는지는 생산비를 감안하여 선택해야 한다. 생산비에 가장 영향을 미치는 요인은 난방비로 중부 지방의 경우 남부 지방보다 난방비의 비중이 높기 때문에 시설재배는 난방비 부담이 상대적으로 덜한 남부 지방을 위주로 하는 것이 유리하다.

02. 재배 형태별 재배 기술

가. 노지조숙재배

1) 작부체계

우리나라에서 가장 일반적으로 재배하는 방법으로써 중부 지방은 2월 상순, 남부 지방은 1월 하순경부터 파종, 옮겨심기, 육묘하기 시작하여 서리의 피해가 없는 4월 하순부터 5월 상순 사이에 노지에 아주심기를 하여 건과용 홍고추를 생산해 내는 재배 형태이다〈그림 5-2〉. 최근 기후 온난화로 아주심기 시기가 빨라짐에 따라 수확기간이 늘어나고 있다.

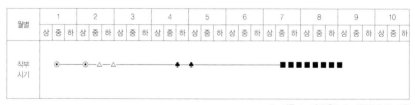

〈그림 5-2〉 노지조숙재배 재배력

2) 육묘관리

육묘 기술은 제4장의 육묘 기술 편을 참조한다.

3) 본포 관리

가) 비료 및 이랑 만들기

비료량은 품종, 토양의 좋고 나쁨, 심는 묘수량, 전작물과의 관계에 따라 달라질 수 있다. 노지재배에서는 990m²(300평)당 성분량으로 질소 19.0kg, 인산 11.2kg, 칼리 14.9kg을 표준으로 하여 비료를 뿌려주고, 퇴비는 완숙된 것을 3,000kg을 뿌려주되 지력 감퇴가 심하여 생육이 불량하고 병해가 심할 때는 퇴비를 증시하면 효과적이다. 석회는 시용 전 반드시 농업기술센터에서 토양분석을 실시 후 사용하고 토양 pH가 7.0 이상인 토양에서는 석회의 시용을 하지 않아야 하며, pH 6.5 이하의 낮은 토양에서는 농용석회나 고토석회를 100~200kg 사용한다. 붕소는 2kg 정도를 사용한다. 퇴비와 석회 등의 밑거름을 사용하는 시기는 밭을 흙갈이 하기 2~3주 전이 좋으며 밭 전면에 골고루 퍼지도록 한다. 그리고 화학 비료는 이랑을 만들기 7일 전에 뿌려준다. 인산은 모두 밑거름으로 사용하고, 질소와 칼리는 60%는 밑거름으로 주고 나머지 40%는 3회로 나누어 웃거름으로 준다. 밭의 흙갈이는 트랙터로 깊이갈이를 하여 작물이 자랄 수 있는 충분한 깊이를 확보하여 주어야 한다. 이랑의 넓이는 재배하고자 하는 토양의 비옥도 및 품종에 따라 달라지는데, 1열 재배는 이랑의 폭을 90~100cm, 2열 재배는 150~160cm로 한다. 최근의 품종들은 가지가 많은 쪽으로 육성되어 너무 밀식했을 경우에는 병해충 방제, 수확 등 관리 작업이 불편하고, 탄저병 등의 병 발생이 증가할 수 있다. 이랑은 높을수록 수량이 증가하고 병해의 발생이 감소하므로 관리기 등을 이용하여 될 수 있는 한 이랑의 높이를 20cm 정도로 만들어 주는 것이 좋으며〈표 5-1〉이랑이 높아지면 퇴비의 양이 늘어나야 한다〈표 5-2〉.

〈표 5-1〉 이랑의 높이에 따른 수량의 변화와 역병 발생률의 차이

이랑높이	0cm	15cm	30cm	45cm
수량지수	100	128	123	104
역병 발생률(%)	17.6	7.8	5.3	5.2

〈표 5-2〉 경운 깊이별 유기물 사용량에 따른 고추 수량 ('10, 충북도원)

이랑높이	유기물 사용(ton)	수량지수
10	1	100
	3	121
30	5	122
50	5	109

나) 이랑 비닐 덮기

이랑 덮기 비닐로는 투명 PE 비닐은 흑색 PE 비닐보다 아주심은 초기의 지온을 2~3℃ 정도 높여주지만, 흑색 PE 비닐의 경우는 고온기 때에 투명 PE 비닐보다 지온 상승을 방지할 수 있으며, 재배 중의 잡초 발생을 억제하는 효과가 있다〈표 5-3〉. 비닐의 두께는 0.02~0.03mm가 적당하며, 아주심기 3~4일 전 또는 이랑 만든 직후에 이랑 비닐을 덮어 지온을 상승시켜 아주 심을 때 모종이 스트레스를 받지 않도록 한다.

〈표 5-3〉 피복 자재별 수량 및 잡초 발생량

이랑높이	투명PE	흑색PE	투명PE	백색PE	무멀칭
수량지수	114	120	112	76	100
잡초 발생량(단위)	321.6	133.4	36.7	3.5	127
적산온도(℃)	530	510	566	597	721

다) 아주심는 시기 및 방법

아주심기 7~10일 전부터 묘상을 덮는 비닐은 밤에 덮지 말고, 낮에는 외부 기온에 맞게 묘를 관리하여 묘의 조직을 단단하게 하여 주어야 지제부 고사를 줄여준다〈표 5-4〉.

〈표 5-4〉 정식 전 유묘 경화처리가 지제부 고사 억제효과 ('08, 원예원)

이랑높이	투명PE	발생률(%)			
		역강	거성	신흥	녹광
경화 1일	비닐접촉	14	16	16	18
경화 3일	〃	8	6	6	10
무경화	〃	24	30	24	26

아주심기는 마지막 서리가 내린 후에 실시해야 서리 및 동해 피해가 없으며, 맑은 날을 선택하도록 한다. 아주심기 전날에 모판에 물을 충분히 주어 뿌리에 상토가 잘 붙어 있어 모종을 빼내기 쉽도록 한다. 아주심기의 심는 깊이는 〈그림 5-3〉과 같이 온상에 심겨져 있던 깊이대로 심어야 하는데 너무 깊게 심으면 줄기 부위에서 새 뿌리가 나와 뿌리내림이 늦고, 얕게 심으면 땅 표면에 뿌리가 모여 건조 피해를 받기 쉽다.

라) 심는 거리

심는 거리는 품종, 토양의 비옥도, 수확기간 등에 따라 달라지는데 거리가 넓을 때에는 면적당 주수가 적어 초기 수량이 적고 좁을 때에는 면적당 주수가 많아 초기 수량은 많으나 유인과 정지가 어려워진다.

노지재배의 경우는 보통 990㎡(300평)당 1열 재배 시 2,770주(90cm×40cm 또는 120cm×30cm), 3,330주(100cm×30cm), 2열 재배 시 3,300주(150cm×40cm)나 재배지의 비옥도 등을 고려하여 심는 주수를 늘려주어도 좋다. 같은 면적에 같은 주수의 고추를 심을 때에는 이랑 사이를 넓게 하고 포기 사이를 좁게 하는 것이 통풍이나 수확 및 농약살포 등 작업 관리상 유리하다.

고추 기계수확을 위해서는 크기와 규격에 맞추어 고추를 재배하는 것이 수확 기계 적용에 유리하기 때문에 다음과 같은 재배 양식을 지켜주는 것이 좋다. 조간 120cm 이상, 주간 35cm, 두둑 높이 25cm, 초장은 90~120cm, 초폭은 60~100cm가 적당하다.

![자주식 고추 수확기계]

자주식 고추 수확기계

엔진	형식		4TNV98T-ZSKTC
	정격출력(kW(ps)/rpm)		54.4(74.1) / 2,200
길이 × 폭 × 높이(mm)			6,050 × 2,220 × 2,600
총 중량(kg)			2,956
주행부	타이어		크롤러형
	작업 속도(m/s)		0.2~0.4
	변속 방식		유압 HST 무단 변속
탈실부		방식	회전 삼중 나선(Triple helix) 원통식
		조수	1조
선별부			요동 + 압풍
수집부			탱크(700kg)

수확기계 사양

고추 수확기계에 적합한 재배 양식

기계를 이용한 고추 수확

〈그림 5-3〉 고추 기계수확에 적합한 재배양식(국립원예특작과학원, 2016)

마) 웃거름 주기

고추의 표준 비료량은 질소:인산:칼리=19.0:11.2:14.9kg/10a(성분량)으로 인산
은 전량 기비로 시비하고 요소와 칼리는 밭을 만들 때 60%는 밑거름으로 비료하
고, 40%는 추비로 3회에 나누어 추비로 시용한다〈표 5-5〉. 고추는 본밭에서의
생육기간이 5개월 이상 되기 때문에 적당한 간격으로 나누어서 비료를 주어야 비료
부족 현상을 나타내지 않는다.

웃거름을 주는 시기는 아주심은 후 25~30일 전후해서 실시하는 것이 보통이다.
비료를 주는 방법으로는 1열 재배의 경우 이랑 옆에 얕은 골을 파고 비료를 뿌린 다
음 흙으로 덮어주고, 2열 재배는 멀칭한 비닐을 막대기로 포기 사이를 일정한 간격
으로 뚫고 비료를 조금씩 넣어 준다. 2차 웃거름 주는 시기는 1차 웃거름 후 30일
경과 후 실시하며, 3차 및 4차 웃거름도 30일 간격으로 실시한다. 2차 추비는 시기
가 고추의 생육 중·후기에 해당하는데 노력의 절감을 위해 헛골에 비료를 살포한
다. 점적관수 시설이 설치된 밭에서는 800~1,200배의 물 비료를 만들어 관수와
동시에 비료를 주는 것이 효과적이다〈표 5-6〉.

〈표 5-5〉 노지조숙재배 시의 고추 표준 비료량(10a)

비료명	총량(kg) (환산량)	밑거름(kg)	웃거름(kg)			비고(kg) (성분량)
			1차	2차	3차	
퇴비	3,000	3,000				
요소	41	24.6	5	6	5.4	질소 19.0 인산 11.2 칼리 14.9
용성인비	56	56				
염화가리	25	15	3	4	3	
고토석회	200	200				
붕소	2	2				

〈표 5-6〉 추비 방법에 따른 고추의 생육과 수량

추비 방법	생체중(g/주)	착과 수(개/주)	수량(kg/10a)	역병 발생률(%)
고랑살포	897	75	283	5
관비	907	82	274	5
전량기비	956	106	295	13
관행추비+관수	1,025	116	225	21
관행추비	814	71	291	4

바) 유인

비와 바람의 피해를 막기 위해서 길이 120~150cm의 대나무나 각목, 철근, 파이프 등을 일정한 간격으로 꽂고 식물체를 유인줄로 묶어 준다. 유인 방법에는 개별 유인과 줄 유인이 있다. 개별 유인은 포기마다 지주를 꽂아 유인 끈으로 식물체를 묶어 주는 것이고, 줄 유인은 4~5포기 건너 지주를 꽂고 줄로 식물체를 묶어주는 것이다. 줄로 유인하는 것이 개별 지주를 세워 유인하는 것보다 노력이 적게 들어 편리하지만 지주의 재료가 튼튼하지 못할 경우에는 바람 등에 의해 쓰러질 염려가 있다. 이랑의 시작과 끝의 지주는 튼튼한 각목이나 파이프를 이용하고, 재배면적이 많고 밀식재배를 할 경우에는 중간 중간에 튼튼한 지주를 설치하여 쓰러지지 않도록 한다. 고추의 유인은 2~3분지 정도에서 유인 끈으로 매어 주고, 고추의 키가 큰 품종은 자람에 따라 2~3회 실시한다.

사) 관수

고추의 뿌리는 표토에서 10cm이내 깊이에 대부분 분포하기 때문에 토양이 건조하면 수량이 낮아지고 생육 장해를 일으킨다. 따라서 토양수분을 적당히 유지해 줌으로서 생육 생장과 수량을 올릴 수 있다. 토양수분이 pF 2.0~2.5 사이일 때 관수하는 것이 적당하다. 관수하는 방법으로는 이랑에 물을 대주는 방법과 점적관수 시설을 설치하여 관수하는 방법이 있는데 이랑 관개는 역병 재배지의 경우 역병 발병을 조장하는 경우가 있으므로 가급적 밭에서는 물과 비료를 함께 줄 수 있는 점적관수 방법을 사용하는 것이 효과적이다.

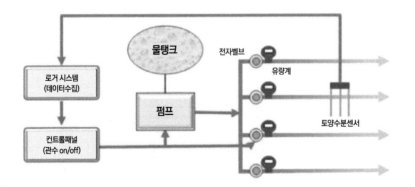

〈그림 5-4〉 토양수분장력센서 이용 자동관수시스템 구성, 2019. 국립원예특작과학원

노지 고추 재배 시 자동관수시스템(센서부, 제어부, 관수장치 및 관수 조건이 반영되는 프로그램)을 갖추어 관수하는 것이 좋다.

〈표 5-7〉 노지 고추 관수 조건에 따른 생육 및 수량 비교

구분	초장 (cm)	분지 수 (개)	경경 (mm)	뿌리 길이 (cm)	착과 수 (개/주)	과장 (cm)	수량 (g/주)
무관수	94.9	5.8	16.1	31.3	74.3	12.1	223(100)
-30kpa, 5분	124.5	7.6	23.5	30.1	101.3	14.3	334(149)
-30kpa, 15분	125.4	6.2	22.8	29.9	113.8	15.2	410(183)
-50kpa, 5분	122.2	6.6	24.0	32.8	101.8	15.4	387(173)
-50kpa, 15분	121.2	6.4	23.0	30.8	100.3	15.3	391(175)

* 무관수 : 자연강우, 2019. 국립원예특작과학원

아) 측지 제거

고추는 1차 분지점 이하에서 대체적으로 4~5개의 측지가 발생한다. 우박 피해로 생장점이 없는 고추의 분지는 9~11개의 측지가 발생한다. 노지재배의 경우 재식주수가 많아 측지 제거를 하지 않으나 측지를 방치하면 주지의 분화가 늦어지고, 통풍이 불량하여 병해충 발생이 많을 수 있고 발생 시 약제방제가 어렵다. 측지를 제거할 경우 3회에 걸쳐 제거하는 것이 과의 크기와 품질을 높일 수 있다〈표 5-8〉.

〈표 5-8〉 측지 제거 방법별 과실 특성 및 수량

측지 제거 방법	과장 (cm)	과경 (cm)	과육 두께 (mm)	과중 (g/개)	수량 (kg/10a)
무 제거	10.0	1.86	1.83	14.4	380.5
1회 제거	10.2	2.02	2.30	15.8	271.7
2회 제거	10.9	1.95	1.64	14.6	286.7
3회 제거	11.4	2.18	2.51	15.3	354.8

자) 제초작업

노지에서 고추를 재배할 경우에는 재배면적이 넓기 때문에 발생하는 잡초를 일일이 손으로 제거하기는 힘들다. 일반적으로 잡초 발생 방제에 사용되는 방법이 흑색 비닐 멀칭과 제초제 사용이다. 제초제를 사용하지 않고 비닐 멀칭만을 할 경우에는 투명 비닐이나 백색 비닐 필름보다 흑색 비닐 멀칭이 잡초 발생량은 적었으나 적산온도는 다른 피복자재들보다 떨어진다〈표 5-3〉. 밭 전체를 피복하면 잡초의 발생이 훨씬 줄어드나 일반 농가에서는 헛골에 웃거름을 시용하는 경우가 많으므로 두둑만을 멀칭한 후 제초제와 병행해서 사용하는 것이 잡초 발생을 줄이는데 효과적이다.

제초제의 종류는 토양 처리제와 줄기와 잎 처리제가 있다. 토양 처리제의 살포 시기는 잡초가 발생하기 전인 아주심기 1~2주 전이 적당하다. 사용 적량을 지켜 본 밭의 땅고르기 작업을 한 다음 토양 전면에 골고루 묻도록 살포한 다음 비닐을 피복하고 2~3일 이내에 옮겨 심도록 한다. 밭이 건조한 경우에는 약량을 동일하게 하나 물량을 늘려서 살포하면 효과적이다. 흑색 비닐로 멀칭할 경우에는 헛골에만 제초제를 살포하도록 한다.

줄기와 잎 처리제는 아주심기를 한 후 잡초가 발생하였을 때 바람이 없는 날에 잡초의 줄기와 잎에 살포하여야 하며, 살포시 고추에 묻지 않도록 주의한다. 제초제를 사용한 후에는 반드시 분무기를 깨끗한 물로 충분히 세척하도록 하며, 만약 그대로 다른 살충제나 살균제를 사용하였을 경우에는 고추에 이상 증상이 발생할 수 있으므로 주의한다. 제초제를 사용할 경우에는 사용 설명서를 충분히 읽은 후에 사용하여야 하며 용도에 알맞게 사용한다. 제초제는 독성이 강하므로 사용할 때에는 보안경을 착용하고 피부 노출을 줄이도록 한다.

나. 터널조숙재배

1) 작부체계

고추 재배 시 아주심기와 생육 초기인 5월의 기온은 생육적온보다 낮아 뿌리내림 및 초기 생육이 불량하고 조기 수량이 떨어지는 문제점이 있다. 고추 터널조숙재배는 이러한 문제를 극복하기 위해 터널이라는 간이 시설을 이용하여 생육 중기인 6월 중·하순까지 보온을 하고, 그 이후에는 노지재배와 같이 관리하는 방법이다〈그림 5-5〉. 터널조숙재배는 정식 시기를 20일 정도 앞당기므로 생육기간을 연장시켜 일반재배보다 약 2~3배의 수확을 올릴 수 있으며, 생육 초기에 지온과 터널 내부의 기온을 높여 뿌리 뿌리내림과 지상부의 생육을 좋게 하기 때문에 조기 수량을 높일 수 있는 장점이 있으나 노동력이 많이 소요된다.

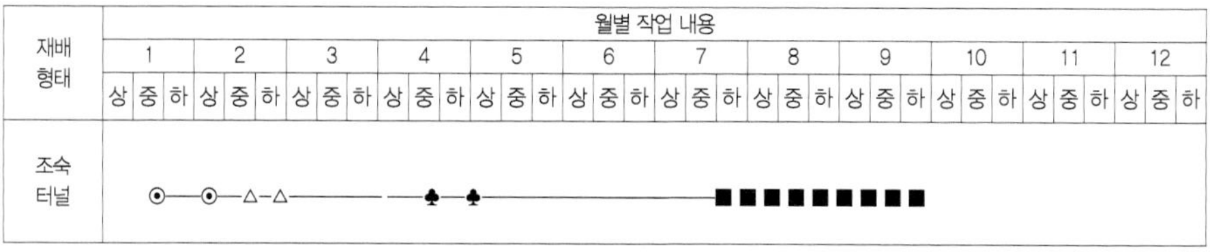

재배형태	월별 작업 내용																																			
	1			2			3			4			5			6			7			8			9			10			11			12		
	상	중	하	상	중	하	상	중	하	상	중	하	상	중	하	상	중	하	상	중	하	상	중	하	상	중	하	상	중	하	상	중	하	상	중	하
조숙터널																																				

〈그림 5-5〉 터널조숙재배 재배력

2) 육묘관리
가) 파종
파종은 전열온상을 설치하여 파종하는 것이 좋으며, 파종 시기는 아주심기 예정일로부터 육묘 일수를 역산해 정한다. 파종량은 필요량의 20% 정도를 더 뿌린다. 씨앗은 30℃ 내외의 미지근한 물에 10시간 정도 담근 다음 물을 적신 천에 싸서 28~30℃ 정도 되는 곳에서 싹을 틔워서 파종하는 것이 발아가 균일하고 빠르다. 싹을 틔운 씨앗은 점파하거나 습기가 있는 모래를 혼합하여 6~8cm 간격으로 줄뿌림한 후 흙을 덮고 충분히 물을 주고 발아될 때까지 밀폐하여 온도와 습도를 높게 유지한다. 발아 후에는 환기를 시켜 과습하지 않도록 하고 이때 온도가 너무 내려가지 않도록 주의한다.

나) 이식 및 묘상 관리
파종 후 30~35일이 지나 본잎이 1~2매가 될 때 연결 포트로 옮겨심기를 한다. 옮겨 심을 때에는 떡잎이나 본잎이 상하지 않도록 주의한다〈표 5-9〉. 이식은 연결 포트를 이용하거나 육묘상에 직접 이식하는 방법이 있는데, 육묘상에 직접 이식의 경우 식물체의 키가 매우 크고 재배지에 아주심기할 때 뿌리 잘림이 많아 관수 조건이 불량한 재배지에서는 고사율이 높다. 연결 포트를 이용할 경우 육묘 장소의 바닥을 잘 고르고 볏짚을 2~3cm 두께로 깔면 냉기가 차단되고 상내 적절한 수분 유지가 가능하며 광합성도 촉진된다. 최근 육묘상은 전열선을 깔고 그 위에 상토를 2-3cm 두께로 펼치고 투명 비닐을 깔고 옮겨심기 묘를 배치한다.

〈표 5-9〉 떡잎 및 본잎 제거가 생육에 미치는 영향

처리	옮겨 심은 36일 후		첫분지까지의 일수	개화까지의 일수
	초장(cm)	잎수(매)		
정상	16.4	7.2	8.4	53.5
떡잎 제거	12.3	6.1	8.5	56.3
제1본잎 제거	14.1	7.4	8.8	55.0

옮겨 심는 작업은 바람이 없고 따뜻한 날을 택하고 옮겨 심은 다음에는 20℃ 정도의 물을 주어 뿌리내림이 잘 되도록 한다. 일단 옮겨 심으면 뿌리의 기능이 일시 정지하게 되어 시들기 때문에 차광막으로 해가림을 하여 시들음을 막아 주고 뿌리내림이 되면 걷어 준다.

옮겨 심은 뒤부터 아주심기할 때까지 특별히 주의해야 될 것은 지제부가 잘록해지면서 쓰러져 말라 죽는 모잘록병인데, 이병은 지온이 낮거나 묘상이 다습할 경우 주로 발병한다. 모잘록병을 예방하기 위해서는 우선 오염되지 않은 상토를 사용하고 과습을 피하며 온도를 25℃ 정도로 유지하는 것이 중요하다.

묘상에 물을 줄 경우에는 조금씩 자주 주는 것보다는 20℃ 정도의 물을 한 번에 뿌리 밑까지 젖도록 충분히 주어 온상 내 온도가 급히 내려가는 것을 방지한다. 물주는 작업은 오전 11시에서 오후 1시 사이에 기온이 상승했을 때 하며 물을 줄 때 장시간 온상을 열어 놓으면 강한 햇볕에 어린모의 잎이 타게 되므로 물을 주는 대로 곧 덮어준다.

다) 적정 포트 크기 및 육묘 일수

터널재배에 알맞은 포트 크기와 육묘 일수는 〈표 5-10〉과 같다. 포트 크기는 36공(6×6포트)보다 25공(5×5포트)에서 육묘한 것이 초장, 엽수, 경경 등 묘 소질이 좋다. 육묘 일수에 있어서도 포트 공수가 적을수록 육묘 일수를 길게 하는 것이 묘 소질이 좋다. 포트는 연결 트레이라 하여 36공인 경우 36공을 2개 연결하

여 놓아 일반적으로 72공이라고 칭한다. 그러나 아주심기 후의 생육은 포트 크기와 육묘 일수에 따른 차이가 크게 없었으며, 전체 수량은 25공의 경우 육묘 일수를 길게 할수록 조금 증가되는 경향이나 36공에 있어서는 오히려 육묘 일수를 50~60일 정도로 짧게 할 경우 높은 경향이었다. 따라서 포트 크기 선정에 있어서 25공 70~80일 육묘한 모종을 사용하면 육묘 기간을 단축하여 저온 등 불량 환경을 피할 수 있고 초기 수량을 높일 수 있으며, 묘상 면적을 적게 하기 위해서는 36공 포트에 50~60일 정도 육묘하는 것이 바람직할 것으로 본다.

〈표 5–10〉 포트 크기 및 육묘 일수별 묘 소질

포트 크기	육묘 일수	묘 소질			아주심기 후 생육		수량(kg/10a)	
		초장(cm)	엽 수(매)	경경(mm)	초장(cm)	경경(mm)	초기	전체
25공	50일	22.9	10.8	3.3	78.7	13.8	175	299
	60일	25.3	12.7	3.7	81.4	13.1	187	286
	70일	24.6	13.6	3.6	79.7	13.1	214	296
	80일	28.5	14.1	3.9	75.9	13.5	214	301
	평균	25.3	12.8	3.6	78.9	13.4	197	296
36공	50일	19.9	9.8	2.9	82.0	13.8	172	308
	60일	22.0	11.0	3.3	77.4	11.0	180	309
	70일	24.0	12.7	3.1	75.5	13.1	162	261
	80일	26.2	12.7	3.3	81.2	14.7	169	258
	평균	23.0	11.5	3.2	79.0	13.1	171	284

라) 모굳히기(경화)

아주심기 시기가 가까워지면 지금까지 온상에서 알맞은 온도와 수분 조건에서 자란 모를 경화시켜야 하는데, 아주심기 1주일 전부터 실시한다. 특히 터널재배는 4월 하순경부터 조기에 아주심기를 하므로 모굳히기를 하지 않으면 저온피해를 입을 우려가 크다. 모굳히기는 먼저 야간에 육묘상 내 보온 덮개를 걷어주고 점차 보온 피복 비닐을 제거하고 마지막으로 하우스 측면 비닐을 걷어 올려 외부 환경과 같은 상태로 해준다. 초기에는 외부 온도가 높다고 장시간 열어 놓으면 잎이 탈 염려가 있으므로 주의한다.

2) 본포 관리

가) 비료 및 이랑만들기

아주심기 3주일 전에 퇴비, 석회를 포장 전면에 뿌려준 후 깊이갈이를 하고, 아주심기 10일 전에 3요소를 비료한 후 다시 로타리를 하여 비료가 고루 섞이도록 한 다음 이랑을 만든다. 비료량은 인산은 전량을 밑거름으로 주며, 질소와 칼리는 40%를 밑거름으로 하고 나머지는 4회로 나누어 웃거름으로 주도록 한다〈표 5-11〉.

이랑의 넓이는 토양의 비옥도나 품종에 따라 다르지만 터널재배에서는 보통 150~160cm가 적당하다. 이랑의 높이는 배수가 잘 안 되는 곳에서는 20cm 이상으로 하여 장마시 침수 피해를 방지토록 한다.

〈표 5-11〉 고추 표준 비료량(10a)

비료명	비료법	총량(kg)	밑거름(kg)	웃거름				비고(kg) (3요소 성분량)
				1회	2회	3회	4회	
퇴비		3,000	3,000					
요소		41	17	6	6	6	6	질소:19.0 인산:11.2 칼리:14.9
용성인비		56	56					
염화가리		25	10	3.7	3.7	3.8	3.8	
고토석회		200	200					

나) 이랑 비닐 피복

이랑 비닐 피복은 아주심기 3~4일 전에 하는 것이 원칙이나, 이랑을 만들면 비닐 피복을 바로 하여 토양 내 수분과 지온을 유지시키도록 한다. 사토의 경우, 이랑을 만든 이후 비닐 피복을 하지 않으면 수분 증발로 아주심기 후 가뭄의 피해를 받을 수 있어 주의가 필요하다.

이랑 비닐 피복은 대부분의 농가에서 투명 비닐을 많이 사용한다. 이는 흑색 비닐을 사용할 경우 터널 내부의 기온이 투명 비닐보다 높기 때문에 고추가 고사되지 않을까하는 우려 때문이다. 터널 골주는 〈그림 5-7〉과 같이 이랑 위쪽에 위치하도록 설치하는 것이 좋다.

흑색 비닐을 사용할 경우 〈그림 5-6〉에서 보는 바와 같이 투명 비닐보다 내부 기온이 다소 높지만 아주심기 후 바로 환기 구멍을 뚫어 주기 때문에 큰 문제가 되지 않는다. 투명 비닐에서도 환기를 바로 시키지 않으면 고온 피해를 받으므로 흑색이든 투명이든 아주심기 후에는 바로 환기를 시켜주는 것이 중요하다.

아주심기 후 초기 생육〈표 5-12〉은 지온이 높은 투명 비닐에서 뿌리의 뿌리내림이 양호하여 흑색 비닐에 비해 초장, 경경의 생장이 다소 좋으나 생육 최성기 때에는 잡초가 발생되지 않아 뿌리와 양분 경합이 없는 흑색 비닐 피복이 생육이 좋다.

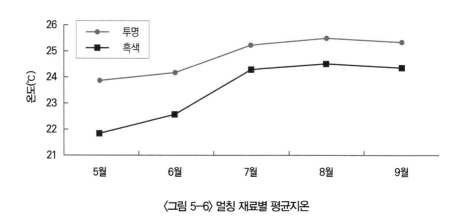

〈그림 5-6〉 멀칭 재료별 평균지온

수량성은 투명 비닐 피복시 초기 수량이 조금 많으나 중기 이후에는 흑색 비닐 피복 재배가 생육이 좋아 총 수량에서는 투명 비닐과 흑색 비닐 피복 간에 큰 차이가 없어 잡초 발생이 되지 않는 흑색 비닐로 피복하는 것이 경제적이다.

〈표 5-12〉 멀칭 재료별 생육 및 수량

멀칭 재료	생육 초기(6월 10일)			생육 최성기(7월 29일)			수확과 수 (개/주)	수량(kg/10a)	
	초장(cm)	주경장(cm)	경경(cm)	초장(cm)	주경장(cm)	경경(cm)		초기	전체
투명 비닐	45.2	23.7	9.0	78.8	24.9	14.0	39.2	124	250
흑색 비닐	42.1	22.9	8.4	81.3	24.0	14.3	41.9	109	265

다) 터널 만들기

아주심기 후 바로 터널 비닐을 씌울 수 있도록 터널을 만들어 두어야 하는데, 터널은 길이 1.8m, 두께 4mm의 강철로 된 철사를 사용하여 80~120cm 간격으로 꽂아두고, 유인 끈으로 철사를 상부, 좌우 측면에 3단으로 고정한다.

〈표 5-13〉 10a당 소요자재

품명	규격	수량	비고
멀칭 비닐	0.018mm×120cm	800m	고밀도필름 (투명, 흑색, 백색)
터널 비닐	0.03mm×180~210cm	1,000m	저밀도필름
터널 골주	180~210cm(8번철사)	1,200개	0.6~0.8cm 간격 설치
PE끈	3,000m	1롤	2.5~3.0cm 설치
지주(나무,철골)	150~160cm(10mm철근)	600~700개	

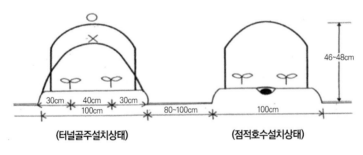

(터널골주설치상태) (점적호수설치상태)

<그림 5-7 > 이랑만들기 및 터널 골주 설치 요령

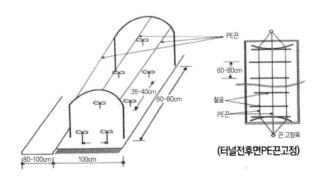

(터널전후면PE끈고정)

〈그림 5-8〉 터널재배 고추 정식 및 PE끈 고정 방법

라) 재식거리

재식거리는 품종이나 토양에 따라 다르지만 일반적으로 이랑과 골폭 150~160cm, 주간거리 30~40cm 간격으로 2열로 심는다. 재식거리를 30cm로 줄이면 경경이 가늘어지고 주당 수확과 수가 적어지지만 단위 면적당 재식주수가 많기 때문에 10a당 수량을 높일 수 있다〈표 5-14〉.

그 이상으로 밀식할 경우에는 병해충 방제나 수확 등의 작업이 불편하고 탄저병 등 병 발생이 증가하기 때문에 가급적 지나친 밀식은 피하는 것이 좋다.

〈표 5-14〉 재식거리별 생육 및 수량

재식거리(cm)	초장(cm)	주경장(cm)	경경(cm)	수확과 수(개/주)	수량(kg/10a)
160×30	80.3	25.0	1.4	35.0	235
160×40	81.1	24.3	1.5	35.5	174
160×50	78.7	24.3	1.6	43.4	175

마) 아주심기 시기 및 방법

터널재배는 비닐을 씌우기 때문에 아주심기 시기를 앞당길 수 있지만 늦서리가 내리는 시기를 피하여 아주심기 하여야 한다. 터널 비닐을 씌웠기 때문에 서리에 대해 안전하다고 생각되지만 최저온도가 0℃ 이하로 떨어지면 터널재배가 서리의 피해를 줄이지는 못한다. 조기에 아주심기하는 것이 초기 수량을 높일 수 있다고 생각되지만 10일 정도 일찍 심는다고 해서 생육이나 수량이 증가하지는 않는다〈표 5-15〉. 아주심기할 때는 육묘 상에 심겨져 있는 줄기 지제부까지만 심도록 한다.

〈표 5-15〉 아주심기 시기별 생육 및 수량

아주심기 시기	초장(cm)	주경장(cm)	경경(cm)	수확과 수(개/주)	수량(kg/10a)
4월 22일	69.2	24.1	1.3	34.5	244
5월 1일	69.7	25.5	1.3	35.9	250
5월 10일	72.0	29.5	1.3	36.8	250

서리의 피해를 받아 고사한 주는 바로 보식하더라도 이에 따른 노동력과 종묘비가 추가로 소요되기 때문에 소득에 있어서는 불리하다. 그렇기 때문에 중산간지에서는 서리로부터 안전하다고 판단되는 5월 상순경에 심어서 안정 생산을 확보하는 것이 중요하다.

바) 막덮기 부직포 터널재배
터널재배에 사용되는 투명 비닐 대신 막덮기 부직포를 이용하는 방법으로 장점은 서리피해를 예방할 수 있으며 아주심기를 7~10일 정도 앞당길 수 있고, 농약절감과 6월 중순까지 우박피해를 방지할 수 있으며 환기 작업이 불필요하고, 또한 수확량은 9~12% 정도 증수한다.

막덮기 부직포 터널재배 시 육묘 일수는 90일 정도 해야 한다. 부직포 제거 시기는 6월 중하순경 고추가 막덮기 부직포에 닿은 후 5~7일 후 제거하고 탄저병과 진딧물을 방제하여야 한다. 6월 중순에 제거를 하면 관행 터널재배에 비해 진딧물류 발생이 88.2~91.8% 감소하며, 약제살포 횟수를 줄일 수 있으며, 건고추 수량도 약 11~14% 증수되었다. 제거 이후 지주를 설치하여 유인을 해준다. 막덮기 부직포는 3년 정도 사용이 가능하나 초기 비용이 많이 소요되는 것이 단점이다.

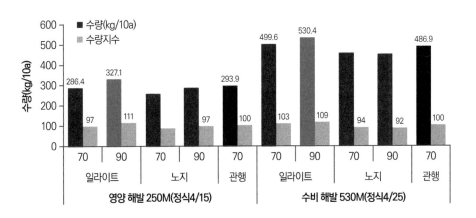

〈그림 5-9〉 고추 막덮기(일라이트)부직포 재배시 육묘 일수 및 지대별 수량

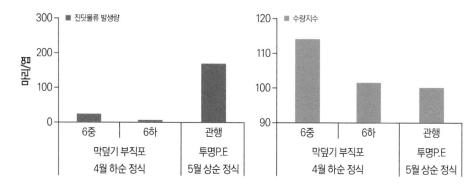

* P.E 처리구 3회 살충제 살포(6/11, 6/18, 6/25), 막덮기 부직포 무처리

〈그림 5-10〉 막덮기(일라이트)부직포 제거 시기별 진딧물류 발생 및 수량

〈표 5-16〉 부직포 터널 재배시 착과수 증대 효과, 단위: 개, %

시기	기존 재배	부직포 재배	증감률
7.2	35.1	42.8	21.9
7.12	53.4	60.1	12.5
7.26	58.7	63.5	8.2

* 기존 대비 착과수 : 초기 21.9%, 중기 12.5%, 말기 8.2% 증가
* 한국농촌경제연구원, 2016.

고추 정식 직후 기존 비닐 터널을 백색(일라이트) 부직포로 대체하여, 고추 정식 후 강선을 이용한 활죽을 설치하고 부직포를 덮는다. 5월 중순 이후 고추 초장이 일라이트 부직포와 맞닿을 때 피복을 제거하고, 다음 날 살균 및 살충제를 살포하여 병해충 방제를 한다. 이렇게 하면 고추 정식 시기를 앞당겨 장마 이전에 수확량을 늘릴 수 있으며, 우박과 냉해, 저온 및 고온 피해 등을 효율적으로 관리할 수 있다. 부직포는 당해년 뿐 아니라 2~3년간 재사용이 가능하고, 환기구 구멍을 뚫지 않아도 환기가 가능하며 부직포를 벗길 때까지 해충 방제가 필요 없어 노동력 절감에 획기적이다.

사) 골 피복

골 피복은 제초제 사용을 줄이고, 제초 노력을 줄이기 위해서는 부직포, 흑색 비닐, 볏짚 등으로 고추 골을 피복하는 것이다. 골 피복을 하게 되면 잡초 방제 뿐만 아니라 토양수분의 보전, 탄저병, 역병 등 병해의 발생을 경감시키는 효과가 있다. 점질토양에서 볏짚, 왕겨의 골 피복은 수분을 흡수하여 볏짚이 한곳에 모이게 되어 배수를 방해하므로 수분장해 및 역병이 발생 할 수 있어 피해야 하며 흑색의 비닐이나 부직포를 사용하는 것이 좋다. 사토 및 사양토는 흑색 비닐, 흑색 부직포, 짚, 왕겨 등 모든 재료를 사용할 수 있다.

〈그림 5-11〉 골 피복 전경(좌 : 부직포, 우 : 흑색PE)

아) 환기

터널재배는 노지재배와는 달리 아주심기 후 바로 터널 비닐을 씌우기 때문에 고추 포기 바로 위에 'V'형으로 구멍을 뚫어 환기가 잘 되게 한다. 고추가 자라 비닐에 닿을 무렵 위로 올라올 수 있도록 원형으로 구멍을 크게 뚫어 주고, 6월 중하순경에 측면 비닐도 완전히 제거하여 통풍과 농약살포 등의 작업이 용이하도록 한다.

〈그림 5-12〉 터널재배 환기 방법

자) 웃거름주기

질소와 칼리는 40%만 밑거름으로 주고 나머지 60%는 생육 상태에 따라 다르지만 보통 아주심기 후 한달 간격으로 4회 나누어 준다. 1, 2차 웃거름은 초세를 확보하기 위해 질소질 비료 위주로 비료하고, 포기 사이에 일정한 간격으로 구멍을 뚫어 조금씩 넣어 준다.

3, 4차 웃거름은 헛골에 뿌려 주고 칼리질 비료의 양을 늘려 준다. 점적관수 시설이 설치된 밭에서는 800~1200배의 물비료를 만들어 관수와 동시에 비료하면 효과적이다〈그림 5-13〉.

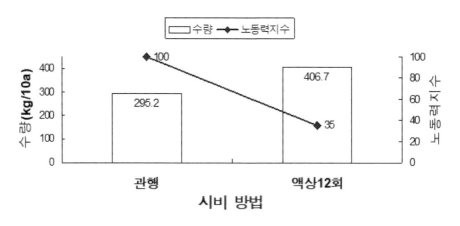

〈그림 5-13〉 고추 관비 재배에 의한 노동력 절감 및 수량 증수 효과

차) 유인

터널재배는 노지재배와는 달리 초기에는 고추가 비닐의 구멍을 통해 위로 올라와 골주와 비닐이 지지를 해주므로 유인을 할 필요가 없다. 그러나 고추가 크게 자라면 터널 양쪽에 2.4~3.6m 간격으로 지주를 꽂고 유인끈으로 고정하여 아래로 처지지 않도록 한다. 이때 철근을 사용할 경우 수확 작업 중 눈을 다칠 위험이 있으므로 주의한다.

카) 장마 대책

장마 시에는 침수 피해와 역병, 탄저병의 발생이 많으므로 이러한 피해를 줄이기 위해서는 사전 대책으로써 물빠짐이 나쁜 밭은 이랑을 20cm 이상 높게 만들어 물이 잘 빠지도록 하여 밭에 물이 고이지 않도록 한다.

또한 장마와 함께 각종 병이 발생하므로 장마가 오기 전에 역병과 탄저병 등의 약제를 예방적으로 살포하는 것이 비 온 다음 여러 번 살포하는 것보다 효과적이다. 그리고 장마 기간 중에는 광합성 능력이 낮아지기 때문에 식물체가 연약해지기 쉬우므로 요소 0.2%액을 5~7일 간격으로 2~3회 살포하여 나무 세력을 회복시켜 주도록 한다.

〈표 5-17〉 고추 도복 피해시 유인 일자별 수량지수 ('88, 경남도원)

구분	고추 도복			
	방임	당일 유인	2일후 유인	4일후 유인
엽면시비(4종복비 1000배액)	98	119	112	108
무처리	100	110	106	104

다. 비가림 하우스재배

1) 작부체계

비가림 하우스재배는 1월 상~하순에 파종을 하여 3월 하순부터 4월 중순 사이에 무가온 비가림 하우스에 아주심기를 하고 별도의 가온이 없이 늦가을까지 수확하는 재배 작형이다. 비가림 하우스재배에서는 풋고추와 홍고추, 또는 건과용 고추를 생산하고 대부분의 출하 시기가 노지 고추와 겹치게 되므로 출하 당시의 시세에 따라 풋고추나 홍고추 또는 건과용 고추를 선택하여 수확함으로써 수익을 더 높이도록 한다.

비가림 하우스재배는 직접적인 강우를 차단함으로써 각종 병원균의 감염을 막고 생육 환경을 어느 정도 조절하여 줌으로써 식물체의 생육을 건전하게 하여 수량과 품질을 높일 수 있기 때문에 친환경 생산을 위한 재배법으로 이용되고 있다.

비가림 하우스재배는 노지재배에서 문제가 되는 늦서리의 피해를 막을 수 있고, 기온 및 지온이 노지보다 높아 초기 생육이 촉진되어 첫 수확 시기가 빨라진다. 또한 생육 후기에도 첫서리의 피해를 막을 수가 있어 마지막 수확 시기도 노지보다 늦어지게 되어 전체적으로 수확량을 높일 수 있다.

〈그림 5-14〉 비가림재배 효과 : 좌 노지재배, 우 비가림재배

재배 형태	월별 작업 내용																																			
	1			2			3			4			5			6			7			8			9			10			11			12		
	상	중	하	상	중	하	상	중	하	상	중	하	상	중	하	상	중	하	상	중	하	상	중	하	상	중	하	상	중	하	상	중	하	상	중	하
비가림	⊙			⊙	△	△				♣		♣							■	■	■	■	■	■	■	■	■	■	■	■	■	■				

〈그림 5-15〉 비가림 하우스재배력

2) 품종 선택

현재까지 비가림 하우스 전용 재배품종은 많지 않다. 적합한 품종 조건으로는 중조생종이면서 대과종으로 과실표면이 매끈하고, 착색이 빠르고, 과실이 줄기로부터 잘 떨어져 나가는 품종이 좋다. 또한 생육 후기까지 초세가 강하여 후기 수량이 많아야 하며, 매운맛이 적당하고, 고춧가루가 많고, 역병, 바이러스, 반점세균병, 청고병 등 주요 병해에 견디는 힘이 있고, 습해에 강한 품종을 선택하는 것이 유리하다.

비가림 품종 중에서도 초세, 숙기, 착과 습성 등이 다르므로 품종에 따른 본포 관리, 시비 및 관수관리 등 적합한 재배관리 요령이 필요하다. 또한 비가림재배 품종에 비해 선택의 폭이 넓은 일반 노지, 터널재배 품종 중에서 비가림재배를 할 경우에는 장기간의 재배기간 동안 다수확하기 위해 사전 시험 재배를 통한 충분한 검토와 적절한 재배관리 요령이 더욱 필요하다.

노지 및 터널재배용으로 재배되고 있는 품종 중 초장과 절간이 짧은 경북과 강원 지역에서 비가림재배용 품종을 선발한 결과는 〈표 5-18, 5-19〉와 같다.

〈표 5-18〉 품종별 생육 특성(경북 영양)

품종명	초장 (cm)	절간장 (cm)	분지수 (개/주)	과장 (cm)	주당과수 (개/주)	상품과율 (%)	수량 (kg/10a)
비가림스피드	129.8	9.4	13.8	10.7	100.4	88.5	569.8
소나타비가림	133.2	9.7	13.8	10.9	119.5	93.1	687.4
수문장비가림	124.9	8.6	14.5	12.0	114.5	93.7	665.8
홍장군비가림	145.9	9.9	14.8	11.0	105.8	93.1	588.4
강한건	134.1	9.6	13.9	11.4	83.1	92.0	632.5
대권선언	124.1	9.7	12.8	11.4	85.8	97.0	613.0
일당백골드	131.4	9.6	13.7	11.2	101.5	94.6	700.4
PR건초왕	148.7	9.8	15.2	11.5	88.2	88.7	641.6
PR상록	141.9	10.2	13.9	10.7	109.6	96.0	666.7

– 장소 : 경북 영양군
– 재배법 : 파종(2.08), 정식(5.08), 수확(6.19~9.14)
– 재식거리 : 120×50cm

<표 5-19> 품종별 생육 특성('09, 강원도원)

품종	초장 (cm)	분지수 (개)	과중 (g)	과장 (cm)	과폭 (cm)	상품수량 (kg)	수량지수
녹광	157	14.8	14.5	15.2	13.1	1.20	100.0
청양	186	15.3	6.8	8.8	7.1	1.17	98.0
길상	119	13.9	24.4	22.7	22.1	1.81	151.3
아삭이	128	13.3	17.0	21.0	16.5	1.13	94.4
생그린	133	14.9	12.2	16.5	10.1	0.82	68.6
롱그린맛	136	14.9	19.2	18.1	7.5	1.61	134.7
PM신강	177	16.4	7.2	16.5	12.1	1.06	88.7
P8263	150	13.3	17.5	16.4	11.7	1.11	92.5
당조마일드	151	15.9	23.6	17.5	19.8	1.41	117.8

- 장소 : 강원도 평창군 봉평면 흥정리(해발 500m)
- 재배법 : 파종(2.08), 정식(5.08), 수확(6.19~9.14)
- 재식거리 : 120×50cm

3) 육묘관리

육묘 기술은 제4장의 육묘 기술 편과 제5장 터널재배 편을 참조한다.

4) 본포 관리

가) 비가림 하우스 규격

비가림 하우스의 구조는 지역간 농가마다 각양각색이다. 시설재배의 경우 주로 동절기에 재배가 이루어지므로 효율적인 난방관리상 작물생육에 필요한 최소한의 공간이 유리하나, 노지재배의 경우는 가급적 규모가 클수록 좋다.

나) 비가림 하우스의 새로운 모델 보급

<그림 5-16> 표준형 비가림 하우스 형태

특히 하절기 고온기에 작업이 이루어지므로 기존의 9~10m파이프로 설치한 소규모 하우스(폭 5.4m, 높이 2.6m)보다 13m 파이프(폭 7.0m, 높이 3.5m)를 사용하여 측창의 높이를 2m로 하고 공간을 넓고 높게 하는 것이 농기계 활용, 작물 관리 등 작업의 능률화와 하우스 내 환경조절 면에서 유리하다.

시군에서 지원을 받아 설치한 〈그림 5-16〉의 표준형 하우스 왼쪽은 고깔형 천창을 새로이 설치한 것으로 하절기 더운 상승 공기를 외부로 배출하여 온도를 하강시키는 효과가 있으며, 가운데는 비가림 하우스 양쪽에 스프링클러를 설치하여 이른 아침에 지면에 물을 충분히 뿌려 낮에 공기의 온도를 낮춰주는 효과가 있다. 오른쪽의 사진은 강우 시 비가림 하우스 내부로 물이 들어가는 것을 차단하기 위해 비닐을 이용하여 배수하는 시설이다. 위와 같이 최근 비가림 하우스재배 농가들은 최적의 환경으로 최대의 수량을 확보하기 위하여 개조하고 있으며, 앞으로는 하우스 고추 재배 농가의 새로운 표준 모델로 설정될 것으로 예상한다.

표준화 고추 비가림 하우스(12-고추 비가림-2형)를 이용하여 홍고추 재배시 관행의 노지재배에 비하여 3배 이상의 증수 효과가 있다.

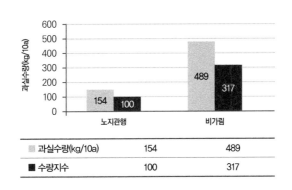

	과실수량(kg/10a)	수량지수
노지관행	154	100
비가림	489	317

* 재배 방법 : 1열 재배(100×40cm), 정식 4월 5일, 수확 7~9월

〈그림 5-17〉 비가림재배 및 노지재배 수량 비교, (2012, 원예원, 시설시)

다) 퇴비 및 비료

비가림재배 시비량은 토양의 비옥도, 재식주수, 전작물과의 관계에 따라 달라질 수 있지만 990㎡(300평)당 성분량으로 질소 19.0kg, 인산 11.2kg, 칼리 14.9kg을 표준으로 하여 시비하고, 퇴비는 완숙된 것을 3,000kg, 석회는 농용석회나 고토석회를 200kg 사용하고, 붕소는 2kg정도를 사용한다.

퇴비와 석회 등의 밑거름의 시용하는 시기는 밭을 흙갈이하기 2~3주 전이 좋으며, 밭 전면에 골고루 펴지도록 한다. 화학비료는 7일 전 이랑을 만들 때 사용한다. 인산은 모두 밑거름으로 사용하고, 질소와 칼리는 40%는 밑거름으로 주고 나머지 60%는 4회로 나누어 웃거름으로 준다. 연작지에서는 반드시 전기전도도(EC)를 측정하여 0.3 이하일 경우 시비 기준량을 사용하고 측정치에 따라 사용량을 조절한다.

〈그림 5-18〉 퇴비 및 석회 살포 후 깊이갈이를 함

비가림 하우스에서 쌀겨 및 목탄 시용은 고추 정식 한 달 전에 골고루 표면에 살포하고 로타리를 친 후 두둑을 만들고 점적 호스를 설치한다. 그리고 비닐 멀칭을 하고 점적관수하여 쌀겨를 어느 정도 토양 내에서 자연발효 시킨 뒤 정식 2~3일 전 가스피해를 방지하기 위해 고추 정식 부위를 구멍을 뚫고 정식 한다.

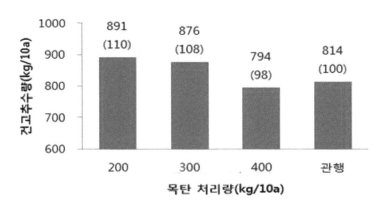

※ 품종 : 수퍼비가림.
※ 쌀겨 2,000kg/10a을 목탄 시용량과 혼합해서 고추 재배

〈그림 5-19〉 고추 비가림재배 시 목탄과 쌀겨 처리 효과

쌀겨와 목탄을 혼용 시용 시 토양 미생물 전체 활성은 화학비료를 사용한 관행구에 비해 162% 증가하였고, 유기물 분해에 관여하고 포식성 선충의 먹이가 되는 부식선충 밀도는 관행에 비해 1,361% 증가하여 토양 내 미생물 환경이 개선된다.

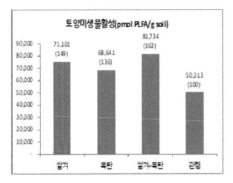 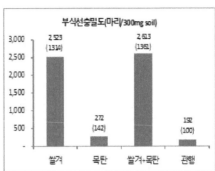

〈그림 5-20〉 고추 비가림재배 시 목탄 및 쌀겨 처리 효과

고추 비가림 하우스재배 시 관행시비(기비 60%, 추비 40%, 인산전량 기비)와 관비재배(추비 100%) 시 시비 방법에 따른 토양 EC 변화를 비교한 결과, 고추 연작지의 시설재배 관비시비 시 재배 전보다 EC가 +1.4 증가 되었으나, 관행시비의 경우 +3.0이 증가되어 관행시비의 염류집적 증가 속도가 빠르게 진행된다.

〈표 5-20〉 시비 방법 및 시비 수준별 토양 염농도 변화, 수량

| 시비 방법 | 재배 전 | 조사 시기(월. 일), EC(dS/m) | | | 염농도 변화 | 수량 |
		5. 12	7. 12	9. 12		
관비시비	2.0	3.1	3.2	3.4	+1.4	753.8a
관행시비	2.0	4.3	4.7	5.0	+3.0	749.7a

* 관비시비
 - 질소 및 칼리 시비량은 검정 시비량의 1.0배 수준으로 전량 추비.
 - 관비 횟수 : 정식~15일 (2회), 16일~45일(4회), 46일~120일(10회)
 - 1회 관개량 : 1L/주
* 관행시비(대조구) : 기비(토양검정 시비량 중 인산 100%, 질소, 가리 60%), 추비(질소, 가리 40%를 1달 간격 4회 살포)
* 경북농업기술원 영양고추시험장, 2015.

논에 비가림재배 시 퇴비, 팽연왕겨를 2,000kg/10a, 인산은 전량 밑거름으로 시비하고 질소와 칼리는 22회 관주하는 것이 토양의 염류집적을 감소시키고 건고추 수량을 높일 수 있다.

<표 5-21> 논 비가림재배 시 퇴비 사용에 따른 수확기 토양특성 변화

구분		pH (1:5)	EC (dS m⁻¹)	OM (g kg⁻¹)	Avail. P₂O₅ (mg kg⁻¹)	Exch. Cation (cmol$_c$ kg⁻¹)			
						K	Ca	Mg	Na
정식전	시험포	6.3	1.93	39	942	0.73	8.8	3.1	0.79
	관행	6.9	3.79	34	569	1.56	7.1	2.6	0.93
수확기	퇴비	6.4	0.81	38	844	0.49	6.5	2.0	0.26
	팽연왕겨	6.7	0.43	42	987	0.54	7.1	2.1	0.31
	관행	6.2	4.76	41	429	1.26	3.7	3.5	1.26
적정범위		6.0~6.5	2 이하	25~35	450~550	0.7~0.8	5.0~6.0	1.5~2.0	-

- 수확기 토양중 염류농도 58.0~77.7% 감소

<표 5-22> 논 비가림재배 시 퇴비 사용에 따른 수량 특성

구분	홍고추 전체 수량 (kg/1,666주) †	이병과 수량 (kg/1,666주)	이병과율 (%)	건고추 수량 ‡ (kg/1,666주)	수량지수
퇴비	2,692	184	6.8	472.5	103.5
팽연왕겨	2,778	181	6.5	489.3	107.2
관행	2,617	194	7.4	456.5	100.0

†재식밀도 120 x 50cm에 따른 1000m²(10a)의 주수.
‡이병과 수량을 제외한 건고추 수량이고, 홍고추 수분함량은 81.2%임.

라) 이랑 비닐 피복

멀칭비닐로는 투명 비닐이 흑색 비닐보다 아주심기 초기 지온을 2~3℃ 정도 높여 주지만, 흑색 비닐은 고온기에 지온 상승을 방지할 수 있고, 재배 중의 잡초 발생 억제 및 제초가 필요하지 않아 수확량이 증수하는 효과가 있다.

토양염류를 효율적으로 제거하는 고랑 담수로, 동절기 2개월(60일) 간 20일 담수 후 배수하는 작업을 3회 실시하면 무처리 대비 18.4% 증수(718kg/10a 증수)된다.

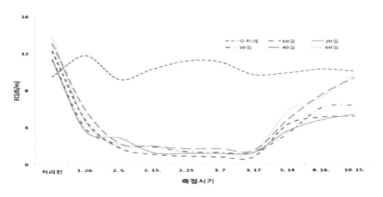

〈그림 5-21〉 고랑 담수 기간별 EC 변화, 2018. 충북농업기술원

마) 아주심기 시기 및 방법

비가림 하우스재배시 아주 심는 시기는 지역에 따라 다르다. 중산간지의 경우 아주 심는 시기는 4월 상순, 남부 지방은 3월 하순경으로 무가온에 의한 동해의 피해를 받지 않은 시기이어야 한다. 아주심기 시기가 빠를수록 초기 생육은 양호하나 생육 최성기에는 차이가 없으며, 수량은 아주심기 시기가 빠르면 다소 많으나, 조기 아주심기는 동해 피해를 받을 수 있기 때문에 지나치게 앞당기는 것은 좋지 않다〈그림 5-22〉.

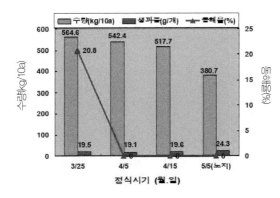

〈그림 5-22〉 중산간지에서 아주심기 시기별 생과중 및 수량, 동해 피해율

비가림재배 시 조기정식 및 막덮기 터널을 이용 할 경우는 무터널 재배에 비해 품종에 따라 26~28% 수량증수 효과가 있다.

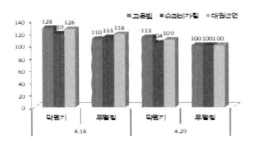

<그림 5-23> 고추 비가림재배 시 막덮기 터널재배 효과

비가림 하우스 고추 재배시 보온자재별 3월 중 최저 기온 및 지온 변화를 조사한 결과 3월 최저기온에서 13일과 14일 사이에 무처리의 경우 −7.4℃로 동해 피해가 컸고, 부직포의 경우 −4.9℃에서도 동해피해가 없었다. 최저기온이 무처리와 부직포 간에는 3~5℃정도의 기온 차이가 있었다.

<표 5-23> 정식시기 및 보온자재별 동해 피해 발생 정도(동해 피해율, %)

구분	정식 시기(월. 일)			
	3. 12	3. 20	3. 30	4. 10
무처리	74	30	0	0
막덮기 부직포	0	0	0	0
보온 덮개	0	0	0	0

* 무처리의 경우 3월 12일, 3월 20일 각각 74와 30%의 동해 피해율을 나타냈으며, 막덮기 부직포와 보온 덮개의 경우 동해 피해 발생이 없었다. 보온자재 및 정식시기(3.12, 3.20, 3.30, 4.10)별 수확 시기에 따른 수량은 부직포가 보온 덮개에 비해 6% 증수되었다.

<표 5-25> 보온 자재별 수확 시기에 따른 수량 비교 (kg/10a)

처리내용	수확 시기(월. 일)				합계	수량지수
	7. 10	7. 27	8. 19	9. 30		
막덮기 부직포	18.3	180.4	143.9	270.0	612.5	106
보온 덮개	20.4	154.3	116.6	286.8	578.2	100

※ 보온자재별 수량은 정식시기(3.12, 3.20, 3.30, 4.10)의 평균값

재식거리는 품종이나 토양에 따라 다르지만 일반적으로 1열 재배일 경우 폭 100~120cm, 주간거리 20~35cm, 2열 재배는 폭 160cm, 주간거리 30~40cm 간격으로 심는다. 재식거리(폭과 주간거리)를 줄이면 주당 수확과 수가 적어지지만 단위 면적당 재식주수가 많기 때문에 10a당 수량을 높일 수 있다〈표 5-25〉. 그러나 지나치게 밀식할 경우에는 초세가 강하여 유인이 어렵고 병해충 방제나 수확 등의 작업이 불편하다.

〈표 5-25〉 비가림 관비 재배시 재식밀도에 따른 생육과 수량(경북 영양)

주간거리	초장(cm)	생체중(g/주)	수확과 수(개/주)	수량kg	지수
18cm	91.7	246.3	37.8	342.8	110
24	90.3	282.4	50.2	334.3	107
30	89.5	254.7	55.4	293.7	94
36	89.8	323.9	62.3	275.2	88
평균	90.5	301.4	51.4	311.5	100

– 시험 장소 : 경북 영양군
– 경종 개요 : 정식(2010. 5. 15), 수확(7. 1 ~ 10. 8)
– 재배방식 : 토경 관비 재배

〈표 5-26〉 고랭지 비가림재배 시 재식밀도에 따른 생육과 수량('10, 강원도원)

품종	재식밀도 (주/10a)	초장(cm)	지상부 생체중(g/주)	주당 과 수(개/주)	주당 수량(kg)	상품과 수량 (kg/10a)	수량지수
녹광	3,000	217	843	93.3	1.51	3,498	100.0
	3,500	216	875	87.2	1.41	3,746	107.1
	4,000	206	645	76.3	1.25	3,805	108.8
	4,500	209	624	65.3	1.05	3,690	105.5
청양	3,000	217	712	207.1	1.55	4,457	100.0
	3,500	211	796	175.7	1.33	4,494	100.8
	4,000	207	631	154.6	1.19	4,550	102.1
	4,500	220	503	143.5	1.09	4,713	105.7

– 시험 장소 : 강원도 고성군 간성읍 흘리(해발 550m)
– 경종 개요 : 정식(2010. 5. 15), 수확(7. 1 ~ 10. 8)
– 재배방식 : 토경 관비 재배
– 1열 재배 : 990㎡(10a)/주간(1m)*조간(0.3m) = 3,300주
– 2열 재배 : 990㎡(10a)/주간(1.5m)*조간(0.4m) = 1,650주*2열=3,300주

강원 지역에서 풋고추 품종인 '청양'과 '녹광'의 재식밀도에 따른 생육과 수량을 나타낸 것이다. 재식주수가 많아질수록 수량은 다소 증가하는 것으로 나타났다.

바) 온도관리

비가림 하우스에서 정식 후 17일부터 26일간 저온, 저온·약차광, 저온·강차광 처리한 결과, 광량은 무차광 기준 약차광이 41.8%, 강차광이 25.3% 수준이었다. 고추의 초장, 엽수, 엽면적, 생체중, 건물중은 온도에 의한 차이를 보였지만 광량에 의한 차이는 엽수를 제외하고 유의성을 보이지 않는다. 과실이 80% 착색되었을 때를 기준으로 수확한 결과, 대조구와 저온 처리구에서는 정식 후 64일에 첫 수확이 가능하였으나, 저온·저일조 처리구의 경우 정식 후 74일에 첫 수확이 가능하였다. 정식 후 81일까지의 누적 수량은 대조구(100) 대비, 저온 87%, 저온 약 차광 23%, 저온 강 차광 30% 수준으로, 저온과 차광이 해소된 후에도 수량에 영향을 주었다.

〈표 5-27〉 정식 초기 고추의 저온 저일조 처리에 의한 누적 수량

수확 시기	생과중(g/주)			
	대조구	저온 처리구	저온 약차광	저온 강차광
6월 21일	401	106	0	0
6월 24일	502	438	0	0
6월 26일	611	660	0	0
7월 1일	640	683	277	391
7월 5일	945	802	288	428
7월 8일	1,399	1,239	473	556
계	4,498(100)	3,928(87%)	1,038(23%)	1,375(30%)

* 저온, 저온약차광, 저온강차광 조건은 정식 후 17일차부터 26일간 처리
* 2019, 국립원예특작과학원

고추의 매운맛(캡사이신) 농도를 분석한 결과 저온, 저일조 조건에서 매운맛이 감소되었다.

(2019, 국립원예특작과학원)

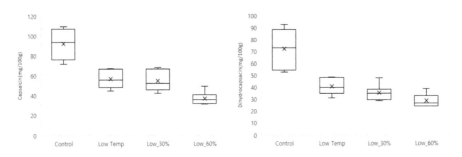

〈그림 5-24〉 저온 및 저일조 조건시 캡사이신 및 디하이드로 캡사이신 농도

비가림 하우스의 온도관리는 낮 중에는 30℃ 이상 되지 않도록 환기를 실시하고, 밤에는 18~20℃ , 지온은 20℃를 목표로 관리해야 한다. 착과기의 온도는 16~21℃ 정도로 너무 높지 않게 관리하는 것이 좋으며, 밤 온도는 낮 동안의 동화양분 전류를 촉진하기 위하여 20시까지는 20℃ , 20~24시까지는 17℃ , 그이후에는 호흡 소비를 억제하기 위해서 15~16℃를 목표로 변온관리 하도록 한다. 비가림에서 6월부터 8월 하순까지 한낮의 온도는 40℃ 전후이며, 따라서 고온에 의한 꽃과 수정된 과실이 떨어지고, 수정율이 매우 낮아 수량 감소의 주요한 원인이다. 온도관리는 측창 또는 천장의 개폐, 송풍기나 닥터를 이용한 강제 환기, 차광 또는 미스트 장치를 이용한 온도조절 등 다양한 방법이 있으며, 강제 환기법은 하우스 내의 온도분포를 잘 조절할 수 있는 이점 외에 하우스 내에 미풍(20~40cm/초)이 흐르기 때문에 잎의 증산 및 동화작용이 활발하게 되고 수분등에 효과적이라고 할 수 있다. 환기의 횟수가 많을수록 온도가 떨어지고 차광상태에서는 무차광에 비해 1℃ 정도 더 낮출 수 있다〈표 5-28〉.

〈표 5-28〉 환기 횟수에 따른 온실 내 기온하강 효과(7월)

구분	환기 횟수별 온도(℃)						외부 기온
	15회	30회	45회	60회	120회	180회	
무차광	44.3	38.1	35.4	33.9	31.5	30.6	28.8
차광(50%)	36.5	33.4	32.1	31.0	30.1	29.7	

사) 습도 및 수분관리

비가림 하우스 내 낮 동안 습도는 환기하지 않을 경우 80~90%로 높아지는 반면에 환기하면 50~70% 정도로 낮아진다. 고추 착과에 적합한 최소한의 공중 습도는 80% 이상이며, 17℃에서 90%, 18℃에서 85% 전후가 착과에 적합한 습도다. 환기에 의하여 공중 습도가 낮을수록 낙화가 심해지는데, 점적이나 안개 분사로 습도를 높여 주는 것이 좋다. 반면 야간에는 완전히 밀폐되는 관계로 상대습도는 95%까지 높아져 포화 상태에 가까운 다습 상태에서는 증산이 감소되어 광합성에 지장을 초래하게 되고, 잿빛곰팡이병, 세균반점병 등 병해가 발생되기 쉽다. 비가림 시설하우스 내 폭염 및 이상고온에 따른 착과 불량, 생육 저하 발생으로 수량 및 품질이 저하되는 등 문제점을 줄이기 위해, 토양수분 장력계(텐시오메타)를 이용한 자동관수시점(-20kPa)를 하면 석회 결핍과, 일소과 및 열과 발생이 50%정도 감소되어 과실품질과 수량이 향상된다.

〈표 5-29〉 비가림 하우스 내 자동관수 방법

처리	관수량	비고
자동관수구	- 토양수분 장력계(텐시오메타)를 이용한 자동관수 - 관수개시점 : -20kPa	- 1회 관수 시간 5분, 30분 간격 - 압력보상 점적호스
관행구	- 2톤/10a 3일 간격(1회관수량 2mm수준)	- 1회 관수시간 20분

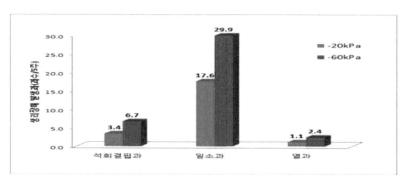

〈그림 5-25〉 자동관수 시점에 따른 생리장해 발생 정도, ('19, 경북 영양고추연구소)

<表 5-30> 자동관수 시점에 따른 과실품질 및 수량 ('19, 경북 영양고추연구소)

자동관수 시점	착과수(개/주)	ASTA	캡사이신(mg%)	수량(kg/10a)
-20kPa	25.2	102.7b[z]	96.6a	727.4a
-60kPa	24.5	107.7a	89.3a	681.8b

z: DMRT 5% 수준

<표 5-31> 고추 생육기간중 관수량 및 관수 횟수

생육기간	구분	관행	-20kPa	-40kPa	-60kPa
5.11~10.17(129일)	관수량(L/㎡)	85	343	277	132
	관수 횟수(회)	47	97	36	38
	1회당 관수량(L/m²)	1.8	3.5	7.7	3.4
	관수 간격(일수)	2.7	1.3	3.5	3.4
	1회 1주당 관수량(L)	1.1	2.1	4.6	2.1
	1일 1주당 관수량(L)	0.4	1.6	1.2	0.6

<표 5-32> 고추 생육단계별 관수량 비율 (-20kPa)

구분	5.11~5.31 (21일)	6.1~6.30 (30일)	7.1~7.31 (31일)	8.1~8.31 (31일)	9.1~9.30 (30일)	10.1~10.17 (17일)
관수 비율(%)	3.1	14.2	22.6	31.4	18.3	10.3
1일 주당 관수량(L)	0.3	0.97	1.5	2.0	1.3	1.2

<표 5-33> 관수 시점 및 수확 시기별 수량(2015~2016 종합 성적)

(kg/10a)

처리내용	수확 시기(월. 일)					합계	지수
	7. 19	8. 1	8. 25	9. 30	10. 19		
관 행	28.7	119.9	211.7	112.8	222.7	695.8b	100
-20kPa	45.0	128.3	296.1	168.2	235.6	873.3a	126
-40kPa	37.2	115.3	187.8	125.1	192.4	657.8b	95
-60kPa	49.1	131.7	191.8	113.1	197.6	683.3b	98

* 경북농업기술원 영양고추시험장, 2016

비가림 하우스 고추 정식을 위한 이랑 설치 작업 시 관리기를 사용하여 토양 20cm 깊이로 지중 점적 호수를 매설하고, 토양수분 장력센서를 이용하여 관수 개시점(-20kPa)로 자동관수 장치를 설치하여 관수하면, 기존 지표관수에 비해 초기 수량이 34% 증수되고 뿌리발육이 촉진되며, 도장이 억제되어 전체적인 수량은 14% 증수된다.

<표 5-34> 생육기간 중 관수량 및 관수 횟수

(경북농업기술원 영양고추시험장, 2016)

생육기간	구 분	지표관수	지중10cm	지중20cm
5.3~9.30 (150일)	관수량(L/㎡)	444	494	556
	관수횟수(회)	22	30	42
	1회당 관수량(L/㎡)	20	16	14

<표 5-35> 관수 방법별 수량

(kg/10a)

처리 내용	수확 시기(월. 일)					합계	지수
	7. 12	7. 29	8. 8	8. 26	9. 27		
지표관수	57.1	156.7	138.4	90.4	173.3	615.9c	100
지중10cm	54.2	147.8	143.1	94.9	210.6	650.6b	106
지중20cm	68.9	219.1	126.2	87.5	201.5	703.3a	114

여름철 고온기 고추 비가림재배 시 하우스 전체를 80% 정도 차광하면 낙화가 심하고, 착과가 되지 않으므로 주의해야 한다. 30% 차광망으로 지속적인 하우스 차광을 하는 경우 착과율이 현저하게 줄어들어 수확량이 감소된다. 따라서 여름철 고온기 고추 비가림재배 시 차광을 해야 할 경우에는 하우스 전체를 차광하는 것은 피하고, 가급적 차광 정도가 낮은 것을 사용해야 한다.

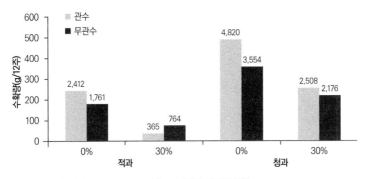

* 정식 : 5.3, 차광망 설치 기간 : 5.22~10.21, 하우스 전체를 차광하였음.
  청과는 마지막 수확시 청과임(2cm 이상).

〈그림 5-26〉 비가림 고추 재배시 차광재배에 따른 수량 감소, 원예특작과학원, 2013

〈표 5-36〉 고추 비가림 하우스재배 시 차광 및 관수에 따른 적과 수확량 (g/12주)

처리	관수 유무	차광 정도	7월	8월	9월	10월	계
적온	관수	0%	121.8	989.1	322.4	978.7	2,412(100%)
		30%	5.9	123.1	46.4	190.0	365(15.1)
		80%	0	0	0	422.7	422(17.5)
	무관수	0%	152.5	550.3	250.6	808.0	1,761(73.0)
		30%	31.0	417.6	62.3	253.3	764(31.7)
		80%	0	0	0	400.0	400(16.6)
고온	관수	0%	0	246.6	508.3	1268.7	2,023(83.9)
		30%	0	18.1	38.7	140.7	197(8.2)
	무관수	0%	0	14.2	304.5	928.7	1,247(51.7)
		30%	0	40.4	58.2	229.3	327(13.6)

* 정식 : 5.3, 차광망 설치 기간 : 5.22~10.21, 하우스 전체를 차광하였음.
  80% 차광망 제거(8. 5), 국립원예특작과학원, 2013

고추는 차광망(80%) 처리시 낙화가 많이 발생하여 화분 임성을 조사한 결과, 무차광에 비해서 화분 임성이 9% 정도 낮았지만, 차광 처리구의 화분을 무차광 처리구의 암꽃에 인공교배를 했을 때는 정상적으로 착과가 이루어져 차광에 따른 화분의 임성에는 크게 이상이 없는 것으로 확인되었다.

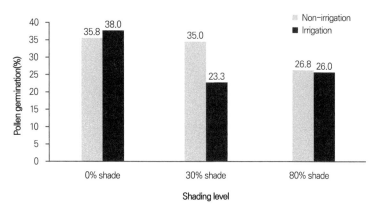

〈그림 5-27〉 비가림재배 시 차광 처리별 화분임성 비교, 원예특작과학원, 2013

시설 건고추 재배시 하우스 가로로 55% 차광망을 1.2m 설치하고 3m (12.5% 차광)를 띄우는 방식으로 7월 1일~8월 15일까지 설치한 후에 제거하면 최고온도가 0.8℃ 낮아지는 효과가 있다. 고추 시설재배시 차광에 의하여 석회 결핍과 발생 감소로 수량이 증가된다.

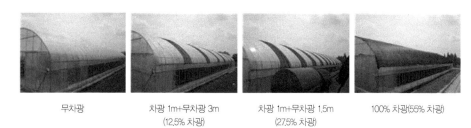

〈그림 5-28〉 하우스별 차광 정도, 충남농업기술원, 2014.

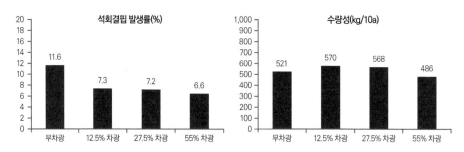

〈그림 5-29〉 차광 정도에 따른 석회 결핍 발생률   〈그림 5-30〉 차광 정도에 따른 수량성

아) 유인

비가림재배에서는 바람 등 기상의 피해는 없으나 재배를 하게 되면 자연히 식물체 자체가 커지므로 유인이 필요하다. 유인 방법은 줄 유인, 수평그물망 유인, 수직 그물망 유인, Y형 유인 등이 있으며 고추의 분지 습성으로 보아 1.5m 정도의 높이로 철사를 늘리고, 여기에 유인 끈 또는 그물망을 수직 또는 45℃ 각도로 설치하여 가지를 유인하여 통풍, 채광이 잘 되게 하고 착과를 촉진시켜 준다.

〈그림 5- 31〉 비가림 하우스재배 유인 방법

비가림 하우스 고추 재배시 측지를 무제거, 측지 1회 제거(정식 후 70일), 2회 제거(정식 후 40, 70일), 3회 제거(정식 후 30, 50, 70일)를 실시한 결과, 수량은 3회 제거가 835kg/10a로 가장 많고, 다음으로 무제거구 〉 2회 〉 1회 제거구 순이었다. 과실이나 식물체 생장도 측지 3회 제거가 유리하나, 도장 억제를 위해서는 무제거구가 유리한 반면 3회 제거에 비해 수량은 감소하였다.

〈표 5-37〉 비가림 하우스 측지 제거 횟수 별 열매 특성 및 수확량

측지 제거 횟수	과장(cm)	과경(mm)	건과율(%)	수확량(kg/10a)	수량지수
무처리	15.7 b	20.8 c	18.5	780.1 ab	100
1회 제거	15.7 b	21.3 b	20.0	713.0 c	91
2회 제거	16.4 a	22.3 ab	17.1	731.1 bc	94
3회 제거	16.5 a	22.7 a	18.3	834.5 a	107

* 영양고추시험장, 2016

고추 고온기 비가림재배 시 고온으로 인하여 도장하게 되어 수확, 유인 작업에 노동력이 많이 소요된다. 고추의 초장이 2m 정도일 때 1.5m 위치에서 수평으로 적심을 하게 되면 새로운 측지가 발생하여 수량이 줄어들지 않으면서 수확이나 유인 관리가 편리하다.

적심장면(7.21)   측지발생(7.31)   개화(8.7)

적심장면(7.21)   측지발생(7.31)   개화(8.7)

〈그림 5-32〉 고추 적심후 생육 변화 현황

〈표 5-38〉 적심 위치별 초장 및 수확량, 국립원예특작과학원, 2014

처리	초장(cm)	절간장(cm)	적과		청과		계	
			수량(개)	무게(g)	수량(개)	무게(g)	수량(개)	무게(g)
1.0m	176.3b	11.9a	105	1,277	54	464	159	1,741(83.1)
1.5m	200.8a	10.1b	148	1,552	73	536	221	2,088(99.7)
무적심	209.3a	8.5c	149	1,660	55	435	204	2,095(100)

* 6주 평균 값임

자) 웃거름 주기

비가림 하우스 내 시비 방법으로 입상비료를 물에 녹여 점적 호수로 시비하는 방법이 관비이다. 비가림 하우스 내 관수 시설을 설치 할 경우 입상비료보다는 관비로 비료를 주는 것이 노동력 및 비료 절감 등 대규모 재배 시 유리하다. 관비시설을 이용함으로 품질 향상과 병해 발생을 줄일 수 있고, 노력 절감과 힘든 노동의 경감, 그리고 합리적인 재배관리가 가능함으로 최근 노지재배에서도 관비재배 면적이 늘고 있는 추세이다.

관비 비료 횟수와 간격을 동일하게 하면서 비료 수준을 2배까지 높였을 때 증시에 의한 생육 촉진과 증수 효과가 있다. 노지 관행재배구에서는 비료 수준의 변화에 따른 증수 효과가 보이지 않으나, 비가림 시설 내에서는 비료 수준이 높아질수록 증수됨을 알 수 있다. 즉, 비가림재배 시는 재식밀도를 적정 수준으로 높이고 증시하는 것이 다수확에 유리하다〈표 5-39〉. 비가림 하우스 관비 비료 횟수는 2주에 1회 간격으로 시비하면 생육 및 수량이 양호하고 노동력 절감 효과도 좋다〈표 5-40〉.

〈표 5-39〉 비가림 관비 재배 시 비료 수준에 따른 생육과 수량

시비 수준	초장(cm)	생체중(g/주)	수확과 수(개/주)	수량 kg/10a	수량지수
0.5 수준	107.4	437.4	47.3	338.9	90
1.0*	101.2	368.8	53.2	378	100
1.5	106.1	441.1	56	383.8	102
2.0	106.7	464.7	55.9	399.1	106
평균	105.1	426.1	53.1	374.2	—

주) : 1.0 수준 : N-P-K=19.0-11.2-14.9kg/10a

<표 5-40> 비가림 하우스 관비 처리별 고추 초기 생육(아주심은 후 60일) 및 수량

처리		초장 (cm)	경경 (mm)	조기 수량(8/13까지)		총수량		노동력 수요지수
				수확과 수(개/주)	수량(kg/10a)	수확과 수(개/주)	수량(kg/10a)	
비가림	1주2회	112.2	15.2	24.0	113.3	95.5	357.2	65
	1주1회	106.7	14.2	25.3	126.4	96.6	366.2	42
	2주1회	104.6	14.5	26.3	122.7	96.9	363.2	31
	대조구	96.1	13.6	25.2	101.3	86.6	316.6	82
노지관행		56.5	10.0	13.1	92.2	46.2	239.6	100

* 비가림 대조구 및 노지 관행은 입상비료를 표준시비량 기준으로 사용함

비가림재배 시 무인방제기를 이용하여 방제할 시에는 인력으로 하는 동력문무기 방제 보다 농약의 부착 능력이 좋고 노동력도 절감(방제 비용 절감 92%)하면서 친환경적이다. 무인방제기를 이용할 시에는 저녁(5시간 30분 정도)에 시간을 맞추어 놓고 미세분무 작동 후 아침에 하우스 문을 열어 준다.

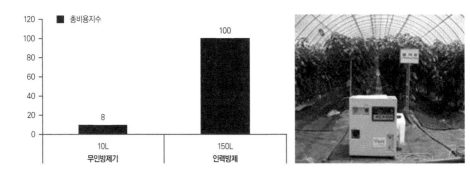

<그림 5-33> 고추 비가림재배 시 무인방제기를 이용한 방제 효과, 2014, 경북 영양고추시험장

03. 특수 재배

가. 수경(양액)재배

1) 수경재배 특징

수경재배(Hydroponics, Soilless culture)는 토양 대신에 물이나 고형배지에 생육에 필요한 무기양분을 골고루 녹인 배양액을 공급하면서 작물을 재배하는 방식이다. 수경재배는 토양을 사용하지 않기 때문에 연작장해를 회피할 수 있고 계절이나 기후, 토양 조건에 구애되지 않기 때문에 다수확, 고품질 생산이 가능하다. 또한 장치화와 생력화에 의해 규모 확대가 가능하고 생산물의 규격화로 노동 생산성을 높일 수 있으며 시설의 고도 이용에 의해 주년 생산체계를 갖출 수 있다. 그러나 초기 시설투자비가 많이 들기 때문에 소규모로는 시설 활용이나 노력절감의 장점을 발휘하기 어렵고 배양액 조제, 재배 중의 배양액 조성이나 농도 관리 등 정밀한 재배관리 기술이 요구된다. 따라서 수경재배를 도입하기 전에 영속적인 영농을 전제 조건으로 수경재배의 특성을 충분히 파악해 두는 것이 무엇보다도 중요하다.

2) 수경재배 현황

수경재배는 연작장해를 극복할 수 있을 뿐 아니라 작물이 필요로 하는 양분을 가장 효과적으로 공급할 수 있어 네덜란드 등 농업 선진국에서도 작물의 생산성과 품질 향상을 위한 필수적인 기술로 채택되고 있다.

〈표 5-41〉 수경재배면적의 변화

재배연도	1992	2000	2010	2015	2019
재배호수(호)	-	1,944	2,200	4,024	7,417
재배면적(ha)	17	700	971.0	1,840.2	3,489.1
호당면적(ha)	-	0.36	0.48	0.91	1.73

국내에서는 1990년대 우루과이라운드 협상 타결로 인한 세계자유무역 강화와 더불어 소비자의 친환경, 고품질 농산물 생산 요구가 증가되면서부터, 시설원예 산업에 대한 정부의 집중적인 지원과 농가의 요구 증대에 힘입어 농가에 정착되기 시작하였다. 수경재배면적은 1992년 17ha에서 2020년 약1,000ha까지 급격히 증가한 후 정체 기간이 유지되었다가 최근 2차 상승기에 접어들어 2019년 3,489.1ha로 급격하게 증가하고 있다. 또 호당 재배면적은 시설이 대형화되면서 증가하고 있는 실정이다. 수경재배는 여러 가지 재배적인 장점과 더불어 농업 인력의 노령화에 따른 노동력 절감 차원에서 앞으로도 지속적으로 증가할 것으로 예상된다.

고추는 수경재배 초기 정착기인 2001년에 189ha의 재배면적을 차지하며 주재배 작물이었으나 최근에는 부산, 경남 등에서 20여 농가, 10ha미만 면적만 재배되고 있다. 그러나 파프리카는 지속적으로 재배면적이 증가하여 2019년 534ha로 수경재배 주작목으로 자리잡고 있다.

〈표 5-42〉 채소류 작목별 수경재배 현황

(단위 : ha)

재배 연도	고추	파프리카	딸기	토마토	오이
2000	118.3	76.2	26.2	253.0	33.5
2005	16.4	228.4	58.6	106.5	20.4
2012	10.2	371.2	316.9	198.0	16.8
2019	9.6	533.9	2049.7	778.9	26.3

수경재배용 배지는 2000년대 초반에는 펄라이트, 암면 위주의 무기 배지가 일반적이었다. 그러나 무기 배지는 분해가 잘 안되기 때문에 사용 후 처리가 문제로 대두되었고 친환경 농업에 관심이 고조되면서 유기 배지로 대체되어 코이어(코코피트)가 이용되기 시작하여 최근에 토마토, 파프리카 수경재배에 주로 이용되고 있다. 고추 수경재배에서는 2000년대 방식이 그대로 유지되면서 펄라이트 배지를 이용하는 경우가 많다.

<表 5-43> 수경재배용 배지의 종류별 면적 변화

(단위 : ha)

구분	2000	2005	2010	2015	2018
펄라이트	229	175	319	716	870
암면	136	329	334	291	298
코이어(코코피트)	-	-	230	918	1,198
기타	15	75	497	573	624

3) 배양액 관리 기술

가) 배양액 조성

작물 생육에 필요한 16가지 원소를 필수원소라고 하며, 이중 수소(H)와 산소(O)는 물에서, 탄소(C)와 산소(O)는 공기 중에서 흡수가 되고 나머지 질소(N), 인산(P), 칼리(K) 등 13가지 원소는 뿌리를 통하여 흡수된다.

양액은 질소(N), 인산(P), 칼륨(K), 칼슘(Ca), 마그네슘(Mg). 황(S)의 6가지 다량요소와 철(Fe), 붕소(B), 망간(Mn), 아연(Zn), 구리(Cu), 몰리브덴(Mo)의 미량요소로 조성된다. 이 원소를 이용하여 처음에 조제했을 때의 성분이 재배 중에도 변화되지 않고 불필요한 성분이 축적되지 않도록 하는 것이 이상적인 양액 조성이다. 그러나 작물의 종류, 품종, 재배환경, 생육단계 등에 따라 양분의 흡수 양상이 달라지므로 한 작목에서도 국가별, 재배 조건별로 다른 양액 조성이 이용되고 있다.

사용할 배양액 조성이 결정되면 비료염을 선택하여 비료량을 계산하고 배양액을 조제해야 한다. 배양액을 조제하는 방법으로는 필요한 비료를 큰 용량의 배양액 탱크에 직접 녹이는 방법과 100~1,000배의 고농도 원액을 만들어 두고 필요할 때마다 배양액 탱크에 넣어 희석하는 방법이 있다. 직접 녹이는 방법은 배양액 농도가 낮으므로 침전은 크게 염려하지 않아도 되지만 실제로 농가에서는 널리 사용되지 않고, 고농도 원액을 조제하여 사용하는 방법이 일반적이다. 배양액 조제 방법은 다음과 같다.

① 비료들을 준비한 다음, 각각의 무게를 ±5%까지 정확하게 측정한다. 공기중에 습기를 흡수하여 녹는 성질이 강한 질산칼슘과 같은 것은 공기와 접촉하면 수분을 흡수하여 무게가 달라지므로 항상 밀봉하여 보관하여야 한다.

② 농축 탱크는 최소한 A, B 두 개를 준비하고 탱크에 소요량보다 20% 정도 적게 물을 넣는다.

③ 칼슘염을 황산염 혹은 인산염과 같이 녹이면 석고($CaSO_4$)나 인산2수소칼슘[$Ca(H_2PO_4)_2$]으로 침전되기 쉬우므로 서로 다른 배양액 통에 구분하여 준비한다. 즉, 배양 액통 A에는 KNO_3, $Ca(NO_3)_2 \cdot 4H_2O$와 Fe-EDTA를 넣고, 배양액 통 B에는 나머지 비료와 미량 원소를 넣는다. 질산칼륨은 두 가지 액에 나누어 녹이면 잘 녹는다.

④ 미량요소를 하나씩 녹여서 탱크에 놓고, 다량요소 비료는 한 종류씩 투입하여 교반하여 녹인다.

⑤ 물을 추가하여 정량을 맞춘다.

⑥ 양액 공급기의 EC를 설정하여 원수와 희석하여 공급한다.

⑦ pH 조절이 필요한 경우 C탱크를 산이나 알칼리 조절용으로 이용하기도 한다.

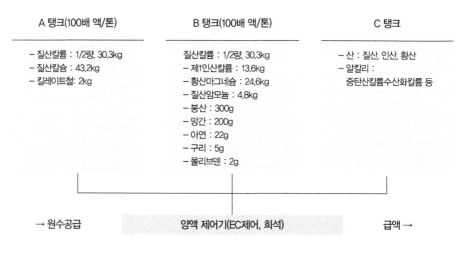

A 탱크(100배 액/톤)
- 질산칼륨 : 1/2량, 30.3kg
- 질산칼슘 : 43.2kg
- 킬레이트철 : 2kg

B 탱크(100배 액/톤)
- 질산칼륨 : 1/2량, 30.3kg
- 제1인산칼륨 : 13.6kg
- 황산마그네슘 : 24.6kg
- 질산암모늄 : 4.8kg
- 붕산 : 300g
- 망간 : 200g
- 아연 : 22g
- 구리 : 5g
- 몰리브덴 : 2g

C 탱크
- 산 : 질산, 인산, 황산
- 알칼리 :
  중탄산칼륨수산화칼륨 등

→ 원수공급   양액 제어기(EC제어, 희석)   급액 →

〈그림 5-34〉 양액에 대한 원액 조제 및 액비혼입 개략도

풋고추 배양액의 조성과 비료량을 계산한 것은 아래의 표와 같은데 사용하는 비료에 따라서 비료의 양이 달라진다. 예를 들면 질산칼슘을 4수염을 사용할 때와 10수염을 사용할 때 다른 비료(질산칼륨, 제1인산암모늄 등)의 투입량도 달라진다.

<표 5-44> 고추 수경재배 배양액 조성

대상 작물	성분 농도(me · L^{-1})					
	NO$_3$-N	NH$_4$-N	P	K	Ca	Mg
한국 풋고추	12	1	3	7	4	2
야마자키피망액	9	0.28	0.83	6	3	1.5

<표 5-45> 풋고추 양액 조성시 질산칼슘의 비료 형태별 조성 비료의 량

(g · 1,000L^{-1})

4수염 이용				10수염				
KNO$_3$	Ca(NO$_3$)$_2$·4H$_2$O	MgSO$_4$·7H$_2$O	NH$_4$H$_2$PO$_4$	KNO$_3$	5Ca(NO$_3$)$_2$·2H$_2$ONH$_4$NO$_3$	MgSO$_4$·7H$_2$O	NH$_4$H$_2$PO$_4$	NH$_4$NO$_3$
707	472	246	115	606	432	246	136	48

<표 5-46> 미량요소 비료 소요량

(g · 1,000L^{-1})

철 EDTA-Fe	붕산 H$_3$BO$_3$	황산망간 MnSO$_4$4H$_2$O	황산아연 ZnSO$_4$7H$_2$O	황산구리 CuSO$_4$5H$_2$O	몰리브덴산나트륨 NaMoO$_4$ 2H$_2$O
15~25g	3g	2g	0.22g	0.05g	0.02g

나) 배양액의 EC 관리

배양액의 EC(electrical conductivity)가 높거나 낮다는 것은 배양액 내 비료 성분이 많거나 적다는 뜻이다. 따라서 수경재배에서 배양액 EC는 작물의 생육, 수량 및 품질에 큰 영향을 미치므로 어떻게 관리할 것인지가 작물 재배에서 매우 중요하다.

실제 EC 관리는 작물별 적정 농도 범위를 기준으로 품종, 생육단계나 환경조건에 따른 영향을 고려하여 관리하게 된다. 일반적으로 생육 초기에는 작물의 양수분 흡수량이 적고 생육이 진전됨에 따라 많아지기 때문에 생육 초기에는 저농도로 관리하고 생육이 진전됨에 따라 농도를 높여간다. 특히 과채류에서 과실의 비대·수확기, 즉 생식생장기에 접어들면 양분 흡수량이 현저히 많아지므로 배양액 농도를 높게 관리한다. 또한 배양액 농도는 겨울철에는 높게, 여름철에는 낮게 관리하는데 이것은 계절에 따른 수분 요구량의 차이에 따른 것이다.

풋고추('녹광') 펄라이트 배지 재배 시 계절별 적정 농도는 표준 농도(EC 1.7~1.8)구에서 전반적으로 우수하나, 수량성에 있어서는 6월 이전의 저온기(춘계)에는 고농도(EC 2.0~2.1), 7, 8월의 고온기(하계)에는 저농도(EC 0.9~1.0), 9, 10, 11월(추계)에는 표준 농도 (EC 1.7~1.8), 12~익년 2월(동계)에는 표준 농도 이상(EC 1.7~2.5)이 유리하다.

생육단계별로 보면 정식 후 1개월, 즉 초기 과번무를 방지해야 할 시기에 '녹광'은 EC 1.0 이하, '청양' 은 0.7~0.6, '꽈리' 는 0.5 정도 EC를 낮게 관리한다. 생육 최성기에 '녹광' 은 1.8~2.0, '청양' 은 1.5~1.6, '꽈리' 는 1.3~1.4까지 관리한다. 뿌리가 노화되는 생육 후기에는 '녹광'은 1.5 내외, '청양'은 1.3, '꽈리' 는 1.0 내외로 관리하는 것이 좋다. 암면을 사용하는 농가는 이 기준보다 0.3~0.5씩 높게 관리하는 것이 적당하고 코이어 배지는 초기에 배지에 양분이 흡착되므로 공급 EC를 더 높여야 한다.

〈표 5-47〉 품종별 생육단계별 적정 배양액 EC 농도

품종	적정 급액 EC(dS/m)		
	생육 초기	최성기	후기
풋고추(녹광)	0.8~1.0	1.8~2.0	1.5~1.6
청양	0.6~0.7	1.4~1.6	1.2~1.4
꽈리	0.5~0.6	1.2~1.4	0.9~1.1

다) 배양액 pH 관리

배양액의 pH는 비료의 용해도와 작물의 양분흡수에 직접적으로 영향을 미치기 때문에 수경재배에서 중요한 지표로 이용된다.

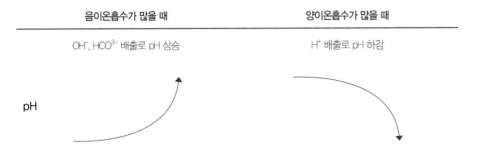

OH⁻, HCO³⁻ 배출로 pH 상승　　　　　　　H⁺ 배출로 pH 하강

pH

〈그림 5-35〉 작물의 이온흡수에 따른 근권 배양액의 pH 변화

배양액의 적정 pH는 작물의 종류에 따라 약간씩 다르지만 일반적으로 5.5~6.5 범위가 적당하다. 그러나 실제로 재배 중에는 이 범위를 벗어나는 경우가 많다. 배양액의 pH는 작물의 양분흡수와 깊은 관계를 갖고 있기 때문에 pH가 변하게 되면 양분흡수 양상도 이에 따라 변하게 되므로 pH의 급변이나 변화 폭이 큰 경우에는 식물 생육이 정상적으로 될 수 없게 된다. pH가 4.5 이하로 떨어지면 칼륨, 칼슘, 마그네슘 등의 알칼리성 염류가 불용화 되고 pH가 7.0 이상에서는 철이 침전되어 작물이 이용하기 어렵게 되고 망간과 인이 불용화되기 쉽다.

작물의 이온흡수 특성에 따른 근권부의 pH 변화를 보면 작물이 양이온(K^+, NH_4^+, Ca^{2+}, Mg^{2+})을 흡수하면 뿌리에서 수소이온이 방출되어 근권의 pH가 낮아지고, 음이온(NO_3^-, SO_4^{2-}, $H_2PO_4^-$)을 흡수하면 수산이온(OH^-)이 방출되어 근권의 pH가 높아진다. 이러한 pH 변화는 작물적 요인(작물의 종류, 품종), 생리적 요인(생식생장기, 영양생장기), 환경요인(지상부의 온·습도와 광도, 근권온도)에 따라 배양액 내에 존재하는 양이온과 음이온의 흡수 비율이 달라지기 때문에 나타나게 된다.

식물에 있어서 필수원소인 철은 킬레이트의 형태로 공급하지 않으면 pH가 높아짐에 따라 산화철($Fe(OH)_3$)의 형태로 침전된다. 킬레이트 철의 종류에 따라 Fe-EDTA는 pH 7까지, Fe-DTPA는 pH 8까지, Fe-EDDHA는 전 영역에서 사용 가능하므로 상황에 맞는 철 공급원을 선택해야 한다.

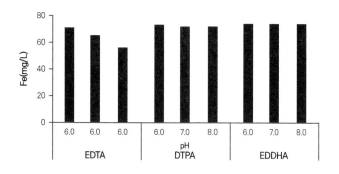

〈그림 5-36〉 배양액 pH에 따른 킬레이트 Fe의 종류별 불용화 비교

근권의 pH를 적정 수준으로 유지하는 것은 수경재배에서 가장 중요한 배양액 관리 중의 하나이다. 원수의 pH가 너무 높을 때에는 중화를 시키기 위해 산 물질을 투입할 수밖에 없는데, 양액 제어가 어렵기 때문에 중탄산 함량이 높아서 pH가 7.5 이상이 되는 물은 원수로 사용하지 않는 것이 좋다. 높아진 pH를 낮추기 위해서는 황산(H_2SO_4), 인산(H_3PO_4)및 질산(HNO_3) 등이 사용되며 낮아진 pH를 높이기 위해서는 수산화칼륨(KOH)이나 수산화나트륨(NaOH)이 사용된다. 질산은 1N(물 1L에 62cc) 농도, 인산과 황산은 3N(물 1L에 인산은 69cc, 황산은 84cc) 농도로 만든 후 C탱크에 채워놓으면 액비 혼입 장치에 부착된 pH 보정 장치에 의해 필요한 양만큼 흡입되어 pH를 조정하게 된다. 배양액 내 질산태 질소(NO_3-N)와 암모늄태(NH_4-N) 질소의 비율도 pH에 영향을 주며 암모늄태 질소가 우선적으로 흡수될 경우 pH가 낮아지고 반대인 경우 높아지기도 한다. 따라서 양액 조성에서 질소원의 비율을 달리하여 pH를 조절할 수도 있다.

원수 내 중탄산 함량이 30ppm 이하로 낮은 경우 중탄산칼륨을 원액 조제 시 1톤 A원액 탱크에 5~6kg 정도 혼합해 주면 원수의 중탄산 함량이 60ppm 정도로 유지되어 pH 변화가 적어진다.

라) 양액 공급량 및 횟수 관리

양분과 수분이 동시에 공급되기 때문에 작물의 생육에 따른 작물의 요구도를 반영하여 적시에 공급하는 것이 매우 중요하다. 배양액의 양액 공급은 농축 원액을 만들어 놓고 양액제어시스템을 이용하여 원수와 혼합하여 공급한다.

뿌리의 영역(배지 용량)은 매우 적기 때문에 작물 1주당 60~150mL씩 1회 공급량을 적게 하고, 1일 공급 횟수는 겨울철에는 대략 7~8회, 여름철에는 10~20회 범위에서 배액률이 20~30%가 되도록 공급한다. 작물 1주당 1일 1~2L 정도 급액하면 되는데 생육 초기나 겨울철 재배 시에는 1일 1L 이하로, 생육 성기나 여름철 재배 시에는 1일 2L 정도 급액하는 것이 좋다. 하지만 이런 기준은 실제 농가에서 배지의 용량, 배지 입자의 크기, 계절별, 생육단계, 일사량 등의 조건에 맞게 적정 급액량을 농가가 결정하는 것이 필요하다.

배지 입자가 굵거나 물빠짐이 잘 되는 배지를 사용하는 경우에는 1회당 주는 양을 적게 하되 주는 횟수를 늘리는 것이 배액의 양을 줄일 수 있고 양·수분의 흡수가 많아지게 된다. 반대로 입자가 작아 배수가 잘 안되는 경우는 급액하는 간격을 길게 하고 횟수는 줄여서 근권이 과습하지 않도록 한다.

작물이 필요로 하는 양액으로 적시에 적정량을 자동으로 공급하기 위하여 여러 가지 방법이 사용되고 있는데 타이머 방식과 적산일사량을 이용하는 방식이 가장 일반적이다.

① 타이머에 의한 양액 공급 방식

현재 일반적으로 가장 많이 이용하는 방식으로 경험적으로 습득한 정보를 이용하여 생육단계별, 계절별 공급량을 설정하고 이를 여러 번 나누어 공급한다. 설치 비용이 저렴하고 조작이 간편하지만 시설의 환경 변화를 반영하지 못하므로 재배자가 환경 변화와 배지 및 식물체의 수분 상태를 파악하여 급액 설정을 조절하여야 하므로 재배자의 관심과 기술 수준이 생산성에 영향을 많이 미친다.

② 일사량 비례 제어에 의한 양액 공급 방식

작물의 수분흡수에 영향을 미치는 일사량, 재배환경(습도, 온도), 작물 증산량(잎면적) 등 여러 가지 요소 중에 가장 영향을 많이 미치는 것이 일사량을 기준으로 제어하는 방법이다.

일사센서가 연결된 양액 제어기로 측정된 일사량을 적산하여 설정된 관수개시점에 급액한다. 일사량으로 제어되는 방식이기 때문에 작물의 재배환경과 생육을 반영하여 관수개시점을 설정하면 타이머 방식보다 합리적으로 양액을 공급할 수 있다.

③ 기타(양액 제어에 이용되는 새로운 방법들)

작물의 수분요구를 실시간으로 측정하여 제어하는 방식들이 시도되고 있는데 배지 수분센서 이용, 배지중량 측정센서 이용, 작물 수분흡수 모델 이용 등 대표적인 방법이다.

수분감지센서로 배지 내의 수분함량을 측정하여 양액을 공급하는 방식은 작물의 수분 요구를 실시간으로 반영할 수 있지만 배지 종류별 배지의 입자 크기, 배지의 높이 및 위치에 따라 함수량의 차이가 절대적인 제어 기준을 제시할 수 없는 문제가 있다.

배지수분함량 측정 방식은 배지의 무게 뿐 아니라 작물 지상부의 무게가 영향을 미치기 때문에 배지의 절대적인 중량을 이용할 수 없으므로 수분 감소율을 이용한 제어 방식으로 접근이 이루어지고 있다.

수분모델 이용 방식은 기존의 여러 가지 제어 방식이 단독으로 절대적인 기준이 될 수 없기 때문에 기존의 방식을 구동할 때 보조적인 수단이나 제어 알고리즘에 추가하여 사용할 수 있다.

타이머   일사량센서   배지수분함량 센서   배지중량 및 배액정보 활용

〈그림 5-37〉 수경재배시 급액량 조절에 사용되는 센서

최근에 보급되고 있는 ICT를 활용한 시설 내 환경과 급액 및 배액 정보 분석을 통한 실시간 양액 제어 방식은 수경재배 작물의 생산성과 품질 및 농가 소득 향상에 기여할 것으로 기대된다.

고추 수경재배 기술에 대한 더 자세한 내용은 수경재배 길라잡이 책자를 참고하면 된다.

나. 유기농재배

기후위기로 사람들의 일상생활이 바뀌고, 신종 감염병의 대유형이 상시화될 것으로 예측되면서 사람들의 안전을 위한 근본적인 대책이 요구되고 있다. 지구생태계를 건강하게 유지하면서 지속가능한 농업 생산을 위해서는 오염되지 않은 맑은 대기와 물을 확보하고, 건강한 먹을거리의 토대인 농토와 자급 지향의 생태적 농사를 보호·장려해야 한다는 것이 전문가들의 의견이다. 유기농업은 생태계를 보존하면서 건강한 먹을거리를 생산하는 대표적인 방법이다.

유기농업을 실천하는 농민 단체에서는 한반도 전체를 유기농업 지대화하자는 주장을 하지만 국내에서 재배되는 모든 작물을 유기재배 하기는 쉽지 않은 일이다. 특히 고추처럼 외국에서 도입되어 우리나라의 기후환경에 적응한 지 오래되지 않은 작물의 경우 더욱 그렇다.

경북 군위에 있는 사과연구소에서 장기간 근무(1992~2008)하면서 FTA 시대 우리나라 사과 농사의 생산기반을 공고히 한 이순원박사(1953~2018)는 2008년, 정년을 앞두고 퇴임한 후 자신의 개인 농장에서 사과뿐만 아니라 전작목을 대상으로 유기재배 가능성을 직접 시험하고 그 결과를 유기농업학회에 발표한 바 있다. 이순원박사의 구분에 따르면 사과, 배와 함께 유기재배 하기가 가장 어려운 채소가 고추이다.

우리나라의 기후 풍토에서 열대 지방 원산의 고추를 유기재배 하기는 쉽지 않다. 특히 건고추의 다수확을 위하여 저온기 온상육묘, 겨울 난방을 위한 가온, 비닐의 과도한 사용, 병충해 관리를 위한 유기농 자재의 무분별한 사용은 적기 적작, 저투입-자원 순환을 기본으로 하는 유기농업의 원칙에서 크게 벗어나는 것이다. 우리나라에서 고추를 유기재배하기 위해서는 따뜻한 남쪽 지방에서 통풍과 채광이 좋은 비옥한 밭을 골라 자가 소비를 위한 풋고추 생산에서부터 시작하는 것이 알맞다.

〈표 5-48〉 작물별 생태 유기재배 가능성 구분(2014, 이순원)

작목	성공 가능성			
	높음	보통	낮음	거의 없음
과수(10)	매실	복숭아(조생종), 떫은감, 포도	복숭아(중생종), 대추, 모과	사과, 배, 복숭아(만생종), 자두, 다래
채소(10)	마늘, 양파, 토마토, 오이, 비트, 상추류	호박, 무	배추	고추
기타(8)	완두, 강낭콩, 땅콩, 감자, 고구마, 야콘, 옥수수	–	콩	–

1) 유기재배에 적합한 품종의 선택

유기재배의 원칙에 따라 작물을 건강하게 재배하면 기상재해와 병해충에 면역력 있는 식물체로 키울 수 있지만 외래 도입종인 고추를 안전하게 재배하기 위해서는 기상재해와 병해충에 저항성이 큰 품종을 선택하는 것이 좋다.

국립농업과학원에서 2008년부터 2년간, 강원도와 경기도 2개 지역에서 국내 시판중인 47개 고추 품종을 유기재배 하면서 각종 병해충 저항성과 재배적 특성, 수량 및 품질 등 5개 원예적 형질에 대해 평가한 결과 아래 표와 같은 품종들이 상대적으로 유기재배에 유리한 것으로 평가되었다.

〈표 5-49〉 유기농 재배에 적합한 고추 품종의 주요 특성(2009, 농업과학원)

품종명	주요 특성	품종군
PR대촌	바이러스저항성(Rr), 역병저항성, 극대과종(16.8cm), 조숙, 신미 강, 수량성 대, 건과 품질 우수	복합내병계
PR마니따	바이러스저항성(Rr), 역병저항성, 대과종(16.0cm), 조숙, 신미 강, 수량성 대, 건과 품질 우수	복합내병계
천화통일	바이러스저항성(Rr), 대과종, 중생종, 신미 강, 수량성 대, 건과 품질 우수, 과형 우수	바이러스내병성계
신옥동자	바이러스저항성(Rr), 극대과종(17.0cm), 조숙, 신미 중강, 수량성 대, 건과 품질 우수, 과형우수	신품종 개발 조합
신독불장군	바이러스중저항성(Rr), 역병저항성, 중대과종(15.4cm), 조숙, 신미 강, 과색 연두색	신품종 개발 조합

2) 토종 고추 품종의 유기재배

'특정 지역에서 농민에 의하여 대대로 재배되고 선발되어 그 지역의 기후 풍토에 잘 적응된 식물'인 토종 품종은 환경 적응력이 높기 때문에 유기재배에 적합하다. '토종 씨드림', '언니네 텃밭' 같은 농민 단체에서는 의식적으로 토종 종자를 보존하면서 유기재배 하고 있다. 전남 곡성에 있는 '토종 씨드림'의 채종포에는 수비초와 칠성초(영양), 앉은뱅이와 청룡초(음성), 풍각초(청도) 등 우리나라의 대표적인 토종 품종을 재배하는데 4월에 노지에 파종해서 6월 초에 옮겨 심는다.

〈그림 5-38〉 4월에 파종한 곡성 토종 씨드림 채종포의 고추(7월 5일)

3) 녹비작물과의 윤작

유기재배에서는 연작하지 않고 콩과작물과 반드시 윤작하여야 한다. 우리나라에서 고추는 여름 동안 단작하므로 휴작기인 겨울 동안 헤어리베치나 호밀 등과 윤작하기에 적합하다. 시설하우스 재배 시에는 휴작기에 크로타라리아나 수단그라스와 같은 단기성 녹비작물과 윤작하는 게 좋다. 겨울 동안 헤어리베치 등 녹비작물을 재배했을 경우에는 토양중 병원균 밀도를 줄여 풋마름병 등 병해 관리에도 도움이 된다.

〈표 5-50〉 녹비작물 재배에 의한 고추풋마름병 경감 효과(2012, 농업과학원)

녹비작물 처리구	풋마름병(발생주율%)		
	2009년	2010년	2011년
호밀+헤어리베치	0	0	0.7
호밀	0	0	0.7
헤어리베치	1.1	3.3	0.7
관행구	30.5	36.7	82.6

4) 자생 피복식물을 이용한 유기재배

헤어리베치와 같이 나비나물속(갈퀴속)에 속하는 얼치기완두, 새완두, 살갈퀴 등 자생잡초들도 피복식물로 활용할 수 있다. 이들 자생 잡초들은 장마기 이후인 7월 말부터 발생하기 시작하여 겨울이 오기 전에 지표면을 피복하고 월동 후 4월에 크게 신장하면서 개화·결실하여 6월부터 고사하므로 리빙 멀칭 재료로도 가능하다. 농과원 유기농업과에서는 9월에 고추 이랑을 만들고 얼치기완두와 새완두를 파종하여 월동 재배한 후 이듬해 5월에 고추를 정식하여 재배한 결과 비닐 멀칭한 관행처리구와 유사한 생육과 수량을 얻었다. 얼치기완두와 새완두 종자는 판매되지 않기 때문에 5~6월에 자가채종해야 한다.

〈그림 5-39〉 얼치기완두, 새완두, 살갈퀴 종자

〈그림 5-40〉 얼치기완두, 새완두 리빙 멀칭한 고추밭

5) 간 혼작을 활용한 유기재배

생물다양성을 증진하는 유기재배에서는 단작보다는 간작, 혼작을 장려한다. 산업화 이전의 우리나라 농촌에서는 간·혼작이 일반적이었고 지금도 농촌에서는 대규모 상업화된 농사가 아니고 정상적인 밭농사에서는 간·혼작이 일반적이다. 혼작 재배 하면 병충해의 발생도 현저하게 줄일 수 있다.

〈그림 5-41〉 전남 나주의 고추 혼작 재배 밭(2018년)

〈그림 5-42〉 고추 단작구만 역병 발생(2019, 농과원)

6) 고추 무경운 유기재배

전남농업기술원에 근무한 바 있는 양승구박사는 전작기의 두둑을 그대로 사용하여 경운하지 않고 재배하는 것을 '한국형 무경운재배' 라고 명명한 바 있다. 2000년대 들어 전 세계적으로 무경운을 포함하는 보전경운재배법이 일반화되었다. 무경운 또는 보전경운재배는 생물다양성을 증진하고 자연생태계의 법칙에 순응하는 유기농업의 원리와도 잘 부합하여 유기재배 농가에서 보전경운 재배가 늘고 있다. 농과원에서도 2014년 전북 완주로 이전한 후 2015년부터 무경운 관리하는 포장에서 고추를 정상적으로 재배하고 있다. 무경운재배 시에는 고추 작기가 끝난 후에 겨울 녹비작물을 파종하고 고추의 잔사와 퇴비로 피복하여 입모율을 높혀 월동 재배하고 이듬해 4월 말경 예취 피복하고 고추를 이식 재배한다. 고추 재배 시 부족한 양분은 액비 등 유기농 비료로 보충해 준다.

〈그림 5-43〉 고추 무경운 유기재배 포장(농과원, 5년차, 2019)

7) 유기재배 시 병해충관리

고추 유기재배 시 병해충관리는 예방적 관리에 중심을 둔다. 위에서 설명한 대로 적기 적작, 저투입 자원 순환, 생물다양성 증진이라는 유기농업의 원칙에 충실하면 병해충의 발생을 줄이고 건강한 고추를 기를 수 있다. 동절기에는 반드시 콩과작물과 윤작하고 재배시에도 단작보다는 혼작하여야 한다. 재식거리도 충분히 두어 채광과 통풍이 원할한 밭에서 고추가 건강하게 자랄 수 있게 하면 병충해에 대한 저항성을 높일 수 있다. 기상조건에 따라 병충해 발생이 있을 때는 예찰 결과에 따라 적극적인 관리 방법인 유기농 자재를 사용할 수 있지만 사용 횟수는 최소한으로 줄인다.

8) 탄저병 예방을 위한 비가림재배

고추 수확기에 최고로 위협이 되는 탄저병을 예방하기 위해 포도나 인삼같은 고소득 작목처럼 비가림재배가 시도된 바 있다. 강원도 화천에서는 비가림시설 설치로 탄저병을 현저하게 줄이고 품질 좋은 유기농 건고추 생산에 성공하였다. 하지만 이는 10a 당 1천만 원이 넘는 비가림시설비를 지자체에서 지원해 주었기 때문에 가능한 일이었다. 또한 고추 재배를 위하여 비가림시설 같은 과도한 시설을 설치하는 것은 유기농업의 원칙에도 맞지 않다.

〈그림 5-44〉 고추 비가림 재배 포장(강원 화천, 2009)

고추의 유기농 재배에 대한 더 자세한 사항은 유기농재배 길라잡이 책자를 참고하면 된다.

6

제6장
재해 대책

01. 가뭄

가뭄의 피해는 대체로 아주심기 한 달 후인 5~6월에 자주 발생하는데, 실제 가뭄에 의한 피해 시 수량 감소는 7월과 8월이 심하다〈표 6-1〉. 고추는 침수보다는 가뭄에 다소 강한 작물로 알려져 있으나, 건조할 경우에는 식물체가 위조(시들음 현상) 피해로 광합성이 감소, 양분흡수 및 물질 전류 등 생리장해도 저해된다. 시들음 증상을 일으킨 식물체의 세포는 팽압이 적어지고 생장에 필요한 조직 활력이 상실하게 되며, 수분 및 무기양분의 흡수가 쇠퇴하여 광합성 능력이 저하되고, 호흡능력이 증가해서 식물체를 약하게 만든다. 또한 생장이 억제되며 개화 결실에 영향을 미쳐 낙화, 낙과 및 기형과 발생을 초래한다〈그림 6-1〉.

〈표 6-1〉 단수 처리 일수에 따른 수량 감소(1994, 경북 농시연보)

월별	단수 기간(일)	수확과 수(개/주)	감소율(%)	수량(kg/10a)	감소율(%)
5월	7	61.3	−17.9	414.1	−3.2
	15	57.0	−23.7	365.4	−14.6
6월	7	67.0	−10.3	409.4	−4.3
	15	55.0	−26.4	347.6	−18.7
7월	7	61.0	−18.3	395.0	−7.6
	15	56.7	−24.1	338.7	−20.8
8월	7	62.3	−16.6	380.2	−11.1
	15	64.0	−14.3	345.6	−19.2
적습		74.7	0.0	427.7	0.0

※ 노지(자연 강우) 수량 : 317.1kg/10a

특히 물빠짐이 좋은 밭에서는 관수 등으로 적절한 토양수분 유지(pF 2.0~pF 2.5)를 위한 대책이 필요하다〈표 6-2, 6-3〉.

사전 대책으로는 물빠짐이 좋은 밭에서는 2열 이랑재배를 실시하고, 밭 전체에 비닐 멀칭을 실시하여 수분 증발을 막는다. 점적관수 시설을 설치하여 물의 손실을 방지하고 고추에 직접 관수를 함으로써 효율을 높인다. 사후 대책으로는 관수를 할 수 있는 밭은 고랑을 이용하여 충분히 물을 주고, 관수하기 어려운 밭이나 경사지 밭의 경우는 분무기로 고추 포기에 직접 물을 준다. 관수하기가 불가능한 밭은 김매기를 철저히 하고, 노출된 곳은 짚, 풀, 비닐로 덮어 주어 수분 증발을 막는다〈그림 6-2〉.

〈표 6-2〉 고추의 토성별 관수에 따른 수량 비교

토성	pF 2.0	pF 2.5	pF 2.7	pF 2.9
사토	576g/주	637g	561g	272g
부식질토	785	859	594	343

〈표 6-3〉 관수량과 고추의 수량

관수 개시점	pF 2.0	pF 2.5	pF 2.7	pF 2.9
관수회수 (회)	15	12	10	4
주당 1회 관수량 (mm/주)	200	197	173	117
주당생과 수량 (g/주)	634.7	631.8	593.1	234.2

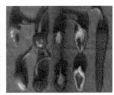

〈그림 6-1〉 가뭄으로 인한 피해 증상

점적관수 시설을 설치한 밭은 지온이 높을 때 물을 주면 지온이 내려가 생육에 유리하다. 관수방법은 이랑관수, 스프링클러, 점적관수, 포기관수 등 여러 방법이 있으나, 노지에서 스프링클러에 의한 관수는 탄저병 발병을 일으킬 수 있어 주의하여야 한다. 토양이 건조하면 석회의 흡수가 안 되기 때문에 석회 결핍과의 발생이 많아지므로 염화석회 0.2%액을 7일 간격으로 2~3회 잎에 뿌려준다. 건조할 경우에는 진딧물류와 총채벌레류의 발생이 많아지기 때문에 전용 약제를 이용, 방제를 철저히 하여 바이러스병의 전염을 억제하고, 웃거름은 물 비료로 만들어서 포기 사이마다 준다.

〈점적관수〉 〈짚 멀칭〉 〈비닐 멀칭〉

〈그림 6-2〉 가뭄 방지를 위한 점적관수 및 멀칭

02. 저온해 및 동해

고추는 영하 0.7 ~ 영하 1.85℃ 정도의 저온에서 잎, 줄기 등에 어는 피해(동해)를 볼 수 있다. 저온에 의해 식물조직이 결빙하면 세포간극에 먼저 결빙이 생기고, 세포 결빙이 생기면 원형질 구성에 필요한 수분이 동결되어 원형질 응고 및 변화가 생겨 원형질의 구조가 파괴되고 세포가 죽게 된다. 잎의 증상은 기형이 되거나 시들고 얼어서 죽게 된다.

〈그림 6-3〉 저온에 의한 피해증상 : 세조드 저온처리 시험 사진 추가(원예원)

〈그림 6-4〉 정식 후 노지 및 터널 내 저온에 의한 피해증상

피해증상은 생육이 저하되거나 정지되며, 화분의 이상(15℃ 이하)이 생겨 화분 발아율이 낮아지며 화분관 신장이 떨어진다. 또한 과실 내에 종자가 형성되지 않으면 기형과가 발생하는데 13℃에서는 단위결과가 78~100%로 거의 종자가 없는 과실이 착과되고, 18℃ 이상에서는 정상적 착과, 종자 수도 많고 과실 비대가 양호하게 된다〈표 6-4〉.

〈표 6-4〉 단위결과에 미치는 야간온도의 영향(1966, 고시)

품종	13℃		18℃		23℃	
	종자 수(개)	단위결과(%)	종자 수(개)	단위결과(%)	종자 수(개)	단위결과(%)
십시개량	0	100.0	58.5	0	89.9	0
창개	0.8	78.5	102.0	0	91.2	0
서기	0	100.0	48.0	0	163.0	0
녹왕	0	100.0	79.0	0	208.3	0

노지 상태에서 저온해 대책은 내저온성의 품종을 선택하고 재배 지역의 만상일(늦서리)을 피하여 적기에 정식하는 것이 좋다. 재배지 주변에 방풍 시설을 하여 찬바람을 막거나 토질을 개선하여 서릿발의 발생을 경감시키고 지역에 따라 일라이트 부직포를 이용하면 저온피해를 줄일 수 있다. 기타 물리적인 방법으로는 ①관개법 : 저녁에 충분한 관개로 물이 가진 열을 이용, 지중열을 빨아 올리며, 수증기가 지열의 발산을 막아서 약한 서리를 막는 방법 ②발연법 : 불을 피우고 젖은 풀이나 가마니를 덮어서 수증기를 많이 함유한 연기를 발산시키는 방법(2℃ 정도 온도 상승) ③송풍법 : 동·상해의 지상 10m 정도에서 프로펠러를 회전시켜 따뜻한 공기(지면보다 3~4℃ 높음)를 지면으로 송풍하는 방법 ④피복법 : 부직포나 비닐 등으로 임시로 막덮기를 실시하는 방법 ⑤연소법 : 연소에 의해서 알맞게 열을 공급하여 -3~-4℃ 정도의 동·상해를 막는 방법(폐타이어, 중유, 폐목재 등 이용) ⑥살수빙결법 : 물이 얼 때는 1g 당 80cal의 잠열이 발생하는데 스프링클러 등에 의해서 저온이 지속되는 동안 계속적으로 살수하여 식물체 표면에 결빙을 늦추면 식물체의 기온이 -7~-8℃ 정도라도 0℃ 정도를 유지하여 동상해를 방지할 수 있는 방법 등이 있다.

경북 북부 지역 지역 고추 주산지는 매년 정식기 전후로 동해 발생이 빈번하게 일어나고 있다. 동해발생 정도에 따른 피해 주를 재정식해서 피해 정도에 따른 생육 및 수량성을 조사하였다.

정상   피해 약(10%, 이하 생장점 고사)   피해 심(50% 이상, 지상부 2~3엽 남음)

〈그림 6-5〉 동해 피해 정도별 피해증상 비교 (정상, 피해 약, 피해 심)

동해 피해 정도별(피해 심-묘의 50% 이상, 피해 약-15% 이하 피해, 정상주-피해 없음) 수량을 비교해 본 결과 초기 수량은 정상주가 높았으나, 피해를 약하게 받은 주(10% 이내)는 시간이 지나면서 후기 수량이 회복되어 정상 주와 비슷하게 회복되었다. 동해 발생 시 피해가 심한 경우(50% 이상) 건전묘를 재정식하고, 피해가 약할 경우 그대로 두고 재배하는 것이 유리하다.

〈표 6-5〉 동해 피해 정도별 피해증상 비교 (정상, 피해 약, 피해 심)

(kg/10a)

피해정도	수확 시기(월.일)				전체 수량	감소율(%)
	8. 5	8.23	9.16	10.16		
피해 심	26c	230b	259a	164b	680b	- 25
피해 약	53b	306a	231a	217a	807a	- 6
정상	89a	319a	217a	221a	846a	-

* 피해 심 지상부 50% 이상, 피해 약 10% 이내 동행 피해를 받음

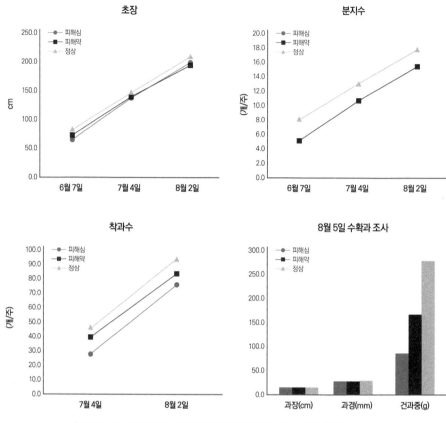

〈그림 6-6〉 고추 저온피해를 입은 주를 정식한 후 시기별 생육 및 수량

03. 고온해

고온해의 증상은 식물체의 생육이 위축되고 떨어진다. 광합성량 보다 호흡량이 증가하고, 유기물의 소모량 증가로 식물체가 연약해지고 또한 단백질합성 저해와 암모니아 축적이 증가되어 유해물질로 작용하여 피해를 보게 된다. 이런 경우 수분흡수보다 증산작용이 왕성해져서 식물체에 시들음(위조)증상을 유발한다.

피해증상으로는 지표면이나 식물체의 온도가 기온보다 높아 잎이나 열매가 타는 증상(일소엽, 일소과)이 발생하고, 화분의 발아 및 신장이 정상적으로 이루어지지 않아(30℃ 이상) 꽃이 떨어지는 낙화, 뿐만 아니라 수정이 되지 아니하였는데도 어떤 자극에 의하여 씨방이 발달하여 열매가 생기는 단위결과 현상, 낙과 등을 초래한다. 수정 능력이 없는 꽃가루(화분)는 꽃이 피기(개화) 전 13~17일의 평균기온과 밀접한 관계가 있으며, 30℃ 이상의 온도 조건에서는 50% 이상의 정상적이지 못한 꽃가루(이상 화분)가 발생한다〈표 6-6〉. 또한 지온 상승과 건조가 겹쳐지면 양분흡수에 악영향을 미쳐 석회 결핍과가 발생하기 쉽다.

대기 온도보다 3℃, 6℃ 고온과 토양수분(적습 30%)이 부족(23%)하게 되면 소과(과장이 5cm 이하) 발생 등 생리장해 발생이 많아져 수량이 크게 감소하므로 고온이 되지 않도록 관리해야 한다. 고추 생리장해와 병과 발생은 고온구일수록 높아서 6℃ 고온구에서 53% 이상 발생하였다. 수량은 고온 처리구에서 크게 감소하여 외기 대비 외기 +6℃처리의 건조 처리구와 적습 처리구가 각각 82%와 81% 감소되었다.

〈표 6-6〉 고온과 건조조건이 수량에 미치는 영향, 2017. 국립원예특작과학원

토양수분	온도	평균과중 (g/과)	수량 (kg/10a)	생리장해 발생률(%)	상품률 (%)	상품수량 (kg/10a)	수량 지수
적습	외기	9.27	3,771	16.4	83.6	3,152	100
	+3℃	8.57	2,510	26.0	74.0	1,857	58.9
	+6℃	4.95	1,282	53.5	46.5	596	18.9
건조	외기	9.57	2,940	13.1	86.9	2,554	81.0
	+3℃	5.46	2,574	36.8	63.2	1,626	51.5
	+6℃	5.52	1,327	59.0	41.0	544	17.2

〈그림 6-7〉 고온에 의한 피해증상

대책으로는 시설재배에서는 인위적으로 냉방, 차광, 환기 및 송풍기 등을 적절히 이용하여 고온장해를 받지 않도록 관리해야 한다. 노지재배는 지온을 떨어뜨리기 위한 관수(이랑관수, 점적관수 및 스프링클러 등) 및 멀칭재배로 지온 상승이나 건조 해를 방지(비닐 위에 짚이나 풀로 멀칭)하는 것이 좋으며, 석회 결핍과 예방을 위해서는 염화칼슘 0.3%액을 7일 간격으로 2~3회 잎에 액체 비료를 뿌려준다.

〈표 6-7〉 화분발아 및 화분관 신장과 온도의 영향

온도(℃)	화분발아(%)		화분관 신장	
	재래종	녹광조생	재래종	녹광조생
10	0.8	0.2	58.8	80.8
15	53.6	47.5	197.6	140.6
20	46.6	40.7	1230.4	1291.0
25	39.8	40.4	1732.6	1819.1
30	30.2	20.5	1395.1	1580.0
35	10.2	5.4	107.0	48.0
40	0.1	0.0	43.3	-

고추 재배시 고온(40℃ 이상)에서는 줄기가 도장하여 연약해지고, 과실은 석회 결핍증상, 낙화 및 낙과, 일소과 발생이 심해진다. 온도가 51.6℃에서는 고추 생장점이 고사되었다. 피해 발생 후 정상 관리(30℃ 이하)로 전환하여 관리하면 새로운 분지가 발생되고, 정상적인 개화 및 적과 수확이 가능하므로 생장점 고사 시 재정식 보다는 환경 관리를 정상화하여 관리하는 것이 유리하다.

고온 피해(51.6℃) 정상 관리 후 회복 정상 착과

〈그림 6-8〉 고추 고온 피해 후 회복 정도

고추 묘가 8엽기 때 고온처리(42℃, 10일간)를 통해 고온장해가 나타난 고추 묘를 피해 정도별로 구분(정상, 피해율 25%, 50%, 75%) 하여, 고온처리 후 회복되는 정도를 비교하였다. 고온 피해를 받지 않은 묘에 비교하여 유묘기에 고온 피해를 25% 정도 받으면 '뉴 비가림'은 수량이 41%, 청양은 56%까지 감소되었다. 피해 정도가 75% 정도 되었을 때는 각각 수량이 44%, 87% 감소되었다.

뉴비가림 고온처리 후 피해 정도 뉴비가림 고온처리 후 55일째 회복 정도

청양 고온처리 후 피해 정도 청양 고온처리 후 55일째 회복 정도

〈그림 6-9〉 고추 유묘기 고온 피해 정도별 회복력 비교('20, 국립원예특작과학원)

품종	처리	개화기(일)	과장(mm)	착과율(%)	착과수(개/주)	주당수량(g/주)
뉴비가림	정상주	10.3	13.1 ab	69.0 a	37.8 a	561.3 a (100%)
	25% 장해	29.3	12.5 b	55.6 a	28.7 a	328.3 b (59)
	50% 장해	34.0	12.7 ab	65.2 a	30.8 a	376.3 b (67)
	75% 장해	35.7	13.4 a	55.6 a	23.3 a	316.3 b (56)
청양	정상주	12.7	11.9b	20.6 a	78.3 a	30.3.8 a (100%)
	25% 장해	23.0	13.5a	20.6 a	33.7 b	140 b (46)
	50% 장해	29.7	12.6 ab	24.8 a	19.8 b	95 b (31)
	75% 장해	36.3	12.9 ab	0 b	9.7 b	40 b (13)

* 개화기는 고온처리(42℃, 10일)를 마친 후 정상관리 상태에서 소요 일수

고추에 있어서 기후변화시나리오 RCP 8.5 조건(온도 6℃ 높고, CO2 940ppm, 강수량 20.4% 증가)이 되면, 고추 꽃이 개화된 후 착과가 되지 못하고 낙화된다. 또한 붉은 고추 수확 과수가 현저하게 줄어들고 평균 과중도 감소하며 과실의 크기가 매우 작아지는 등 상품수량이 89% 정도 감소하게 된다. 수량은 대조구 4,405 → RCP 8.5, 477kg/10a로 89.2% 감소된다.

04. 장마(침수)

우리나라의 기후 특성상 여름철에 비가 집중되기 때문에 배수가 나쁜 밭의 고추는 피해가 우려된다. 일단 고추는 천근성 작물로 습해에 약하므로 물에 잠기면 뿌리의 활력이 나빠져 많은 피해를 받게 된다. 투명 비닐로 멀칭 하였을 경우에 피해가 심하며, 증상으로는 식물체가 시들다가 심하면 나중에 말라 죽는다〈그림 6-10〉.

 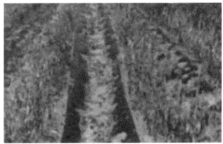

〈그림 6-10〉 장마에 의한 침수 상태(좌)와 침수 후 고사 상태(우)

식물체의 일부가 잠긴 상태(침수 상태)의 경우보다 식물체가 물에 완전히 잠긴 상태(관수 상태)에서 고추에 더 큰 피해를 주며, 특히 아주심은 지 얼마 안 되는 경우에 피해가 더 크다〈표 6-9〉.

〈표 6-9〉 고추 침수에 따른 생존율 및 수량(1987, 농업과학논문집)

구분	품종	침수 기간(일)					
		0	1/2	1	2	4	6
생존율(%)	대풍	100	98	90	5	0	0
	신홍	100	100	88	13	0	0
	한별	100	88	85	15	0	0
수량(g/주)	대풍	1,119	811	515	0	0	0
	신홍	2,136	2,065	1,575	105	0	0
	한별	921	634	585	60	0	0

※ 파종 : 2. 28, 정식 : 5. 15, 침수처리 7. 8~7. 14, 수확 : 8. 30까지 적과 수확

집중호우로 고추가 지제 부위(땅위 1cm)까지 침수가 되었을 때 침수 전과 비교하면 광합성속도는 침수 1일에 43%, 2일에 63% 수준으로 떨어지고, 뿌리활력도 2일에 43%, 3일에 55%까지 떨어진다. 따라서 고추의 경우 침수 시 2일부터 광합성 및 근활력이 급격하게 떨어지므로 침수 2일 이전에 침수된 물을 빼주는 등 조치를 취하는 것이 피해를 줄일 수 있다.

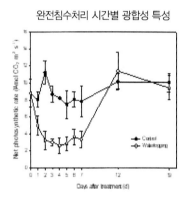

완전침수처리 시간별 광합성 특성

근활력 분석 결과

구분	근활력 (Abs., at 420nm)	
	침수 2일	침수 3일
대조구	0.060 a^z	0.114 a
침수구	0.034 b	0.051 b

zDMRT 0.05.

* 국립원예특작과학원, 2015

〈그림 6-11〉 침수에 따른 광합성 특성 및 근 활력 분석 결과

장마 피해를 방지하기 위한 사전 대책으로는 물빠짐이 나쁜 밭은 가급적 1열 이랑 재배로 하고 이랑높이를 20㎝ 이상 높게 하여, 물이 잘 빠지도록 도랑을 사전에 정비한다. 붉어진 고추는 비가 오기 전에 수확한다. 장마 중이나 장마 후의 대책으로는 평탄지나 다습지의 경우는 물빼기를 철저히 실시해 주고, 쓰러진 포기는 곧바로 일으켜 세워준다. 세워주기가 늦을 경우에는 뿌리가 굳어져 뿌리가 끊어지는 등의 피해를 받게 된다. 또한 장마철이나 집중호우 시 침·관수 토양 중에 산소공급이 부족하여 뿌리의 호흡작용 저해와 뿌리의 부패로 식물체 저항성이 약화되어 역병과 같은 병원균이 침입하기 쉽게된다〈표 6-10, 그림 6-12〉.

〈표 6-10〉 고추 밭에서 초기 역병 발생 정도에 따른 후기 발생 상황

초기 역병(장마 전)		후기 역병(장마 후)
0.1~1.0%	→	2.7%
1.0~10.0%	→	35.0%
10.0% 이상	→	75.0%

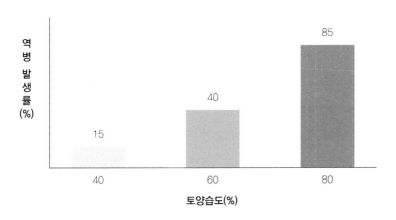

〈그림 6-12〉 토양습도에 따른 고추 역병 발생률(농과원)

겉흙이 씻겨 내려갔을 경우에는 북주기를 실시하여 뿌리의 노출을 방지한다. 장마 기간 중에는 광합성 능력이 떨어지기 때문에 식물체가 연약해지기 쉬우므로 요소 0.2%액이나 제4종 복합비료를 5~7일 간격으로 2~3회 살포하여 나무 세력을 회복시켜 준다. 역병, 탄저병, 반점세균병, 담배나방 등의 병 방제를 철저히 한다. 장마철에 농약을 살포할 경우에는 전착제를 첨가하면 약효를 지속시킬 수 있다.

05. 태풍(풍해)

고추 정식 후 생육 초기에 바람이 지속적으로 불면 고추 줄기는 표면에 상처가 발생되어 갈색으로 변하면서 휘어지는 피해가 발생한다. 또한, 바람에 의해 식물체 표면의 온도가 낮아지게 되어 늙은잎(아래 잎)은 자색을 띠게 된다. 바람을 맞은 고추는 생육이 저조해지기 때문에 요소 0.2%액이나 영양제를 2~3회 엽면살포하여 세력을 회복시켜 준다.

태풍은 한참 수확할 시기인 8, 9월에 많이 우리나라를 통과하는데 바람을 동반하기 때문에 낙과, 도복 등 단시간에 피해가 커지는 것이 특징이다〈그림 6-13, 6-14〉.

대책은 장마 대책과 비슷하다. 그러나 태풍은 바람을 동반하기 때문에 사전에 지주를 더 꽂고 느슨한 유인줄은 팽팽하게 매어 도복이 되지 않도록 한다. 태풍에 의해 낙과가 많아질 염려가 있으므로 붉은 고추를 미리 수확하고, 물빠짐이 좋게 하기 위해 도랑 정비를 철저히 한다. 태풍이 지나간 후에는 물빼기를 철저히 하여 침수되는 시간을 가급적 줄여 주며, 쓰러진 포기는 곧바로 일으켜 세워 지주로 고정시켜 준다. 세균성점무늬병, 탄저병 약 등의 살균제와 요소 0.2%액이나 제4종 복합비료를 5~7일 간격으로 2~3회 뿌려준다.

〈그림 6–13〉 정식 초기 바람에 의한 저온피해

〈그림 6–14〉 태풍에 의한 쓰러짐 피해

06. 우박

우박에 의한 피해는 국지적으로 발생하나, 예측할 수 없기 때문에 사전 대책이 어렵고 피해 또한 아주 심하다. 우박을 예측할 수 있는 경우에는 미리 수확을 하거나 부직포나 비닐 등으로 피복을 하여 피해를 줄일 수 있지만, 노지재배의 경우에는 좁은 면적이라면 가능할 수 있지만 대면적의 경우 불가능하다. 우박피해 시 대체 작물 파종 또는 다시 고추를 심어야 할지 여부를 판단하기가 어려운데, 고추 착과 초기인 6월 상순경에 우박 피해를 심하게 받았을 경우는 측지를 유인하여 잘 관리하면 어느 정도 경제적인 수량성을 확보할 수 있다. 고추 묘를 새로 심는 것은 고온으로 뿌리 활착이 늦고 생육이 지연되어 식물체가 충분한 생육을 할 수 없기 때문에 수량성이 낮아진다〈그림 6-15〉.

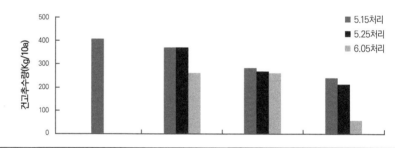

우박처리시기	정상생육	피해심	피해극심	재정식
5.15		382(92.1)	290(69.9)	248(59.9)
5.25	414(100)	381(91.9)	273(66.0)	219(52.9)
6.05		267(64.5)	269(64.9)	64(15.4)

※ 우박피해 고추밭 관리: 정식 – 5월 1일(70일 육묘)
※ 우박피해 처리 : 극심–전체 분지 완전 손상, 심 – 1~2차 분지만 남김
  – 피해 직후 세균병 약제+영양제 살포
  – 시비(4회) : 피해 처리 7일 후 이랑시비(요소를 10a당 5kg), 7일 이후부터는 2주 간격으로 관비시비(3회)

**〈그림 6-15〉 우박피해 시기별, 피해 정도별 수량 감소 및 재정식에 따른 수량 비교
(2009, 영양고추연구소)**

〈피해 극심〉　　　　　　　　〈피해 심, 2차 분지 이상〉

〈그림 6-16〉 우박피해 정도

우박피해 재배지는 잎 또는 과실이 떨어지거나 가지가 부러지게 된다〈그림 6-16〉. 부러진 가지의 상처를 통하여 병원균 침입 등 생리적 및 병리적인 장해를 일으키는 경우가 있기 때문에 피해 발생 7일 이내에 항생제 살포와 더불어 수세를 회복하기 위해 추비를 시비하거나 4종 복합비료나 요소 0.3%액을 5~7일 간격으로 2~3회 살포하여 생육을 회복시켜 주는 것이 좋다. 또한 막덮기 부직포를 이용하면 피복 기간(4월 하순~6월 중순)에는 피해를 막을 수 있다.

7

제7장
영양장애 및 생리장해

01. 영양장애

가. 질소(N)

(1) 생리적 기능

고추는 뿌리에서 주로 질산(NO_3^-)의 형태로 흡수한다. 엽록소의 중심 성분이
때문에 결핍되면 엽록소의 생성이 저해되어 잎이 황화한다. 생육 초기에 질소
지나치게 많이 공급되면 경엽이 과번무되어 과실의 비대가 늦어진다.

〈그림 7-1〉 질소부족 증상

(2) 질소부족

① 부족 증상

질소결핍의 특징은 식물의 생장이 매우 나쁘고 잎이 소형으로 나타나고, 상
잎이 극단적으로 작아진다. 식물체에 엽록체 생성이 잘 안되어 하위 잎에서

위 잎으로 향해 순차적으로 황백화(chlorosis)가 생기며 결국 백화되어 괴사(necrosis)하게 된다. 처음에는 잎맥 사이가 황화하고, 잎맥이 나타나 보인다. 황화는 점차적으로 잎 전체로 넓어진다. 또 철(Fe), 황(S), 칼슘(Ca)의 결핍 시 나타나는 황백화 현상은 질소결핍과 비슷하나 발생 부위가 서로 다르다. 질소는 식물체 내에서 이동이 빨라 노엽에서 먼저 나오고 Fe, S, Ca 등은 이동성이 느려 신엽에서부터 먼저 나온다. 잎은 생육이 정지되고 상위 잎은 작아지지만, 황화되지는 않는다. 착과수가 적어지고 비대도 불량해진다. 과실은 짧고 두꺼워지며 담록색이 된다.

② 진단 요령
잎의 황화가 상위 잎에서 시작되는지 하위 잎에서 시작되는지를 잘 살펴본다. 질소결핍증은 반드시 하위 잎에서 시작되며 일반적으로 줄기가 가늘어진다. 하위 잎의 황화가 엽 선단에 나타난 것(칼리결핍)인지, 잎맥 부분에 녹색이 남아 있는지(마그네슘결핍) 확인한다. 토양 EC 값이 높은 때는 질소결핍으로 보기 어렵다. 잎이 외측으로 말리면서 황화되는 것은 다른 원소의 결핍일 가능성이 높고, 시드는 경우는 질소결핍 이외의 원인을 찾아본다.

③ 발생하기 쉬운 조건
보통 질소결핍은 생육 도중에 비료 부족이 원인이 되어 발생한다. 유기질 자재(퇴비 등)의 사용량이 적고, 토양 속의 질소함유량이 낮은 경우에 발생하기 쉽다. 작물을 재배하기 전에 볏짚, 미숙구비 등 탄질율(炭窒率)이 높은 유기물을 다량 시용하면 그 유기물 분해를 위해 미생물이 토양질소를 이용하기 때문에 작물이 질소를 이용할 수 없게 되어 일시적인 질소기아(窒素饑餓, 질소결핍증)가 발생되는 경우가 있다. 노지재배에서는 강우가 많고, 질소의 용탈이 많은 경우에 발생하기 쉽다. 사토~사양토와 같이 양이온 교환 용량이 작고 부식 함량이 적은 토양에서는 비가 자주 내려 질소 성분의 용탈이 많은 경우에도 쉽게 발생한다.

④ 대책
응급 대책으로는 요소 0.5%를 일주일 간격으로 몇 차례 엽면살포하거나 알맞은 양의 질소비료를 물에 녹여 관비 한다. 모래땅과 같은 질소가 유실되기 쉬운 경우

는 시비 횟수를 늘려 사용함으로써 비료 이용률을 높인다. 토양에 줄 경우 암모니아태 질소는 토양 표면에 흡착되어 뿌리로는 바로 흡수되지 않으므로 질산태질소가 바람직하다. 볏짚을 다량 사용할 경우 질소기아를 막기 위해서는 질소비료를 증시 하여 준다. 저온기에는 질산태 질소비료의 사용이 유효하다. 완숙 퇴비 등을 사용해서 지력(地力)을 높이는 것이 필요하다.

(3) 질소 과잉
① 증상
질소가 과잉 흡수되면 잎 색은 대개 암녹색으로 되고 과번무하며 연약 도장 한다. 열매를 맺는 작물에서는 착과나 품질이 나빠진다. 또 질소가 너무 많으면 칼슘 흡수가 억제되므로 칼슘결핍증이 유발된다.

② 발생하기 쉬운 조건
질소비료를 다량 사용하거나 하우스 등에서 토양 중에 다량 잔류하고 있는 경우에 발생한다. 이 밖에 관개수의 질소 농도가 높은 경우에 발생하기 쉽다

③ 진단 요령
잎 색깔이 짙은 녹색을 띠는지 확인하고 줄기의 이상 신장 상태를 관찰한다. 시비량을 확인하는 것이 중요하다

④ 대책
투수성이 좋은 곳에서는 관수량을 많게 하여 질소의 유실을 유도한다. 재배 중에 질산태질소가 집적되어 염류농도가 높아지면 대책을 강구할 수 없으나 관수를 자주 하여 염류농도의 상승을 억제하고 당분 액을 엽면살포하여 뿌리의 즙액 농도를 높이는 것이 필요하다.

나. 인산 (P)

(1) 생리적 기능

인은 생체 내에서 핵산, 핵단백, 인지질 등의 구성 성분이 된다. 생체 내에서는 이동이 쉬워 생장이 왕성한 부위에 집중된다. 생육 초기일수록 그 필요성이 높아지고 식물체의 신장, 개화, 결실에 있어서도 중요한 역할을 한다. 인산의 흡수는 온도에 의해 좌우되는데, 저온에서는 그 흡수가 극도로 저하되지만 시용량을 늘리면 흡수 저하를 방지할 수 있다

(2) 인산 부족
① 부족 증상

일반적으로 녹색을 띤 상태에서 생장이 멈추고, 곧바로 아래 잎이 황화하는 질소 결핍증만큼 선명하지는 않다. 비교적 어린 시기에 잎이 짙은 녹색이 되어 연화하고 왜화한다. 과실의 성숙이 눈에 띄게 지연된다. 생육 초기(특히 육묘기) 저온에서 발생하기 쉽고, 생육이 불량하고 잎의 소형화, 연화, 짙은 녹색화가 특징이다. 결핍이 진행되면 하위 잎이 고사(枯死)되고 낙엽이 보인다. 생육이 불량해지고, 심한 경우에는 새로운 잎의 크기가 작아지고 굳어지며 농록색을 띤다. 늙은잎의 잎맥과 잎맥 사이의 조직 양쪽에 큰 수침상의 반점이 생겼다가 갈색으로 변한다.

〈그림 7-2〉 인산 결핍증상(좌 정상, 우 부족)

② 진단 요령

저온에서 인산 흡수가 어렵기 때문에 쉽게 발생 한다. 생육 초기는 잎색이 짙은 녹색을 나타내지만, 후기에는 갈색반점이 생긴다. 인산이 충분하더라도 극도의 저온이 되면 생육지연, 잎 색의 이상을 일으킨다. 질소결핍은 전체적으로 잎 색깔이 연해지지만 인 부족에서는 선단 잎의 녹색이 진하게 남아 있는 경우가 많다. 토양의 pH나 인산 함량을 측정하여 진단한다.

③ 발생하기 쉬운 조건

화산회토나 인산이 매우 적은 야산 개간지 토양에서 나타나기 쉽다. 지온에 따라서 그 흡수가 좌우되는데, 저온에서 흡수는 눈에 띄게 적어진다. 퇴비 및 인산 시용량이 적을 때 발생한다. 육묘 상토에서 산 흙 등을 사용하고, 충분한 인산을 시용하지 않은 때에 발생한다. 상토의 인산 함량이 적은 경우, 알루미늄을 다량 포함한 화산회토(火山灰土)나 철, 알루미늄이 활성화되어 있는 산성 토양에서는 인산이 알루미늄이나 철과 결합되어 작물의 인산 흡수가 낮아져 결핍이 발생한다.

④ 대책

응급 대책으로는 제1인산칼리 0.3%를 몇 차례 엽면살포한다. 배양액에 인산칼슘($Ca(H_2PO_4)_2$) 또는 제1인산암모늄($NH_4H_2PO_4$) 을 보충해 준다. 기본적으로는 산성 토양 개량 및 인산 함량을 높여 토양 산도를 개선한다. 퇴비를 충분히 시용하도록 한다.

(3) 인산 과잉

인산 과잉 장애는 거의 발생하지 않지만, 최근 시설 토양에서 인산 함유량이 높아짐에 따라 과잉 문제가 지적되고 있다. 유효태 인산 함량이 높은 곳에서는 길항작용에 의한 고토(Mg)나 철(Fe) 결핍증이 발생하는 경우가 있다. 과잉된 인산을 감소시키는 방법은 없는데 작물이 없을 때 심경을 하거나 논으로 되돌리기, 옥수수와 같은 녹비작물을 윤작하여 토양 중 인산을 줄여 준다.

다. 칼리(K)

(1) 생리적 기능
작물체에는 K^+ 이온의 형태로 흡수되어 광합성과 탄수화물 합성에 도움을 준다. 칼리는 생체 내에서 주로 이온 상태로 존재하며 세포의 삼투압, 단백질 합성, 당의 전류에 관여한다. 체내에서는 이동하기 쉬운 원소이며 생장이 왕성한 뿌리나 줄기의 생장점에 많이 축적되어 있고 오래된 잎에는 적다.

〈그림 7-3〉 칼리 부족 증상

(2) 칼리 부족
① 증상
생육 초기는 잎의 끝부분이 희미하게 황화 되거나 진전되면서 잎맥 사이가 황화된다. 생육 중·후기에는 중위 엽 부근에 동일한 증상이 나타나 잎 가장자리가 고사 한다. 질소, 인산 결핍증상과 마찬가지로 아랫잎이나 떡잎에서부터 증상이 나타난다. 마디 사이가 짧고 잎이 작아지며 생육이 불량해진다. 잎에 부정형의 흰 반점 혹은 갈색반점이 생기는 경우가 있다. 또한, 칼리가 생육 초기부터 결핍되면 잎이 밖으로 말리고 생육이 나빠진다.

② 진단 요령
증상이 발생한 잎의 위치가 중·하위 엽이면 칼리 결핍의 가능성이 있다. 생육 초기 저온기에는 가스장해 증상과도 비슷하다. 같은 증상이 상위 엽에 발생한 경우는 칼슘결핍의 가능성이 있다. 생육 후기에 발생한 경우에는 시비량이 적정했는지를 조사한다.

③ 발생하기 쉬운 조건

사토 등과 같이 토양 중 칼리 함량이 낮은 경우, 퇴비 등 유기질 자재의 시용량과 칼리의 시비량이 적어 공급량이 흡수량을 따라가지 못하는 경우, 저지온, 저일조, 과습 등으로 칼리의 흡수가 저해 당하였을 경우, 질소를 과용하여 칼리 흡수가 저해되었을 경우, 토양 중의 칼리가 부족한 경우, 칼리가 적당해도 석회나 마그네슘이 토양 속에 다량 존재하면 칼리 흡수가 억제되어 결핍증이 유발된다. 또한 칼리는 질소와 마찬가지로 토양에서 유실되기 쉬우므로 부식 함량이 적은 사질 토양에서는 결핍증이 발생하기 쉽다.

④ 대책

황산칼리(K_2SO_4) 2%용액을 엽면살포하거나 배양액에 황산칼리를 보충해 준다. 칼리비료의 충분한 시용, 특히 생육 중~후기에 비절되지 않도록 추비를 실시한다. 퇴비 등 유기질 자재를 충분히 시용한다. 결핍증이 발생한 염려가 있을 때에는 칼리비료를 5~7kg/10a 추비한다. 추비를 할 때 산성토양일 경우 웃거름으로 염화칼리를 주고 중성이면 황산칼리를 약하게 자주 시용한다.

(3) 칼리 과잉

작물에 직접적인 칼리 과잉 증상은 거의 발생하지 않는다. 칼리 과잉 흡수는 칼슘이나 마그네슘의 흡수를 억제하여 이들의 결핍을 유발시킨다. 퇴비 등의 유기 자재를 다량 시용하여 칼리가 축적되어 발생한다. 인산과 마찬가지로 작물이 없을 때 대책을 강구할 수밖에 없으며, 추비로 칼리를 포함하지 않은 비료를 이용하여 점차 줄어드는 것을 기다린다.

라. 칼슘(Ca)

(1) 생리적 기능

체내 이행성의 작은 성분으로 오래된 잎에 많이 흡수되어 있어도 뿌리에서 공급이 충분하지 않으면 새잎에 결핍증이 나타난다. 칼슘결핍이 되면 뿌리 발육이 불량하게 되어 맨 끝부분이 말라 죽는 경우가 있다. 칼슘의 흡수 및 이동은 수동적이라 Ca은 증산류를 따라서 상향 이동하므로 증산작용 강도에 따라 흡수량이 달라진다. 식물체 조직 중에서 존재하는 대부분의 Ca은 세포의 바깥 부분과 액포 중에 함유되어 있으며 식물세포의 신장과 분열에 필요하고, 막 구조를 유지하며 세포 내 물질을 보존한다.

〈그림 7-4〉 칼슘 부족 증상

(2) 칼슘 부족
① 증상

열매의 측면에 약간 함몰된 흑갈색의 반점이 부패한 것 같이 나타나 상품성이 없어진다. 선단부에 가까운 어린잎의 가장자리부터 황화되기 시작하여 안쪽으로 펴져 나온다. 상위 엽이 약간 소형으로 되면서 외측 또는 내측으로 비틀어진다. 상위 엽의 잎맥 사이가 황화하고 잎은 작아진다. 장기간 일조 부족이나 저온이 계속된 후 맑은 날씨로 고온이 되었을 때 줄기 끝 생장점 부근의 잎 가장자리가 황화되고 갈변 고사한다.

② 진단 요령

생장점 부위와 그 부근 잎의 증상 관찰, 과일 등의 관찰, 질소·칼리 등의 시용량 파악, 토양 건조 정도, 기온 또는 증산 정도를 조사한다. 생장점 부근 잎의 황화 상태를 잘 관찰하여 황화가 잎맥과 관계가 없이 모자이크 상으로 되어 있으면 바이러스일 가능성이 크다. 같은 증상에서도 상위 엽은 건전하고 중위 엽에 나타나는 경우는 다른 요소결핍일 가능성이 크다. 생장점 부근의 위축은 붕소결핍에서도 일어나지만 붕소결핍의 경우에는 갑작스럽게 일제히 나타나는 것은 없다. 또한 붕소결핍이 되면 과실에서 점액이 나오거나 잎이 비틀어지는 특징이 있다.

③ 발생하기 쉬운 조건
토양 중 Ca 함유량이 적어서 생기는 경우(칼슘 부족이 주원인)와 토양 중 칼슘 부족 때문에 토양의 pH 저하로 Mn 과잉에 의한 2차 장해(토양 pH저하)에 의해 발생한다. 해마다 충분한 석회질비료를 시비함에도 불구하고 석회 결핍증상이 나타나는 경우는 다비(多肥)로 인한 토양 농도의 증가 특히 질소, 칼리, 마그네슘을 다량 시용하였을 경우 칼슘 흡수 저해를 받기 때문이다. 이와 같은 원인은 온도가 높고 건조할 경우 저온 다습으로 인한 뿌리의 활력이 저하된 경우, 공기 습도가 낮고 증산에 비해 물의 공급이 충분하지 못할 경우, 습도가 낮고 고온이 지속되어 칼슘 흡수가 저해되는 경우에 쉽게 발생하다.

④ 대책
응급 대책으로는 염화칼슘 또는 인산 제1칼슘 0.3%액을 여러 번 살포한다. 또 토양이 건조하지 않도록 주의하고, 질소나 칼리를 많이 사용하지 않도록 한다. 산성 토양이라면 고토석회 등 석회 자재를 시용하여 칼슘 함량을 높인다. 피해가 심한 경우 0.75~1.0%의 질산칼슘($Ca(No_3)_2 \cdot 4H_2O$) 용액을 엽면살포하거나 0.4%의 염화칼슘($CaCl_2 \cdot 6H_2O$) 용액을 살포해도 좋다. 배양액에 질산칼슘을 보충하되 질소의 양을 추가하고 싶지 않을 때에는 염화칼슘이 좋다. 석회시용과 동시에 심경하여 뿌리가 깊고 넓게 분포되도록 한다. 암모니아태 질소비료와 칼리비료의 일시적인 과용을 피한다. 비료의 합리적 적량시비와 관수를 하여 건조하지 않게 하고 고온이 되지 않도록 한다. 습한 경우에는 배수를 잘하여 습해로 인한 뿌리기능 저하를 막는다.

(3) 칼슘 과잉
다량의 칼슘 흡수로 인하여 칼리 혹은 마그네슘결핍증이 유발되는 경우는 많지만 칼슘 그 자체의 과잉 장해는 거의 발생하지 않는다. 토양에 다량의 석회가 있으면 일반적으로 토양의 pH가 상승하고 철, 망간, 아연 등의 미량 요소가 불용화되기 때문에 이들 미량요소의 결핍증이 발생하기 쉽다.

마. 고토(마그네슘, Mg)

(1) 생리적 기능

마그네슘은 비교적 체내 이행성이 빠른 원소이다. 그 때문에 결핍증은 오래된 잎에 나타난다. 엽록소의 구성 성분으로, 잎의 녹색을 유지하기 위해 매우 중요하다. 마그네슘은 광합성 작용과 인산화 과정을 활성화함에 있어서 모든 효소에 보조인자로 작용한다. 탄산가스 고정 효소를 활성화시켜 탄산가스 고정량을 증가시킨다. 또 단백질 합성에도 관여하며 그 외도 광합성 작용, 해당작용, 구연산회로, 호흡작용 관련 효소 등을 활성화시킨다.

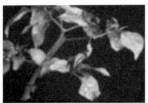

〈그림 7-5〉 고토(마그네슘) 부족 증상

(2) 고토(마그네슘) 부족

① 증상

증상 발생의 위치는 일반적으로는 오래된 하위 잎에서 일어나지만, 하위 잎의 기능이 저하하고, 상위 잎으로의 양분이행이 충분하게 이뤄지지 않을 때는 이것보다 좀 더 위의 잎에서 발생한다. 마그네슘 부족은 입의 내측에서 칼리는 잎 선단에서 증상이 발생 한다. 잎의 주맥(主脈)에서 가까운 잎맥 사이가 탈색되기 시작하여 점차 가장자리로 탈색 부분이 확대된다. 심하면 잎맥 사이가 완전히 탈색되어 황화 또는 백화 된다.

② 진단 요령

증상이 발생하는 잎의 위치를 관찰하여 상위 엽에 발생했을 경우에는 다른 요소의 영향이다. 마그네슘 부족에는 잎이 비틀어지는 현상이 없어지므로 경화되거나 비틀어지면 다른 원인이라 생각해도 좋다. 증상이 발생한 잎의 뒷면을 잘 조사하여 응애 또는 병해 피해 인지를 확인한다.

③ 발생하기 쉬운 조건

토양 중에 마그네슘 함량이 낮은 사질토 또는 양토에서 마그네슘을 시용하지 않은 경우나, 칼리비료, 암모니아태 질소비료를 다량으로 시용하여 마그네슘 흡수가 저해 받았을 경우, 또는 다질소, 다칼리, 다석회 등의 양이온 요소와의 길항작용과 저온에 의한 흡수불량으로 발생한다. 엽록소의 주성분인 마그네슘 함량이 적어 엽록소를 계속적으로 형성치 못하기 때문에 발생한다. 특히 시설재배의 경우 인산을 다량 시비할 경우 저온으로 되면 마그네슘결핍증이 발생할 때가 많다.

④ 대책

응급대책으로써는 1~2% 의 황산마그네슘 수용액을 1주간으로 5회 엽면살포한다. 토양의 마그네슘 함량이 부족한 경우는 고토석회, 수산화마그네슘, 황산마그네슘을 토양조건에 알맞게 시용한다. 칼리 및 인산의 함량이 많아 집적되어 있는 경우에 많이 발생한다. 토양을 분석해 적정 시비량을 시비하고 저온이 되지 않도록 보온에 유의한다. 토양진단의 결과 마그네슘의 결핍이 있는 경우는 작물을 정식하기 전에 고토비료(苦土肥料)를 충분히 시용한다. 칼리, 암모니아 등 마그네슘 흡수를 저해하는 비료의 일시적인 다량 시용을 피한다.

바. 황(S)

(1)생리적 기능

황은 몇 가지 아미노산의 중요구성 성분이며 단백질이나 폴리펩타이드 중에서 디설파이드 결합을 형성한다. 황은 또 CoA, 비타민 중 바이오틴, 지아민, 비타민 B1 등의 주요 성분이고 또 양파와 마늘 같은 작물의 휘발성 향의 성분이기도하다. 주로 SO_4^{2-} 형태로 능동적 흡수로 추정되는데 식물체 내에서는 주로 상향으로 이동하고 하단 부위로 이동은 약하다. SO_4^{2-} 공급이 방해될 때 뿌리와 잎자루의 황은 어린잎으로 전류되지만 노엽의 황은 공급원으로서 역할을 하지 못한다. 질소 결핍과의 차이점은 황은 어린잎에서 초기에 황화하며 노엽은 어린잎에 황을 공급하지 못한다.

〈그림 7-6〉 황 부족 증상

(2) 황 부족
① 증상
작물 전체의 생육에는 특별한 이상이 보이지 않지만 중·상위의 엽색이 담록으로 변한다. 유황결핍 증상은 질소결핍과 비슷하지만 체내 이행이 적은 요소이기 때문에 비교적 상위 엽에 나타나는 것이 특징이고 하위 엽은 건전한 경우가 많다.

② 진단 요령
황화엽은 질소결핍 증상과 유사하지만 발현 위치가 다르기 때문에 상위 엽인가 하위 엽인가를 조사한다. 상위 엽 황화 증상은 철결핍과도 유사한데 철결핍은 잎맥의 엽록소가 명확하게 남고 진전되면서 황백화하지만 유황결핍은 잎맥의 엽록소가 남지 않는다. 잎 둘레 고사, 잎의 왜화 현상 등은 나타나지 않는다. 황화는 엽 전면에 발생하지만 황화가 모자이크 증상으로 될 때에는 바이러스의 가능성이 높다.

③ 발생하기 쉬운 조건
비료 중에는 유안, 황산가리, 과인산석회와 같은 유황을 함유한 비료가 많아, 노지재배에서는 결핍증이 잘 발생되지 않지만, 장기간 황이 없는 비료를 연용하는 시설재배의 경우에 유황결핍의 위험성이 있다.

④ 대책
유안, 과석, 유산가리 등의 유황 함유 비료를 시용한다. 배양액에 황산칼리(K_2SO_4)를 보충해 준다. 일반적으로 배양액 중에는 다량의 유황이 함유되어 있기 때문에 유황의 결핍증상은 쉽게 발생하지 않는다.

(3) 황 과잉
뿌리에서의 황 과잉 흡수에 대해서는 아직 알려지지 않았다. SO_2 가스의 급성장애는 잎 가장자리나 잎맥 사이에 백색·갈색·적갈색 등 반점 모양의 괴사(necrosis)가 생기고, 만성 장애에서는 황화 증상이 서서히 진행한다. 발현 부위는 일반적으로 생육이 왕성한 중간 잎에 많이 나타난다.

사. 철(Fe)

(1) 생리적 기능
엽록체에 존재하는 철은 광합성작용, 아질산염의 환원, 황산염의 환원, 질소동화작용 등의 산화환원 작용 등에 관계한다. 철은 특히 엽록소 생합성의 중요한 필수 원소이기도 하다. 뿌리에 공급되는 철은 Fe^{2+}, Fe^{3+}, Fe^- 킬레이트 형태로서 뿌리가 3가 철을 2가 철로 환원시키는 능력에 따라 흡수가 진행된다. 철 흡수는 대사 작용에 의해 조절되며 또 다른 양이온의 영향도 많이 받는다. 철 흡수에 경쟁하는 원소는 Mn^{2+}, Cu^{2+}, Ca^{2+}, Mg^{2+}, Zn^{2+}, K^+등이고 pH가 높고 인산염과 칼슘의 농도가 높으면 철 흡수가 저해된다.

(2) 철 부족

① 증상

새로운 어린잎에 잎맥만 남기고, 황백화 되고 심할 경우에는 잎맥의 녹색도 연녹색으로 변한다. 철분은 체내 이행성이 작은 요소이기 때문에 결핍증은 반드시 생장점 가까운 부위로부터 나타나는 것이 특징이다. 결핍 엽 발생 이후에 철분을 공급하게 되면 황백화 된 잎의 상위에는 녹색을 띤 잎이 생긴다.

〈그림 7-7〉 철 부족 증상

② 진단 요령

토양이 알칼리성일 때는 철결핍 가능성이 있다. 건조, 다습 등으로 뿌리의 기능 저하가 없는지, 기능이 저하하면 철의 흡수가 어려워져 철결핍을 나타나는 경우도 있다. 잎 전면에 황화현상이 일어나면 철결핍으로 간주한다.

③ 발생하기 쉬운 조건

밭 토양이 알칼리화되어 pH가 상승하면 가용성 철 함량이 저하된다. 구리, 망간 등이 너무 많아도 길항작용에 의해 철결핍이 유발되는데 이는 중금속 원소나 EDTA의 결합도가 Fe보다 강하기 때문이다. 인산 비료를 과잉으로 시용한 경우나 과건, 과습, 저온 등에 의한 뿌리의 활력 저하로 인해서도 철결핍이 일어난다.

④ 대책
응급 대책으로 유산 제1철을 0.1~0.5% 수용액 또는 구연산철 100ppm 수용액을 엽면살포한다. 킬레이트 철(Fe-EDTA) 50ppm 수용액을 주당 100mL정도 토양에 관주한다. 토양 pH는 6.0~6.5에 가깝도록 조정하되 과잉의 석회비료 시용은 삼간다. 토양수분 관리에 주의하여 건조, 과습 조건이 되지 않도록 한다.

(3) 철 과잉
과잉은 거의 발생하지 않지만, 수경재배시 킬레이트 철을 다량으로 투여하면 가장자리가 황화하는 동시에 윗잎이 낙하산 잎이 되고 잎맥 사이 곳곳이 황변한다. 철 과잉은 환원상태 토양에서 발생하기 쉬우므로 배수 대책을 마련하고 토양을 산화 상태로 유지하여 철의 활성화를 억제해야 한다.

아. 붕소(B)

(1) 생리 기능
붕소는 세포벽 형성, 옥신대사, 리그닌 생합성, 발아와 화분생장, 조직 발달에 필수 성분이다. 붕소는 수동적 흡수에 의한 것으로 생각되며 식물체의 도관부를 통하여 증산류에 의해 상향이동 한다. 식물 잎의 끝과 잎 가장자리에 많이 축적되어 있다. 식물기관 중에서 붕소의 농도가 높은 곳은 꽃밥, 암술머리, 씨방 등이다. 붕소는 원래 세포막을 만드는 펙틴 구성물질로써 이것이 결핍되면 세포막의 형성이 나빠져 생장점이 정지되고 만다. 붕소가 결핍되면 수분 흡수 및 석회의 흡수와 체내 이동이 나빠진다. 따라서 어린 세포는 석회가 부족하여 생장이 정지되고 만다.

〈그림 7-8〉 붕소 부족 증상

(2) 붕소 부족
① 증상
생장점 부근의 절간이 현저히 위축된다. 상위 엽이 위축되고 외측으로 굽어지면서 잎 가장자리의 일부가 갈변한다. 대표적인 특징은 생장점의 생육 정지와 위축이다. 잎과 줄기는 경화되어 잘 부러진다.

② 진단 요령
발생 부위가 상위 엽인지 하위 엽인지를 확인한다. 붕소결핍은 상위 엽에서 나타난다. 생장점 부근의 위축, 고사는 칼슘결핍과 비슷하지만 칼슘결핍은 잎맥 사이가 황화 하지만 붕소결핍에서는 잎맥 사이가 황화 되지 않는다. 응애의 피해도 생장점 부근의 위축, 생육 저해 등 붕소결핍과 분별하기 어렵기 때문에 유의한다.

③ 발생하기 쉬운 조건
붕소결핍은 최근에 와서 시설재배에서 많이 발생하고 있는데 이는 시비의 균형이 이루어지지 않아 비료성분 간에 길항작용이 일어남으로써 나타난다. 붕소의 흡수를 나쁘게 하는 요소는 질소, 칼리, 석회 등의 과다시비에 있다. 산성화된 사양질 토양 등에 한꺼번에 다량의 석회비료를 사용한 경우와, 토양이 건조한 경우, 또는 유기물 시용이 적은 토양에서 토양 pH가 알칼리성으로 될 경우에 쉽게 발생한다.

④ 대책
응급 대책으로는 붕사 또는 붕산을 0.1~0.25% 수용액을 엽면살포 하거나 배양액에 붕산(H_3BO_4)을 보충해 준다. 근본적인 대책은 300평당 1~1.5kg의 붕산을 밑거름으로 시용해 주는 것이 좋다. 그러나 과용하면 피해가 있으므로 주의해야 한다. 결핍의 위험성이 있는 곳에서는 미리 붕소를 시용한다. 충분히 관수하여 토양의 건조를 피한다. 석회나 칼리비료를 과다하게 사용하지 않는다.

(3) 붕소과잉

① 증상

발아 당시 초기 떡잎의 끝 쪽이 갈변하고 안쪽으로 구부러진다. 본잎(本葉)이 전면
에 황화한다. 생육 초기에는 비교적 하위 잎의 엽 가장자리가 황백으로 변한다. 엽
가장자리가 황백색으로 테두리만 남은 경우라도 그 외의 위치의 잎 색은 변하지 않
는다. 증상은 최초, 하위 잎에 발생한다. 발생시는 떡잎에 나타난다. 하위 잎에 증
상이 나타난 경우라도 상위 잎은 정상인 경우가 많다.

② 진단 요령

전작(前作)에 붕사(硼砂)를 다량으로 시용했는지, 붕소를 함유하는 공장 배수 등
의 유입은 없는가 등, 토양으로의 붕소 유입에 관하여 조사한다. 인위적으로 붕소
를 시용한 상황에서 하위 잎의 엽 가장자리가 황화한 경우나 잎의 내부도 황백화
하고 낙엽 되는 것은 붕소과잉의 가능성이 크다.

③ 대책

토양 pH가 낮은 경우 장해가 크기 때문에 석회질비료를 시용하여 pH를 올린다.
작물이 생육하고 있을 때는 수산화칼슘 보다 탄산칼슘을 시용하는 쪽이 안전하
다. 다량의 관수를 하고, 물에 녹는 붕소를 용탈(溶脫)시킨다. 다량의 관수 후 석
회질비료를 시용하는 것이 좋다.

자. 망간(Mn)

(1) 생리적 기능

결핍시 잎 색이 옅어지는 것으로 보아 엽록소 형성에 밀접한 관계가 있는 것으로
판단된다. 산화효소의 작용을 촉진하고, 질소대사 및 탄소동화작용, 비타민 C
형성에 관여한다. 철과는 길항작용의 관계가 있다. IAA 산화효소를 활성화시켜
IAA 산화를 촉진시킨다. 결핍 부위는 모든 세포기관 중에서 엽록체가 가장 예민
하다. 부족시 조직은 작고 세포벽이 두꺼우며 표피조직이 오그라든다. 망간 흡수
는 대사에 의해 능동적으로 흡수하며 2가 양이온인 칼슘이나 마그네슘보다 흡수

율이 낮고 이들 마그네슘, 칼슘, 철이 많을 때는 망간 흡수가 저하된다. 식물체 내에서 비교적 이동이 어려운 원소이다.

〈그림 7-9〉 망간 부족 증상

(2) 망간 부족
① 결핍증상
작물체 내에서 이동이 더디기 때문에 뿌리에서 흡수가 나빠지면 새로운 잎이 잎맥만 남기고 황화한다. 어린잎의 잎맥 사이가 담록색이 되고 오래된 잎은 청청해 있는데, 증상이 나타난 새잎은 전체적으로 희어지고 생기가 없어진다. 생장점 부근의 잎이나 새로 나온 잎의 잎맥 사이에 황색이 된 반점 무늬가 생기고 잎맥은 황색과 녹색의 그물 모양을 띤다. 증세가 심하게 진행되면 굵은 잎맥 이외는 모두 황색이 되고 잎맥 사이에는 괴사반점이 생긴다. 줄기는 잘 자라지 않고, 새로운 잎은 크지 않으며, 늙은잎은 색이 상당히 바래고 그 끝이 말라 죽는다.

② 진단 요령
마그네슘은 잎의 황화가 반드시 늙은잎부터 나타나고 새잎은 거의 황화하지 않으나 망간결핍은 대체로 새잎부터 나타나기 쉽다. 철결핍은 새잎 전체가 황백색이 되고, 증상이 진행되어도 잎맥 사이가 갈색이 되지 않으나 망간결핍은 잎맥에 녹색이 남고 잎맥 사이가 담록이 되며 증상이 진행되면 잎맥 사이가 갈색이 되어 고사한다. 아연결핍은 녹색부와 황화부의 대조가 극단적이나 망간결핍은 대조가 분명치 않다. 석회질비료 등 알칼리 자재의 시용량 확인이 중요하다.

③ 발생하기 쉬운 조건

토양의 유효태 망간 함량이 부족하면 발생하기 쉽다. 토양 중에서 망간이 많이 함유되어 있어도 pH가 높고 산화상태가 되면 망간이 불용화되어 결핍증이 나타난다. 망간결핍이 발생하기 쉬운 토양은 다음과 같다.

- 심토가 석회질로 되고 표토가 얇은 유기질로 되어 있는 토양
- 석회물질로부터 유래된 충적 미사질이나 점질토양
- 석회질의 검은 모래나 개량된 산성 유기질토양
- 유기물이 많은 배수불량의 알칼리토양
- 오랜 목초지로부터 새롭게 성토된 석회질토양
- 오랜 동안 녹비와 석회가 시용되어 검은 색을 띠는 토양
- 유효 망간이 경작 층으로부터 용탈이 되어 함량이 낮은 모래 산성토양

④ 대책

망간을 다량 함유한 비료나 토양개량제를 시용하는 것이 효과적인데, 10a당 MnO를 2~5kg 시용한다. 황산망간을 10a당 20kg정도 시용하기도 하지만 구용성 형태가 지속성이 있어 좋다. 결핍증상이 나타나기 시작하면 가급적 빨리 0.2-0.3%의 황산망간 액이나 염화망간 액에 생석회를 0.3% 가용하여 10일 간격으로 2-3회 엽면살포 한다. pH상승에 의한 불용화가 결핍 원인이면 유황을 10a당 20-30kg 시용하는 것이 좋으나 증상이 경미하면 유안이나 황산가리 등 생리적 산성비료가 좋다.

(3) 망간 과잉

① 증상

식물 생육 전체가 정지한다. 잎맥을 따라 그 부분이 황갈변하고 서서히 넓어진다. 이 증상은 하위 잎에서 순차적으로 상위 잎에 미친다. 망간 과잉은 먼저, 잎맥, 잎자루, 줄기의 모용이 붙은 뿌리 부분이 흑갈변으로 나타나기 시작한다. 증상이 진행하면 잎맥을 따라서 갈색 증상이 확대하고, 하위 잎에서 상위 잎으로 진행한다.

② 진단 요령

작물을 정식하기 전 고온(100°C)에서 토양소독을 하지 않았는지 토양의 pH가 낮지 않은지(pH 7 전후 망간 과잉의 우려는 적음) 진단한다. 증상은 병해(病害)와 유사하기 때문에 전문가의 진단을 받고, 병해가 없는지 확인한다.

③ 대책

토양 속에 망간의 용해도는 pH가 낮을수록 높기 때문에 석회질비료를 시용하고 pH를 높인다. 증기나 약제 등에 따른 토양소독에서 토양속의 망간은 가용화(可溶化)하기 때문에 망간 과잉이 우려되는 상황에서는 소독하기에 앞서 석회질비료 등을 시용한다. 과습에서 토양이 환원 상태가 되지 않도록 배수(排水)에 주의한다.

차. 아연(Zn)

(1) 생리적 기능

아연은 식물의 질소대사에 관계하는데 결핍되면 핵산 RNA 수준이 감소하고 세포질 내 ribosome 함량이 감소되어 단백질합성이 억제된다. IAA 합성과 전분합성에도 관계한다. 아연은 대사에 의한 능동적 흡수를 하므로 저온이나 대사 저해제 등이 아연 흡수를 저해한다. 그리고 구리와는 길항관계가 있다. 식물체 내의 아연은 이동성이 적어서 뿌리 조직 내에 축적되기도 한다. 따라서 노엽에 함유되어 있는 아연은 이동성이 극히 나쁘므로 어린 조직 쪽으로 잘 이동하지 못한다.

〈그림 7-10〉 아연 부족 증상

〈그림 7-11〉 아연 과잉 증상

2) 아연 부족

① 증상

중위 잎을 중심으로 퇴색하고, 건강한 잎과 비교해 잎맥이 확실하게 드러난다. 잎맥 사이의 퇴색이 진행하면서 점차 엽 가장자리는 황화해서 갈변한다. 엽 가장자리의 고사가 원인인 잎은 외측을 향해 조금씩 밀리게 된다. 생장점 부근의 새로운 잎은 황화하지 않는다. 결핍에 따라서 호르몬(IAA)함량이 저하하기 때문에 마디 사이의 신장이 억제된다. 중위 잎의 황화와 함께 외측으로 활처럼 구부러지고 경화(硬化)가 특징이다.

② 진단 요령

칼륨결핍과 유사하다. 잎의 황화의 진행은 칼륨결핍에서는 엽 가장자리에서, 점차 내측으로 진행되는 것과 비교해서, 아연결핍은 전체 면이 퇴색하고, 점차 엽 가장자리로 영향을 미친다.

③ 발생하기 쉬운 조건

인산이 많이 흡수되면, 아연이 흡수되어 있어도 결핍증이 나타난다. 토양 pH가 높으면 토양 속에 충분한 아연이 있더라도 불용(不溶)성이 되어 작물이 이용하지 못한다.

④ 대책

응급 대책으로는 0.2% 황산아연($ZnSO_4 \cdot 7H_2O$) 용액(약해 방지를 위해 석회 가용)을 엽면살포한다. 석회 유황합제에 황산아연을 혼용하여 살포해도 좋다. 석회 자재의 사용을 중지하고 토양 반응이 산성으로 기울어지도록 적극적으로 산성 비료를 시용한다. 아연 함량이 부족한 경우에는 황산아연 1kg/10a 정도를 균일하게 시용한다. 인산의 과잉 시용을 피한다.

(3) 아연 과잉

동(Cu) 과잉과 마찬가지로 아연을 과잉 흡수하면 생육이 저해되어 새잎에 철결핍 증상이 유발되기 쉬우며 뿌리도 장애를 받는다. 아연 함량이 높은 산성 토양이나 아연 광산 부근에서 발생하기 쉽다. 아연의 과잉 장애는 공해 문제로 취급되는 경우가 많은데 다량의 아연을 함유한 폐수가 유입하여 작물에 피해를 주기도 한다. 석회질비료를 시용하여 토양의 pH를 높이고 아연의 불용화를 꾀한다. 또한 객토로 작물의 근권을 변화시키고, 과잉 부분을 제거하며, 뒤집기로 심토(心土)를 혼합하여 함량 저하를 꾀하는 등 대책을 마련하여 실시한다.

카. 동(구리, Cu)

(1) 생리적 기능

구리는 엽록체 내에 대부분 함유되어 있는데 잎은 전체 구리의 약 70%가 함유되었다. 식물에 흡수되는 구리는 극소량에 불과하며 그 함량은 건물 당 2-20ppm으로 일반적으로 Mn 함량의 약 1/10정도이다. 식물체 내 구리는 늙은 잎에서 어린잎 쪽으로 이동하지만 이동은 활발하지 못하다.

(2) 동 부족
① 증상

잎맥 사이가 얼룩지고 괴사한다. 증상이 진행되면 잎은 녹색에서 청동색이 되고 괴사가 일어나며 잎 전체가 시든다. 그러다가 백화현상이 늙은잎에서 새로운 잎으로 퍼진다. 선단 잎은 잎맥 사이의 녹색이 엷어지는 동시에 마른 것처럼 늘어져 아래로 처진다. 위쪽의 성숙한 잎은 가장자리에서 중심으로 향하여 잎맥 사이의 녹색이 퇴색하여 담황록색으로 된다. 잎이 굳어지고, 울퉁불퉁함을 볼 수 있게 된다. 잎에 다소 불규칙한 황화가 나타난다. 잎 전개 불량, 잎 끝 부분이 고사(枯死) 한다. 새로 나오는 잎은 작고 생육이 억제되면서 마디 사이가 짧다.

〈그림 7-12〉 구리결핍 증상

② 진단 요령
지금까지 실제로 재배하고 있는 작물에서 동결핍이 나타났다고 하는 보고는 없다. 수경재배에서는 동을 제하면 전엽(展葉) 불량, 잎의 연화를 볼 수 있게 된다.

③ 발생하기 쉬운 조건
사양토, 흑색 화산회토(火山灰土)나, 토양 모재(母材)에 동(銅)함량이 적은 토양에서 쉽게 발생한다. 유기물과 석회비료가 과잉 시용된 토양이나, 유기질토양, 이탄토, 석회질토양에서 구리결핍이 야기되기 쉽다. 개간지에서 발생하는 구리결핍을 개간병이라 한다.

④ 대책
응급 대책으로는 0.1-0.2%의 황산동($CuSO_4 \cdot 5H_2O$) 용액(약해 방지를 위해 소석회 0.5%를 첨가)이나 보르도액을 엽면 살포한다. 동 함량이 결핍된 경우는 황산동 2-3kg을 균일하게 시용한다.

(3) 동 과잉
윗 잎색이 옅어지고 철결핍 증상이 유발되기 쉽다. 뿌리가 심한 장애를 받아 갈변하는 경우가 많다. 장애를 입은 뿌리는 굵어져 곁뿌리의 신장이 불량해지고, 생육은 현저히 저해된다. 동 광산 부근이나 토양 중의 동 함량이 많은 경우에 발생하는데 다량의 동을 포함한 관개수가 논에 유입되어 동이 토양에 다량 축적하고 작물에 장해를 주기도 한다. 석회질비료를 시용하고 토양의 pH를 높여 동의 불용화를 꾀한다. 혹은 객토에 의해 작물의 근권을 변화시키고, 과잉 부분을 되집기로 심토(心土)와 혼합하여 함량이 저하되도록 한다. 또 유기물을 시용하면 동의 독성이 약해지므로 유기물을 시용한다.

파. 몰리브덴(Mo)

(1) 생리적 기능

몰리브덴은 질소 고정 효소와 질산환원효소의 조효소로서 질소동화에 필수 성분이다. 이것은 몰리브덴의 가장 중요한 기능으로 NO_3^-의 환원이다. 식물에 흡수되는 몰리브덴은 몰리브덴산염의 형태이며 이것은 SO_4^{2-}에 의한 길항작용으로 흡수가 감소되는 경우가 많다. 식물체 내의 Mo 함량은 대략 건물당 1ppm 정도로 생리적 요구량은 매우 낮다. 생체 내에 질산환원효소 속에 포함되어 있으므로 몰리브덴이 결핍되면 작물체 내에 질산이 축적되어 장애가 발생한다.

(2) 몰리브덴 부족
① 증상

결핍되면 초기에는 잎이 먼저 황색이나 황록색으로 변하여 괴사 반점이 나타나고 위쪽으로 말려 올라간다. 잎맥 사이에 황백화 된 반점이 나타나고 잎은 전체적으로 녹회색으로 변해 결국 시들어 버린다. 늙은잎의 잎맥 사이에서 색이 바래고 후에는 잎 전체가 담록색이 된 후 최후에는 황색이 되어 말라 죽는다. 증세가 심하게 진행되면 늙은잎에서 새로운 잎으로 진행되고 새잎은 녹색을 보존하지만 꽃의 크기가 작다.

〈그림 7-13〉 몰리브덴 결핍 증상

② 진단 요령

작물체 내에 나타나는 장애 증상의 특징을 관찰한다. 토양 반응을 조사 한다.

③ 발생하기 쉬운 조건

토양이 산성이면 발생하기 쉬운데 현재로는 발생 사례가 적다. 몰리브덴결핍은 대체로 사양토(pH 5.5)에서 나타나기 쉽고 특히 자갈이 많은 사질 충적토, 사양토와 음이온 치환 용량이 큰 토양에 나타난다. 작물에 따라 몰리브덴의 요구량이 다르며 우리나라에서는 아직 결핍 토양이 없다.

④ 대책

응급 대책으로는 0.07~0.1%의 몰리브덴산암모늄($(NH_4)_6Mo_7O_{24} \cdot 4H_2O$) 혹은 몰리브덴산 소다($Na_2MoO_4 \cdot 2H_2O$) 용액을 엽면살포 하거나 배양액에 몰리브덴산 소다를 보충한다. 몰리브덴 함유 비료는 나트륨 몰리브덴산염과 암모니아 몰리브덴산염을 10a당 100g 분말 시비한다. 산성 토양을 개량하여 토양 반응을 중성으로 만든다.

(3) 몰리브덴 과잉

일반적으로 아래 잎부터 황변하기 시작하며 잎맥은 녹색을 남기고 잎맥 사이가 선명하게 황변한다. 몰리브덴 광산 부근 혹은 몰리브덴을 함유한 폐수 등이 유입하여 토양 중의 함량이 과잉된 경우에 발생하기 쉽다. 특수한 과잉 장애이므로 먼저 몰리브덴 광산 부근 혹은 몰리브덴을 취급하는 공장이 있는지 등 입지 조건을 확인하고, 다음으로 작물체에 나타나는 장애 특징을 관찰한다. 토양반응을 산성화하여 몰리브덴을 불용화시킨다.

하. 염소(Cl)

고추에서 염소에 대한 결핍이나 과잉 피해는 아직 발견되지 않고 있다. 모든 식물체에 필수 미량원소인 염소는 식물체의 섬유화 작용을 촉진하여 병해저항성을 높이고 도복되지 않게 한다. 작물에게는 적은 양이 필요하지만 부족하면 새로 나 만일 태풍 등으로 해안에서 조풍(염기가 있는 바람)피해가 예상되면 신속히 스프링클러나 분무기 등으로 물을 살포해서 작물체에 묻어 있는 염분을 씻어 내린다. 또 해일 등으로 바닷물이 농경지에 유입되었을 때에는 피해를 경감시키도록 조치를 취하여야 한다. 채소류에서는 관개량을 많게 하는 것이 가장 중요하다. 바닷물 유입이 우려되는 지역에서는 배수 펌프나 관개용 관정 등을 설치해서 필요할 때에 사용하도록 할 것과 토양에서 염분이 녹아 나가기 쉽게 석회질비료를 사용하든가 유기물을 주어서 토양의 물리성을 좋게 해 주는 일이 필요하다.

때로는 시비로 인한 염소 과잉이 문제가 되는 경우도 있다. 이런 때에는 비료용 석회를 살포하고 가능하다면 표토와 혼합한 후 다량의 물을 주어서 염소가 지하로 흘러내려가게 한다.

염소가 과잉인 토양에는 내염성이 강한 작물을 심도록 한다. 내염성이 강한 작물은 맥류〉유채〉양배추〉무〉담배〉감자〉시금치〉셀러리〉배추〉순무〉양파〉상추〉강남콩〉잠두〉삼엽채 순이다.

02. 생리장해

가. 생리적 낙과

(1) 증상과 특징
꽃봉오리가 노란색으로 변하면서 꼭지 부분이 곪아 떨어진다.

(2) 발생 원인
고추 포기에 달려있는 과실수와 토양 중의 비료 및 식물체 내의 영양분의 과다 또는 부족, 고온, 건조 및 저온으로 화분관 신장이 불량하여 수정이 이루어지지 않을 경우에 발생한다.

(3) 예방과 대책
지나친 저온 및 고온장해를 받지 않도록 보온 및 환기를 철저히 하고 건조나 습해를 받지 않도록 한다. 햇빛을 잘 받고 바람이 잘 통하게 관리하여 광합성을 촉진시켜 준다. 또한 적당한 시비를 통한 양분의 과다, 부족이 생기지 않도록 관리한다.

〈그림 7-14〉 불수정에 의한 낙화 및 불수정과

나. 석회 결핍과(부패과)

(1) 증상과 특징
열매의 측면, 꼭지 부분 또는 끝부분에 약간 함몰된 흑갈색의 반점이 부패한 것 같은 증상이 나타난다.

열매 끝부분   꼭지 부분과 열매 끝부분

〈그림 7-15〉 석회 결핍과

(2) 발생 원인
토양 내 칼슘 부족 및 양분간의 경합으로 칼슘 흡수가 안 될 때, 여름철의 지나친 고온 및 건조, 겨울철의 저온, 토양수분의 과다 및 부족 시에 많이 발생한다.

(3) 대책과 예방
소석회를 10a당 100~120kg 정도를 밑거름으로 시용하고, 염화칼슘을 0.3~0.5%액으로 수 회 엽면시비, 적절한 시비 조절로 토양 중의 비료성분들 간의 균형 유지, 적정한 관수로 토양수분을 적정하게 유지한다.

다. 석과

(1) 증상 및 특징
과실이 짧고 둥근형으로 비대가 불량하고, 과실의 표면이 매끄럽지 못하고 쭈글쭈글하다.

〈그림 7-16〉 석과

(2) 발생 원인
개화 전후에 15℃ 이하의 저온이나 35℃ 이상의 고온장해, 토양 중 질소 농도가 높고 칼리의 과다 시용 등으로 비료가 많은 경우, 일조 부족, 다습 조건에서 발생이 많아진다.

(3) 대책과 예방
보온 및 환기를 철저히 하여 생육에 알맞은 온도를 유지해 주고, 광합성에 의한 동화작용이 잘 될 수 있도록 햇빛을 많이 받게 하고, 바람이 잘 통하게 해준다. 또한 토양수분의 부족, 과다 현상이 나타나지 않도록 관리에 주의한다.

라. 열과

(1) 증상과 특징
과실 표면이 갈라져 과육이 노출되거나 과실 표면에 가는 그물 같은 무늬가 생기고, 갈라진 쪽으로 굽어져 곡과가 된다.

〈그림 7-17〉 열과

(2) 발생 원인
온도 및 토양수분의 급격한 변화, 직사광선 등으로 인한 과피와 과육부의 발달 불균형에 의해 발생한다.

(3) 대책과 예방
토양에 퇴비를 충분히 넣고 깊이갈이 및 적정량의 시비로 토양의 비료 및 수분 보유력을 좋게 하고, 뿌리의 분포를 깊고 넓게 하는 것이 중요하다. 멀칭을 하여 토양의 온도나 수분함량의 급격한 변화를 예방한다.

마. 흑자색과

(1) 증상과 특징
정식 후 초기에 열매의 표면에 검은색 또는 자주색이 일부 착색되는 것으로 이 증상이 생기면 상품성이 떨어진다.

(2) 발생 원인
저온과 건조에 의해 식물체 내에 탄수화물이 다량으로 축적되거나 지온이 낮아 질소나 인산의 흡수가 불량할 때 발생한다. 노지재배의 경우는 5월 상순경 정식하면 비교적 건조하고 주간에는 고온, 야간에는 저온이 되기 쉬우므로 1~2번 과에서 많이 발생한다. 시설재배는 틈새로 찬 공기가 들어와 닿는 과실에서 잘 발생하고 품종 간의 차이도 있는 것으로 추정된다.

(3) 대책 및 유의 사항

정식 후에는 충분히 물을 주어 건조하지 않도록 하고, 야간에는 저온이 되지 않도록 보온을 철저히 하며, 하우스 피복 시 틈새가 생기지 않도록 한다. 노지 조숙재배 시는 정식 후 터널을 설치하여 활착과 초기 생육을 촉지시켜 줌과 동시에 저온 피해를 받지 않도록 하고, 흑자색과의 과실이 발견되면 즉시 제거하여 다른 열매의 비대를 도와주는 것이 바람직하다.

〈그림 7-18〉 흑자색과

바. 일소과

(1) 증상과 특징

과실의 표면이 강한 햇빛을 받으면 과실 표면의 온도가 높아져서 타게 된다. 이러한 증상이 나타나면 2차적으로 세균 등의 부패균들이 전염되어 썩어지거나 낙과되는 증상이다.

(2) 발생 원인

착과된 과실이 수직보다는 수평으로 달려 있을 때 직사광선이 바로 닿게 되어 이러한 증상이 나타난다. 또한 병해충의 피해나 여러 가지 장해로 조기에 잎이 떨어

218

지고 없을 때 과실이 직접 햇빛을 받으면 수분 증산이 많아져서 표면이 타게 된다. 이러한 증상은 피망 재배 시 많이 발생된다.

(3) 대책 및 유의 사항
직사광선이 과실에 바로 닿지 않도록 최대한 잎을 확보하고, 고온과 건조를 막아 준다. 피해과는 가능한 빨리 제거하여 2차적인 세균이나 곰팡이 등의 감염을 막 도록 한다.

〈그림 7-19〉 일소과

사. 기형과

(1) 증상
고추가 상단으로 올라갈수록 짧아지고 쭈글쭈글해져 상품 가치가 떨어지는 현상 이다.

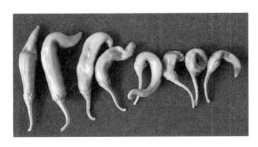

〈그림 7-20〉 기형과

(2) 발생 원인

대체로 후기에 생육이 불량해지거나, 6~7월에 잎이 떨어지게 하는 바이러스나 반점세균병 등에 걸리게 되는 경우, 지나친 고온, 저온 등의 원인으로 세포분열의 이상, 광합성이 정상적으로 이루어지지 못하여 영양공급이 충분하지 못 할 때 발생한다. 또한 생육 후기에 비료성분이 떨어지거나 웃거름을 주지 못하였을 때 비료부족 등으로 발생한다.

(3) 대책과 예방

품종 간 차이, 흡비력이 강한 품종 등에서 발생하는 경우가 많다. 따라서 기형과를 줄이기 위해서는 고온, 저온, 건조, 다습하지 않도록 관리하고 비료가 부족하지 않도록 적기에 웃거름을 충분히 주어야 한다.

아. 농도 장해

(1) 증상

주로 시설재배시나 연작 지대에서 염류집적과 시비량 과다로 발생된다. 농도 장해를 받게 되면 정식 후에 활착이 불량하고, 뿌리가 갈색으로 부패되어 고사한다. 그리고 잎은 짙은 녹색을 띠면서 잎 주변이 황색으로 변하면서 말라 들어간다.

(2) 발생 원인

시설재배는 노지재배에 비하여 시비량이 많고 강우에 의한 유실이 없이 대부분 토양 중에 축적된다. 토양 내에 축적되어 있는 비료성분들이 물에 의한 모세관현상으로 밑에서 위로 움직여 하층토의 칼슘이나 마그네슘, 나트륨 등의 비료성분들이 지표면에 집적하게 되면 염류농도가 높아져 농도 장해를 유발하게 된다.

이상과 같은 농도 장해 원인에는 2가지 형태가 있는데 한 가지는 비료성분이 직접 뿌리에 닿으므로 일어나는 직접적인 시비 장해와 다른 하나는 매년 시비하는 비료성분의 축적과 수반되는 성분에 의한 간접적 시비 장해로 구분할 수 있다.

전자의 경우는 토양용액의 삼투압 증가에 의한 식물뿌리의 수분 흡수 저하로 양분흡수와 대사의 생리적 장해로 발생되는 해이다. 후자의 경우는 치환성 Na+ 및 Mg^{+2} 이온의 작용으로 Ca^{+2} 이온의 흡수 저해 등으로 작물의 영양불균형과 토양물리성의 악화로 발생되는 해이다.

토성의 종류, 유기물의 함량, 토양온도 및 수분과 관계가 깊어 사질토양에서는 피해가 크고, 점질토양이나 부식이 많은 토양에서는 그 피해가 적은편이다. 기온과 지온이 높아지고 관수 횟수가 증가되는 2월 하순경부터 급격히 무기화하기 때문에 농도 장해가 발생하기 쉽다.

(3) 대책과 예방

고추에 생육 장해를 일으키는 염류농도 장해 정도는 토양 침출액의 전기전도도 (EC)를 측정하여 판별할 수 있다. 토성에 따라서 그 한계점이 다른데 사질토양인 경우는 EC 1.1, 점질토양에서는 1.5. 부식질토양에서는 2.0 정도일 때 증상이 나타나게 된다.

대책으로는 시비의 합리화, 담수에 의한 염류제거, 객토, 깊이갈이, 하우스 이동, 여름 휴한기에 비를 맞게 하여 염류를 제거하거나 벼를 재배하는 것이 좋다.

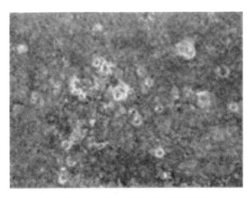

〈그림 7-21〉 염류가 집적된 토양 표면

자. 가스장해

(1) 증상

주로 비료가 원인이 되어서 발생하는 암모니아가스(NH_3) 아질산가스(NO_2) 장해와 중유, 경유 등의 연소에 의한 아황산가스(SO_2) 장해 등이 있다. 암모니아가스 장해는 생장점 부근에서 중간 부위에 걸쳐 피해를 받는데 그 증상은 잎 주변이 수침상으로 되어 검은색으로 변하여 고사한다. 아질산 가스장해는 처음에는 잎 표면과 이면에 백색의 수침상이 크게 나타나고, 약 3~4일 정도 지나면 백색으로 되면서 차츰차츰 백색부는 담갈색을 띠면서 낙엽이 된다. 발생 부위는 중간 부위 잎이 많고 생장점 부위는 피해를 받지 않는다.

또한 중유나 연탄이 연소할 때 발생되는 아황산가스 피해증상은 가벼울 경우에는 잎 색이 갈색 혹은 흑색으로 변하거나 잎맥 간의 조직이 백색으로 되며 피해가 심할 경우에는 뜨거운 물에 데쳐놓는 것처럼 잎이 시들고 수일 후에는 백색으로 변하면서 고사한다. 그리고 일산화탄소의 피해는 아황산가스의 피해처럼 심하지는 않으나 엽록소가 파괴되어 백색으로 되는 경우가 많다.

(2) 발생 원인

암모니아가스의 발생은 유기질비료를 다량으로 시비하였을 경우 유기물 분해에 의해서 생긴 암모니아가 토양 중에 쌓여 토양이 알칼리성으로 되기 때문이다.

암모니아태 비료를 다량 시비한 후 석회질이나 고토질의 알칼리성 비료를 시비하게 되면 암모니아가 가스화되거나, 질소질 비료가 분해 용해되면서 가스가 발생하기도 한다.

아질산가스의 발생은 토양 중에서 암모니아가 질산으로 변할 때 일시적으로 아질산이 되지만 이 아질산은 곧 질산으로 산화한다. 시비량이 많고 토양반응이 pH 5.0 이하가 될 경우에는 토양미생물의 활동에 이상을 일으켜 아질산의 산화가 순조롭지 못하게 되면 아질산이 토양에 남아 온도가 상승하면 하우스 내에 가스가 충만하여 장해를 일으키게 된다.

아황산가스나 일산화탄소의 발생은 밀폐된 하우스 내에서 중유, 경유 및 연탄 등이 연소될 때 배기가스가 연통이나 난방기에서 새어 나와 장해를 유발시키는 것으로 주로 야간의 가온 시에 발생한다.

(3) 예방과 대책

암모니아가스장해는 하우스 내측의 물방울의 pH가 7.2 이상의 알칼리성으로 될 때 발생하므로 수시로 pH를 측정하여 pH가 높아지지 않도록 예방한다. 웃거름은 가능하면 액비로 관주하든지 시비 후에는 관수를 하여 가스를 제거한다.

아질산가스는 하우스 내측 물방울의 pH가 5.2 이하의 강산성으로 될 때 발생할 우려가 있으므로 환기에 유의한다. 비료 또는 계분, 깻묵, 요소 등의 순으로 발생하기 쉬우므로 비료의 시비량이 너무 많지 않도록 한다. 또한 아황산가스나 일산화탄소는 연소 시에 불완전연소가 되지 않도록 주의하고, 연통의 이음새에 틈이 생기지 않도록 하는 것이 중요하다.

8

제8장
병해충 예방과 방제

01. 주요 병해 발생 생태와 방제

우리나라 고추에 발생하는 병해의 병원체는 곰팡이, 세균, 바이러스로 구분된다. 이들 중 곰팡이병에 의해 발생하는 역병, 탄저병과 세균에 의해 발생하는 풋마름병, 무름병, 바이러스에 의해 발생하는 병 등은 고추 생산의 최대 장애 요인이 된다. 최근 기상 이변과 재배환경 및 품종의 다변화로 인해 과거에는 크게 문제가 되지 않았던 병해들이 돌발적으로 발생하여 피해를 끼치기도 한다.

고추에 발생하는 병해의 발생 양상은 과거에 비해 종류가 다양할 뿐만 아니라 대발생하는 경향을 보인다. 이와 같은 원인은 새로 도입된 고품질 다수확 품종들이 곰팡이, 세균, 바이러스 등에 감수성을 보이기 때문이다. 또한, 고추 재배방식도 대형화, 집단화됨에 따라 연작을 하는 지역이 증가하였고, 이러한 재배지에서는 병원균의 월동과 증식이 용이하기 때문에 병해에 의한 피해가 많아지는 것으로 생각된다. 연작은 토양의 물리성, 화학성 등을 악화시키고, 병원균의 밀도를 증가시키기 때문에 각종 병해에 취약할 수 밖에 없다.

고추에서 병 발생을 결정하는 3가지 요인은 기주 식물, 병원균, 환경조건이다. 이들 요인이 동시에 작용할 때 병은 비로소 발생하게 된다. 따라서 우리가 병 발생을 줄이기 위해서는 기주 식물을 튼튼하게 재배하는 것, 병원균의 밀도는 낮추는 것, 시설재배지는 환경조건을 관리하는 것으로 각종 병해충의 발생을 줄일 수 있을 것이다. 고추에 발생하는 주요 병해 원인균들의 발병적온과 전염 방법은 〈표 8-1〉과 같다.

병해명	병원균	발병적온(℃)	전염 방법	
			1차 전염	2차 전염
역병	곰팡이	25~30	토양	토양, 물(관개수)
탄저병		25~32	병든 잔재물	비바람(태풍, 빗방울)
흰가루병		15~25	병든 잔재물	공기
점무늬병		20~30	병든 잔재물	다습한 공기
잿빛곰팡이병		20~25	병든 잔재물	다습한 공기
겹둥근무늬병		25~30	종자, 병든 잔재물	다습한 공기
세균점무늬병	세균	27~30	종자, 토양	다습한 공기, 빗물
궤양병		27~30	종자, 토양	다습한 공기, 빗물
풋마름병		27~30	토양	토양, 물(관개수)
무름병		30~35	토양	해충, 비바람
바이러스병	바이러스	20~30	진딧물, 종자, 토양	진딧물 등 해충

가. 역병

역병은 고추 재배의 최대 장애 요인으로 일반 재배지에서는 고추 정식 후 6월 초순부터 발생하다가 7~8월의 장마기에 발생이 많아진다. 역병균은 물을 매우 좋아하는 난균류 곰팡이로 강우량과 강우일수가 역병 발생에 결정적인 환경요인이된다. 고추 역병 평균 발병률은 해에 따라 다르지만 약 5-20% 정도였으나, 최근 역병저항성 고추(PR, 역강 등)가 재배됨에 따라 점점 줄어드는 추세이다. 시설하우스에서는 연중 발생하며 일단 발병하면 급속하게 번지는 특성이 있다. 특히, 집중호우나 태풍에 의해 고추 묘가 물에 잠기는 경우에는 줄기 부분부터 역병이 발생하기도 하므로 침수되지 않도록 주의가 필요하다.

(1) 병징
어린묘에 감염되면 땅에 맞닿아 있는 줄기가 암갈색으로 잘록해지고 점차 말라 죽는다. 생육기에는 줄기가 잘록해지고 썩으면서 점차 줄기 위쪽으로 감염되어 포기전체가 말라 죽는다. 병원균이 빗물에 의해 지상부로 튀어 오르면 잎과 과일 및 줄기에도 발생하며 물에 데친 것 같은 수침상의 형태로 나타난다. 공기 습도가 높거나 비가 올 경우에는 병환부에 회백색의 균사가 유주자낭과 함께 형성되기도 한다.

(2) 병원균

고추 역병균인 *Phytophthora capsici*는 난균류에 속하며 물을 좋아하는 곰팡이균이다. 생육이 가장 왕성한 온도는 25~30℃ 이며, 물 속을 헤엄칠 수 있는 2개의 꼬리(편모)를 가진 유주자를 형성하는데 이 유주자로 전파되고 식물체에 침입한다. 생육이 부적절한 시기가 되면 난포자를 만들어 토양 내 혹은 식물 조직에 생존하는데 기주 식물이 없어도 토양 내에서 길게(2~8년간) 생존하는 것으로 알려져 있다. 고추 역병균은 고추뿐만 아니라 수박, 참외, 호박, 오이, 가지, 토마토 등 박과, 가지과 작물을 침해한다.

(3) 전염 및 발병 생태

고추 역병균은 토양 속에서 난포자 상태로 월동한 다음 이듬해 토양 온도가 10℃ 이상이 되면 발아하고 활동하는데 물 속에서 증식되고 물을 따라 전파된다. 따라서 강수일수와 강우량이 많은 해에는 어김없이 고추 역병이 발생되는데 동일 재배지 내에서도 물빠짐이 나쁘거나 지대가 낮은 곳에서 역병이 먼저 발생 된다. 토양에 찰흙 성분이 많아 배수가 불량한 곳에서 발병률이 높고, 모래성분이 많고 물빠짐이 좋은 지역에서는 상대적으로 발병률이 낮다〈그림 8-1〉. 고추 역병은 장마 전의 초기 발병률이 후기의 발생 정도에 큰 영향을 미친다. 표에 나타난 바와 같이 초기 발생률이 10%가 넘을 경우 장마 후의 병 발생은 75%에 달하지만 1% 이하인 경우에는 장마 이후에도 역병 발생률이 3% 이하로 조사되었다.

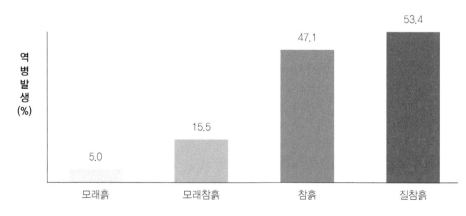

〈그림 8-1〉 토성별 역병 발생 정도

〈표 8-2〉 초기 고추 역병 발생량에 따른 후기 역병 발생 상황

초기 역병 (6월 하순, 장마전) 발병률	후기 역병 (8월 초순, 장마후) 발병률
0%	0
0.1~1.0	2.7
1.0~10.0	35.0
10.0 이상	75.0

(4) 방제

① 재배적 방법

역병은 물이 고이면 발생하므로 물병이라고 부르기도 한다. 따라서 고추는 물빠짐이 좋은 토양에서 재배해야 하며 배수로를 정비하고 이랑을 높여 물이 잘 빠지게 하는 것이 매우 중요하다. 또한 퇴비를 사용하여 토양 내 유기물 함량을 높여 토양의 물리화학성과 미생물상을 개선해야 한다. 물론 상습 발생지에서는 비기주 작물인 콩, 팥 등의 콩과작물이나 보리, 밀, 옥수수 등의 화본과 작물로 돌려짓기를 하거나 가능한 곳은 답전 윤환하는 것이 가장 좋은 방법이다. 토양표면에 짚을 깔아 표면의 흙이 식물체에 튀지 않도록 멀칭을 하는 것도 방제의 한 방법이며 병든 식물체를 조기에 제거하는 것도 전염원을 줄이는 중요한 경종적 방제 방법이다.

② 호밀을 이용한 방법

국내외적으로 호밀을 풋거름 작물로 재배하면 고추 역병을 매우 효과적으로 줄일 수 있다는 많은 연구 결과가 있다. 일반적으로 9월 하순에서 10월 초순 사이에 호밀을(18~20kg/10a) 파종하고 이듬해 고추 정식 2주 전에 경운하여 토양 속에 매몰시킨다. 호밀을 토양에 혼화하고 이랑을 30cm 이상 높여 재배할 경우 역병 초 발생이 38일 지연되고 약 60% 정도의 방제 효과를 나타내며 소득 지수는 34% 정도 향상되었다는 연구 결과가 있다.

〈표 8-3〉 고추 정식 전 호밀 혼화경운과 고휴재배*에 의한 역병 경감효과(전남도원, 2005)

재배 방법	역병 발생 지연일 수	최종 발병률 (%)	수량 (kg/10a)	소득지수
호밀재배+고휴재배	38일	28.9	264	134
호밀재배	27일	70.1	239	119
고휴재배	0	67.3	227	115
관행재배	0	72.8	201	100

* 고휴재배 : 높은 이랑이나 두둑에서 작물을 재배하는 것

고추 밭에서 녹비 작물인 호밀을 동계에 재배하면 토양의 공극률 및 미생물군의 활성도(pmol PLFA)도 증가시킨다. 또한 호밀재배로 관행재배에 비해 역병 발병률을 30% 정도 감소시킨다.

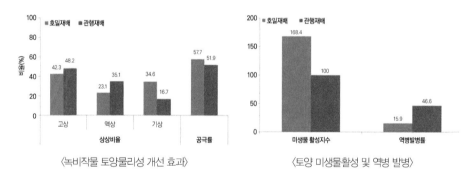

〈녹비작물 토양물리성 개선 효과〉   〈토양 미생물활성 및 역병 발병〉

〈그림 8-2〉 동계 호밀 재배로 토양의 물리성, 미생물 활성 및 역병 발생 억제 효과

③ 저항성품종 및 대목 이용

고추 역병에 저항성인 PR 계통을 재배하는 것이 현실적으로 가장 효과적이다. 최근에 고추 역병에 저항성인 20여개 품종이 개발되어 시판되고 있다. 하지만 저항성품종을 개발하기 위해서는 오랜 세월이 걸리는 반면에 저항성품종을 침해하는 새로운 역병균 계통의 출현은 그리 오래 걸리지 않는다. 따라서 저항성품종을 재배하면서 경종적인 방제 방법을 동시에 실천해야 저항성품종을 오래도록 활용할 수 있다. 고추 역병에 저항성인 탄탄대목, 카타구루마, 코네시안핫, 늘푸른 등의 대목을 이용한 접목 재배가 늘어나고 있다. 남부 지방의 풋고추 재배단

지에서는 접목 재배가 일반화되어 있으며 중부 지방에서는 노지재배에서도 접목 재배면적이 점점 늘어나고 있다. 저항성품종 재배와 마찬가지로 접목 묘를 재배하더라도 경종적인 방제법을 병행해야 한다.

④ 아인산 등 친환경 자재 이용

고추 역병균은 물을 따라 급속히 번지며 토양에서 생존하므로 일단 발생하면 살균제의 방제 효과가 낮다. 또한, 미생물제제나 기타 친환경 자재를 살포하거나 뿌리에 관주해서 고추 역병을 방제하는 것은 다른 병해에 비해 어렵다. 아인산(H_3PO_3)은 역병균의 인산대사 작용을 방해하므로 생장과 증식을 억제하고 식물체의 저항성을 높여주는 역할을 한다. 아인산은 식물체에 쉽게 흡수되고 이동하지만 인축과 어류 및 미소동물에 대한 독성이 매우 낮고 환경오염의 우려가 거의 없으며 일반 농약에 비해 가격이 매우 저렴한 친환경 자재라고 할 수 있다. 하지만 아인산은 화학물질이므로 유기농업에서는 사용할 수 없다.

아인산은 강산성 물질이므로 수산화칼륨(KOH)으로 중화시킨 뒤 사용해야 하는데 아인산염 제조 방법은 아인산을 물(증류수, 수도물, 지하수 등)에 녹인 다음 수산화칼륨을 소량씩 첨가하여 용액의 산도(pH)를 약 5.5~6.5로 조절하면 된다. 아인산과 수산화칼륨의 무게 비율이 약 100:90일 때 용액의 산도가 약 5.8~6.2 정도 된다. 아인산은 수경재배 양액 투여, 작물살포, 수간주사 등 모든 처리 방법이 가능한데 역병이 발생 전에 7~14일 간격으로 3~4회 살포하여 고추가 아인산 성분을 가지고 있을 때 방제 효과를 최대로 얻을 수 있다.

〈표 8-4〉 아인산 처리 방법 및 추천 농도

재배 유형별	역병 발생 전 (희석배수)	역병 발생 후 (ppm, 희석배수)
수경재배	100 ppm (10,000배)	200 ppm (5,000배)
지상부 살포	1,000 ppm (1,000배)	2,000 ppm (500배)
수간주사	30,000 ppm (3% 용액)	30,000 ppm (3% 용액)

나. 탄저병

탄저병은 역병과 더불어 고추에 가장 피해가 큰 병해로 주로 과실에 발생한다. 열매가 맺히기 시작하는 6월 중하순부터 발생하여 장마기와 8~9월의 고온 다습한 조건에서 급속히 증가하는데 수량 손실은 연평균 15~60%에 이르는 것으로 알려져 있으며 2006년의 전국 평균 발병률은 10.3%로 조사된 바 있다. 고추 탄저병균은 빗물에 튀어 전파되므로 역병과 마찬가지로 고온기인 여름철의 잦은 강우와 태풍에 의하여 발생이 잦다.

(1) 병징
잎과 줄기에도 발생할 수 있으나 주로 과실에 발생한다. 과실에는 처음에 기름 방울 같은 연녹색의 작은 반점이 생기고 점차 둥근무늬로 확대되는데 움푹 들어간 궤양 증상으로 나타난다. 건조할 때는 병반에 형성된 분생포자가 끈끈한 물질에 싸여 붙어 있다가 비가 오거나 과습할 때 활성이 살아나 비바람에 의해 다른 과실로 전파된다. 병반에는 흑색의 소립이 생기거나 연홍색의 점질물로 싸인 분생포자 덩어리가 누출되어 나온다. 유묘 탄저병의 경우에는 잎에 1~5mm 크기의 타원형 병반을 형성하는데 병반에는 강모와 포자퇴로 된 작은 흑색 소립을 볼 수 있다.

(2) 병원균
국내에 발생하는 고추 탄저병균으로 *Colletotrichum acutatum*, *C. coccodes*, *C. dematium*, *C. gloeosporioides* 등이 보고되어 있다. 고추 탄저병균은 다범성 곰팡이로 다양한 작물을 가해하는 것으로 알려져 있다.
고추 탄저병균은 대표적으로 *C. gloeosporioides*와 *C. acutatum*이 알려져 있으나, 최근에는 *C. coccodes*, *C. dematium*, *C. scovillei*에 의한 피해도 발생하고 있다. 병원균의 생육적온은 26~30℃ 정도이며 전년도 병든 과실에서 월동한다. 과실에 형성된 병반의 크기가 1.0cm 이상이면 2차 전염원인 분생포자의 수가 수천만 개 이상이며 간혹 한 개의 병반에 1억 개 이상이 형성되는 경우도 있다.

〈표 8-5〉 고추에 탄저병을 일으키는 병원균 및 병원성 (농과원 2006, 원예원 2019)

병원균	기주범위	발병 부위	고추에 대한	
			병증상	병원성
C. acutatum	다범성	과실	과실 가해, 함몰, 포자형성	강
C. coccodes	다범성 (주로 가지과)	유묘	지제부 잘록병	약
C. dematium	다범성	과실	과실 가해, 함몰, 포자형성	약
C. gloeosporioides	다범성	과실	과실 가해, 함몰, 포자형성	약
C. scovillei	–	과실	과실 가해, 함몰, 포자형성	강

(3) 전염 및 발병 생태

탄저병균은 종자로도 전염할 수 있으나 지난해에 버려진 병든 잔재물이 가장 중요한 1차 전염원이다. 병원균이 과실에 부착한 후 최적 조건에서는 4시간 이내에 침입하고 4일 이내에 2차 전염원인 분생포자를 형성한다. 병원균의 약 99%는 비가 올 때 빗물에 의해 전파되며 맑고 건조한 날에는 거의 전파되지 않는다. 따라서 장마가 길고 비가 잦은 해에 특히 탄저병 발생이 많고 시설하우스재배에서는 거의 발생하지 않는 이유가 바로 빗물에 의한 전파 양식 때문이다. 안개가 많이 끼는 등 상대습도가 높을 때 탄저병균의 증식과 침입이 활발하다. 또한 탄저병은 감염 후 빠르면 4일째부터 늦게는 10일 후에 병증상이 외부로 나타난다.

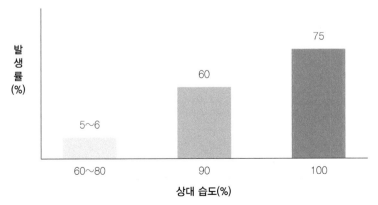

〈그림 8-3〉 공기 중 습도와 고추 탄저병 발생 패턴

<표 8-6> 비오는 날과 맑은 날의 고추 탄저병균 전파량 비교

조사시기	강우량 (mm)	비산포자 수/3.2cm^2	
		강우일	맑은 날
5. 24.~29.	48.5	27.6	1.8
6. 22.~25.	27.0	1.8	0.3
7. 24.~26.	20.5	17.4	0.6
8. 8.~16.	109.0	34.8	0.3
9. 6.~10.	32.5	189.7	0.3
평균	47.5	54.26 (98.8%)	0.66 (1.2%)

<표 8-7> 고추 품종별 재배지 감염 후 탄저병 병징 발현 소요 일수

품종별	처리 후 일수별 병징 발현(%)		
	4일	7일	10일
감수성 품종	8	62	100
중도 저항성품종	0	21	50

(4) 방제

① 재배적 방법

가장 효과적인 고추 탄저병의 재배적 방제 방법은 비가림 시설로 빗물이 직접 과실에 튀는 것을 막는 것이다. 연구자에 따라 비가림 시설의 고추 탄저병 방제 효과는 85-95% 정도로 나타나고 있는데 무농약 고추 재배에서 비가림 시설이 무설치구에 비해 수량은 약 2배 증가하는 것으로 보고되었다.

한 개의 병든 과실에 탄저병균 전염원이 수천만 개 이상 형성되므로 병든 과실은 발견 즉시 제거하여 없애는 것이 농약을 살포하는 것보다 더 효과적이다. 병든 과실을 그냥 두거나 이랑 사이에 버리면 방제 효과는 50% 이상 감소하므로 재배지 청결이 매우 중요하다. 키가 큰 품종과 키가 작은 품종을 2~4줄씩 교대로 심으면 바람이 잘 통하고 햇볕이 잘 들며 고추 주변의 습도가 낮아져 병 발생을 낮출 수 있다. 또한 재식거리를 넓히고 두둑을 높게 하여 물빠짐을 좋게 하면 탄저병에 대한 저항성과 건전성이 높아진다.

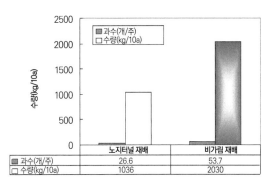

| 과수(개/주) | 26.6 | 53.7 |
| 수량(kg/10a) | 1036 | 2030 |

〈그림 8-4〉 노지 터널재배와 비가림재배의 고추 수량 비교 (2007, 전남도원)

② 살균제 및 친환경 자재를 이용한 방제 방법

고추 탄저병 방제용 살균제는 시기와 방법이 매우 중요하다. 〈표 8-8〉에서와 같이 병이 발생되기 전부터 살포한 경우에는 방제 효과가 90% 이상으로 나타나지만 과실 10개 중 1개가 감염되고 난 후에 농약을 살포하면 방제 효과는 낮아진다. 살균제를 어떻게 살포하느냐가 또한 중요하다. 고추 탄저병은 과실에 발생되므로 과실에 약액이 묻어야 효과가 있기 때문에 과실에 약액이 충분히 묻도록 밑에서 위로 살포해야 한다. 약액이 잘 묻도록 전착제(전분 등 유기농에서 사용 가능한 것)를 첨가하고 과실에 골고루 묻도록 흠뻑 살포해야 효과를 높일 수 있다. 유기농업에서 활용 가능한 친환경 자재로는 석회보르도액, 석회유황합제, 동(銅)제, 난황유 등이 있다.

〈표 8-8〉 고추 탄저병 방제 시기별 방제 효과 비교 (2006, 충북대)

살균제 살포 여부				방제 효과 (%)
정식 후	개화기	발생 전	발생 후	10 20 30 40 50 60 70 80 90 100
O	O	O	O	▓▓▓▓▓▓▓▓▓ (~95)
X	O	O	O	▓▓▓▓▓▓▓▓ (~85)
O	X	O	O	▓▓▓▓▓▓▓ (~70)
O	O	X	O	▓▓▓▓ (~45)
O	X	X	O	▓▓▓ (~35)
X	X	O	O	▓▓▓▓ (~40)
X	X	X	O	▓ (~10)

강우기 고추 탄저병 발생 경감 및 방제 효과 증진을 위한 최초 방제 시점을 고추 착과기 강우 예보가 있거나, 연속 강우 전에 등록된 약제를 사용하여 7~10일 간격으로 주기적으로 살포한다. 이와 같은 방법으로 조기 예방 시 탄저병 발생이 4.5% 경감되고, 방제 효과가 30.3% 증진된다.

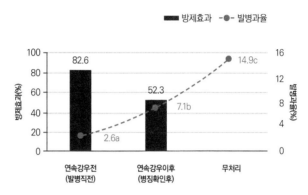

* 최초 방제 이후 7~10일 간격 주기적 적용 약제 교호 살포
* 연속 강우 : 6월 하순~7월 상순 기간 중 7일 연속 강우(98.3mm)

〈그림 8-5〉 최초 방제 시점 구분에 따른 고추 탄저병 발생 정도와 방제 효과. 2019, 전북농업기술원

〈표 8-9〉 고추 탄저병 방제용 등록 농약 구분

구분	보호용 살균제	보호/치료용 살균제(호흡저해제)	보호+치료용 혼합제
약제명	프로피네브(수), 디티아논(입상), 클로로타로닐(액상), 프로피네브(수) 등	피라클로스트로빈, 트리플록시스트로빈 등	클로로탈로닐 디페노코나졸(액상), 프로클로라즈 테부코나졸(유), 디티아논 피라클로스트로빈(입상), 클로로탈로닐 디페노코나졸(입상) 등

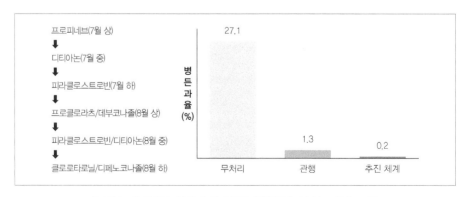

〈그림 8-6〉 추천 농약처리 체계 실증 (관행구 농약 살포 횟수: 7회)

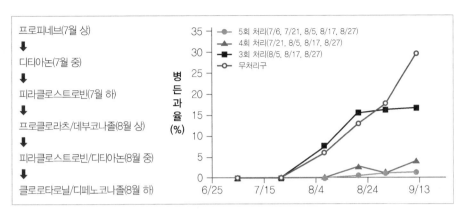

〈그림 8-7〉 농약처리 횟수별 탄저병 발생률 비교, 충북농업기술원, 2015.

7월 상, 7월 중 보호용 살균제 살포, 7월 하 보호/치료용 살균제 살포, 8월 상,
8월 중, 8월 하 혼합살균제 (보호용 살균제 + 치료살균제) 로 총 6회 처리 결과,
방제 효과 97.4%로, 관행 대비 84.8% 향상되고, 농약 사용 절감 및 농가 소득
증대가 가능하다.

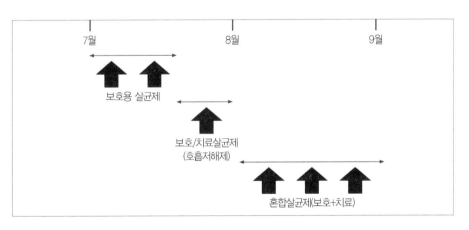

〈그림 8-8〉 노지 고추 재배 시기별 농약처리 추천 체계, 충북농업기술원, 2015.

고추 탄저병에 대한 딸기 잎 에탄올 추출물을 이용한 약제방제 효과를 시험한
결과 52% 정도의 방제 효과가 있었다.

<표 8–10> 고추 탄저병에 대한 딸기 잎 에탄올 추출물의 약제방제 효과 (2017, 서울대)

시험 약제	주성분 함량(%)	약효 시험		약해 시험	
		희석 배수 및 사용량	처리 시기 및 방법	기준량	배량
딸기잎 에탄올 추출물	0.5	300배	발병초 7일 간격 4회 경엽처리 (8/4, 8/11, 8/18, 8/25)	300배 (8/4)	150배 (8/4)
프로피네브 수화제(대조)	70	500	발병초 7일 간격 4회 경엽처리 (8/4, 8/11, 8/18, 8/25)	–	–
무처리	–	–	–	–	–

시험 약제	이병과율(%)				유의차 (DMRT)	방제가 (%)
	I 반복	II반복	III반복	평균		
딸기 잎 에탄올 추출물	14.8	17.6	18.5	17.0	b	52.0
프로피네브 수화제 (대조)	8.3	7.7	8.4	8.1	b	77.1
무처리	32.3	34.8	39.2	35.4	a	–

* C.V.(%): 8.9

2017년도 충북 도내 8개 시·군의 탄저병약(피라클로스트로빈)에 대한 각 재배지의 살균제 저항성을 조사한 결과, 보은군과 진천군의 조사된 모든 재배지에서 저항성이 발생되었다. 그러나 이들의 저항성 정도는 다소 차이를 보였는데 진천군은 저항성 발생 비율이 54% 정도인 반면, 보은군은 90% 이상으로 저항성의 발생이 매우 높은 것으로 나타났다. 청주시와 증평군은 저항성 발생 재배지 비율은 높았지만 저항성 발생률은 비교적 낮았다. 단양군과 음성군은 10% 이하로 저항성이 발생하였고 제천시에서는 저항성이 없는 것으로 조사되었다. 저항성의 비율이 높은 지역은 스트로비룰린계 살균제의 사용을 최소화하고 플루오지남과 같이 작용점이 다르거나 다 작용점을 가진 보호용 살균제를 사용해야 한다.

현재 고추 탄저병 약제로는 스트로비룰린계를 비롯한 14계열 21종의 원제가 등록되어 있다. 이들 약제는 호흡저해, 스테롤합성저해, 세포분열저해 등 특이적 작용기작을 지닌 것과 비특이적 작용점을 지닌 약제로 구분된다. 현재 사용하고 있는 스트로빌루린계 살균제인 피라클로스트로빈은 고추 탄저병 방제에 탁월한 효과를 보이는 살균제이다.

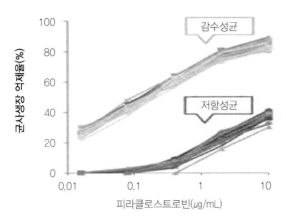

〈그림 8-9〉 충북 5개 재배지에서 분리된 균주의 피라클로스트로빈에 대한 감수성(2017, 충북대)

〈표 8-11〉 고추 탄저병 약제의 원재 및 계열별 작용기작

	원제명	계열	작용기작
1	아족시스트로빈	스트로빌루린계	호흡저해 C3
2	크레속심메틸		
3	트리플록시스트로빈		
4	피라클로스트로빈		
5	피콕시스트로빈		
6	플루아지남	디니트로아니린계	호흡저해 C5
7	프로클로라즈망가니즈	이미다졸계	스테롤합성 저해 G1
8	디페노코나졸	트리아졸계	
9	시메코나졸		
10	테부코나졸		
11	베노밀	벤지미다졸계	세포분열 저해 B1
12	티오파네이트메틸	카바메이트계	
13	이미녹타딘트리스알베실레이트	구아니딘계	세포막 저해 (제안됨)
14	이미녹타딘트리아세테이트		
15	캡탄	트리할로메칠치오계	다작용점
16	폴펫	프탈리마이드계	
17	클로로탈로닐	유기염소계	
18	프로피네브	유기유황계	
19	디티아논	퀴논계	
20	코퍼설페이트베이식	무기동제	
21	트리베이식코퍼설페이트		

다. 흰가루병

고추 흰가루병은 노지 재배지보다는 시설 재배지에서 발생이 많은 병이다. 일조가 부족하고 일교차가 큰 환절기에 주로 발생하며 비교적 건조한 조건에서 발병이 많다. 흰가루병은 고추뿐만 아니라 거의 모든 식물에 발생하며 병 증상도 비슷하다.

(1) 병징
주로 잎에 발병하며 발병 초기에는 잎 뒷면의 일부분에 흰가루가 묻은 것처럼 보이는데 이것이 흰가루병균의 분생포자이다. 병이 진전되면 잎 뒷면은 지저분하게 흰가루가 퍼지며 오래된 병반 주위에 흑색 소립으로 보이는 자낭각이 형성된다. 잎의 앞뒷면에 발생하는데 뒷면에 병 발생이 더 심하다. 병 발생이 지속되면 잎은 점차 누렇게 변하고 얼룩덜룩해지면서 아래 잎부터 말라 떨어진다.

(2) 병원균
이 병원균은 살아있는 식물체에서만 생활을 할 수 있는 순활물기생균이다. 2차 전염원인 분생포자는 분생자경의 계속적인 분열로 인해 연쇄상으로 형성되는데 매우 가벼워 공기 중으로 쉽게 전파된다. 발병적온은 20~25℃ 전후이며 공기 중 습도가 30% 이상이 되면 습도에는 크게 영향을 받지 않고 다소 건조한 환경에 발생이 심하다.

(3) 전염 및 발병 생태
병든 잔재물이나 자낭각에서 월동한 병원균이 발아하여 자낭포자를 형성한 다음 공기 중으로 날려 고추 잎에 부착하고 침입하게 된다. 정착된 병원균은 식물체로부터 양분을 탈취하여 계속적으로 분생포자를 형성하여 2차 전염을 일으킨다. 흰가루병균은 하우스 내에서도 난방기가 설치된 곳 또는 남쪽 출입구 부근에서 많이 발생하는 것을 볼 수 있고, 3월 중순 이후 기온이 점차 높아짐에 따라 환기창의 개폐가 잦아지는데 이때 병이 급속하게 번지고 다른 하우스로의 전파도 활발해진다. 이처럼 흰가루병 발생은 일교차와 일조 부족 및 환기 불량 등 환경 요인에 의해 절대적으로 영향을 받으며 질소비료 과다와 밀식으로 인한 과번무한 상태에서의 병 발생이 많다.

(4) 방제

① 재배적 방제

흰가루병은 하우스 내 일교차를 줄이고 일조를 좋게 하며 통풍과 환기가 원활하도록 재배환경을 개선하는 것이 무엇보다 중요하다. 오이, 딸기, 상추 등에 발생하는 흰가루병은 하우스 내에 공기 순환 팬이나 강제 환풍 팬을 설치하여 온습도 등의 재배환경을 개선하는 것만으로도 방제 효과가 60% 이상으로 나타난다고 보고되었다. 특히 밀식을 하지 않아야 하며 질소비료를 줄이고 작물이 건전하게 자라게 해야 하며 병든 잎은 모아서 불에 태우거나 땅 속에 묻어 전염원의 밀도를 줄여야 한다.

② 난황유 등 친환경 자재를 이용한 방제

흰가루병 방제를 위해 가장 널리 사용되는 친환경 자재가 유황이다. 유황은 각종 작물에 발생하는 흰가루병 방제에 탁월한 효과를 나타내는데 참외 흰가루병 방제 기술을 소개하면 다음과 같다. 유황 훈증기를 하우스에 10~15m 간격으로 매달아 야간에 1~2시간 정도 훈증할 경우 85% 이상의 방제 효과를 얻을 수 있다. 작물의 생육 상태와 흰가루병 발생 정도에 따라 훈증 시간을 조절하는데 하루에 2시간 30분이 넘지 않도록 해야 한다. 유황은 유기농업 허용 자재로 값이 싸고 효과가 높으며 병원균의 저항성 발현이 없는 등 여러 가지 장점이 있다. 하지만, 유황을 오남용하면 작물에 약해를 나타낼 우려가 높고 비닐이나 부직포 등의 농자재를 부식시키기도 한다.

난황유는 각종 작물의 흰가루병 방제 효과가 탁월한 유기농 작물 보호제이다. 난황유란 유채기름(채종유, 카놀라유)이나 해바라기유 등 식용유를 계란 노른자로 유화시킨 현탁액으로 농가에서 직접 제조하여 사용할 수 있는데 흰가루병 뿐만 아니라 응애 방제에도 활용이 가능하다. 난황유 살포액 20L를 만들기 위해서는 물 100mL에 계란노른자 1개를 넣고 믹서기 (일명 도깨비방망이)로 약 3~4분간 간 다음 식용유 60mL을 이 계란노른자 현탁액에 첨가하여 다시 5분 정도 강력하게 갈아 식용유가 최대한 작은 기름 방울이 되게 만든 후 20L에 혼합하여 골고루 살포하면 된다. 난황유는 착색단고추 흰가루병 91.6~95.6%, 가지 흰가루병 95.0% 방제 효과를 나타내었으며, 난황유에 액상칼슘 200ppm과 님오일을 1/2량을 혼합 살포할 경우 착색단고추 흰가루병 96.2%, 진딧물 94.4%, 차먼지응애 99.4% 방제 효과를 나타내었다(2006, 경남도원).

<표 8-12> 처리 농도별 식용유와 계란노른자 첨가량

준비 재료	예방 목적(0.3%용액)		
	1말(20L)	10말(200L)	25말(500L)
식용유	60mL	600mL	1500mL(1.5L)
계란노른자	1개(약 15mL)	7개	15개

<표 8-13> 난황유의 병해충 방제 기대 효과('05~07년, 농과원)

대상 병해	시험 작물	기대 효과(%)	
		예방 효과	치료 효과
흰가루병	오이, 상추 등	95 이상	80 이상
노균병	오이, 상추 등	90 이상	80 이상
점박이응애	고추, 장미 등	80 이상	70 이상
탄저병, 검은별무늬병 등 난방제 병해	오이, 호박 등	50 이상	50 이하
온실가루이, 진딧물 등	상추, 토마토 등	50 이상	50 이하

라. 균핵병

균핵병은 저온 다습시 시설하우스 연작지에 발생이 많다. 국내에는 7종의 균핵병균이 발생하는 것으로 보고되어 있다. 그중 *Sclerotinia sclerotiorum*와 *S. minor*가 가장 많이 발생하는 병원균이다. 토양전염과 공기전염을 하는 매우 특이한 병해로 시설재배에서 가온기간이 끝날 무렵 시설 내 온도가 낮아지고 밤낮의 기온 차가 심해 하우스 내 습도가 높아지면 발생한다.

(1) 병징
병환부에 눈처럼 흰 곰팡이가 피며 이들이 뭉쳐져 나중에는 쥐똥 같은 검은 균핵이 병 환부 주위에 형성되므로 타 병해와 구별되며 진단이 쉬운 병해이다. 고추, 토마토, 가지 등의 가지과 작물에서는 주로 줄기나 곁가지에 발생하며, 잎과 열매에 발생하기도 한다. 병든 부위는 수침상으로 썩고 식물체는 급격히 시들어 황갈색으로 말라 죽는다.

(2) 병원균

주 병원균인 *Sclerotinia sclerotiorum*과 *S. minor*는 자낭균에 속하는 곰팡이로 흰 균사를 많이 형성하는데 이 균사가 뭉쳐서 눈덩어리 같이 보이고 나중에는 쥐똥 같은 부정형의 균핵을 형성하는 것이 특징이다. *S. sclerotiorum*이 형성하는 균핵의 크기는 1.2~13.5×1.0~6.3mm 정도이며 이들은 토양표면이나 땅 속에서 2년 이상 생존하며 1차 전염원으로 역할을 한다. 생육 최적온도는 20℃ 내외이다. *S. minor* 역시 비슷한 특성을 가지고 있으며 균핵의 크기는 0.5~7.2×0.5~3.5mm 정도이다. 이 병원균의 생육적온은 20~22℃ 이다.

(3) 전염 및 발병 생태

균핵병균은 병환부에 형성된 균핵이 땅으로 떨어져 토양표면에서 월동한다. 환경이 적합하면 균핵은 직접 발아하여 땅과 맞닿은 줄기를 직접 침입하거나, 자낭반을 만들어 그 안에 형성된 자낭포자가 비바람에 날려 식물체의 지상부를 침입한다. 이 병원균은 분생포자를 만들지 않기 때문에 주로 균사에 의해 2차 전염이 된다. 따라서, 2차 전염은 타 병해와 같이 발생하는 경우가 적고 주로 1차 전염원인 자낭포자의 비산에 의해 생기는 경우가 많다.

균핵병이 저온 다습 환경에서 주로 발생되는 것은 잿빛곰팡이병과 비슷하나 공기 중 습도에 대해서는 덜 민감하다. 기주 표면에 충분한 습기가 2~3일 지속되어야 비로서 포자가 발아하여 식물체를 침입하는데, 밀식이나 과번무에 의해서 통풍과 환기가 불량하고 밤낮의 기온차가 심하여 잎에 물기가 생기기 쉬운 봄, 가을과 촉성, 반촉성 재배 중 무가온시 발생이 많다. 질소질 비료 편용으로 식물체가 연약하게 자라면 피해가 커지며 병원균은 쇠약한 식물체 부위로 먼저 침입한다. 균핵병의 발생에 미치는 요인으로 저온 다습 환경이 중요하지만, 연작으로 인해 토양중에 축적된 균핵의 높은 밀도가 가장 큰 영향을 미친다.

(4) 방제

균핵병의 방제 전략은 시설 내 환경 관리, 재배지 위생, 토양소독, 살균제 살포 등 다양한 측면을 고려해야 한다. 시설 내 환경 관리로 밤낮의 기온 차이를 줄이고 20℃ 내외의 다습 조건이 되지 않도록 해야 하며 밀식되지 않도록 한다. 환기와 통풍을 조절하고 시설의 투광도를 높이고 질소비료 과용을 삼가야 한다. 토양을 전면 멀칭하고 점적관수 하는 방법은 균핵병뿐만 아니라 잿빛곰팡이의 발생을 억제하는 수단이 될 수 있다. 병 발생이 심한 재배지에서는 병원균이 다범성이므로 비기주 작물인 화본과 작물로 2~3년간 돌려짓기를 해야 하고 병든 부위는 일찍 제거하여 균핵이 생기지 않도록 해야 한다. 균핵을 발아하지 못하도록 PVC 필름으로 토양표면을 덮는 것도 한 방법이나 좀 더 직접적으로 토양을 깊게 갈아서 표토의 균핵을 토양 깊이 매몰시키기도 한다. 균핵은 물속에서 타 미생물에 의해 쉽게 사멸되므로 처리가 가능한 재배지는 2~3개월간 담수하면 병원균의 밀도를 낮추는데 가장 효과적이다.

마. 시들음병 (萎黃病)

(1) 병징
초기 병징은 아래 잎이 시들며 밑으로 처지는데 역병의 초기 증상과 비슷하지만 병 진전이 느리고 잎이 약간 누렇게 변하면서 서서히 죽는다. 주로 곁뿌리가 나온 부분으로 병원균이 침입하는데 병든 부위는 암갈색을 띠고 괴저가 생기는데 진전되면 땅에 맞닿는 부위 줄기 둘레가 썩는다. 병든 뿌리나 땅가 줄기는 불에 탄 것처럼 검게 보이는데 껍질은 쉽게 벗겨지는 것이 특징이다. 역병과는 달리 지상부는 직접 침해를 받지 않으나 과실은 작고 불량해진다.

(2) 병원균
시들음병의 원인균은 *Fusarium oxysporum*이라는 곰팡이다. 이 병원균은 다량의 소형포자 (계란 혹은 콩팥모양, 주로 단세포)와 대형포자 (낫모양, 3~5세포) 그리고 후막포자를 형성한다. 고체배지에서는 흰색의 균사를 많이 형성하며 잘 자라는데 균총이 오래될수록 자줏빛 혹은 보랏빛의 색소를 형성한다. 식물세포 조직 내부와 병든 조직 외부에 다량의 포자를 형성한다. 병원균의 최적 생육온도는 26~30℃ 이며 33℃ 이상에서는 생장하지 못한다.

(3) 전염 및 발병 생태
토양전염성병원균이며 작물이 없을 때는 병든 식물체의 조직 속에서 균사 조각이나 후막포자 상태로 월동한다. 물로 이동되는 거리는 매우 짧고 주로 흙 입자에 묻혀 농기구나 사람 등을 통해 먼 거리로 이동된다. 병원균은 주로 가는 뿌리나 상처를 통해 침입하는데 재배지 정식 직후에 감염되는 경우가 많다. 서늘한 지방에서는 병 발생이 적고 감염되어도 병 증상이 잘 나타나지 않다가 생육 중기나 후기에 기온이 올라가면 병 증상이 나타나기도 한다. 병 발생에 적합한 온도는 24~30℃ 정도이며 16℃ 이하나 35℃ 이상에서는 거의 발병하지 않는다. 일반적으로 산성토양(pH 4.5~5.5)과 사질양토에서 발생이 많지만 토양산도나 수분에 크게 영향을 받지 않을 수도 있다. 병원균은 토양 중에 널리 분포하며 월동 형태인 후막포자는 기주가 없이도 토양 내에서 수년간 생존하기 때문에 방제가 매우 어려운 병해로 종자전염도 가능하다.

(4) 방제

시들음병 방제를 위해서는 연작을 피하고 병이 심하게 발생된 재배지는 5년 이상 비기주 작물로 윤작해야 한다. 박과 작물을 식재할 경우, 시들음병에 저항성인 박, 호박 대목을 이용해야 한다. 토양 산도를 석회시용 등으로 pH 6.5~7.0 정도로 높이면 병 발생을 낮출 수 있다. 토양에 서식하는 선충이나 미소 곤충에 의해 뿌리에 상처가 생기지 않도록 주의해야 한다. 병든 포기는 근권 토양과 함께 조기에 제거하고 토양소독을 통해서 병원균의 밀도를 줄이는 노력이 필요하다.

바. 잿빛곰팡이병

잿빛곰팡이병은 식물병원성 곰팡이 *Botrytis cinerea*에 의해 발생하는 병이다. 잿빛곰팡이병은 병든 조직에서 회색빛의 분생포자를 형성하고 저온 다습한 환경조건에서 발생이 많다. 시설재배지 내에서 주로 피해를 끼치는데 꽃마름과 과실 썩음 증상을 일으킨다.

(1) 병징

병원균은 신선한 생장 조직은 잘 침입하지 않고 주로 상처를 통해 침입하는데, 열매나 잎의 끝, 늙은 꽃잎, 죽은 인경 껍질 등에서 발병이 시작되는 경우가 많다. 줄기에는 잎이 달려 있는 기부에서 발생이 시작하여, 포화습도와 24℃ 이하의 저온이 6시간 이상 지속되면 감염이 이뤄진다. 재배지에서는 주로 꽃에 마름 증상을 먼저 일으키고 진전되어 과실과 줄기를 썩힌다. 처음에는 작은 수침상의 반점이 생기고 급격히 확대되어 병환부 표면에 수많은 회색빛의 곰팡이가 밀생하게 되는데 날씨가 건조해지면 더욱 뚜렷하게 보인다. 과실과 연한 줄기는 연화되고 물컹물컹해지며 담갈색을 띠면서 조직이 썩고 표피는 갈라진다.

(2) 병원균

이 병원균은 채소, 과수, 화훼 등 다양한 작물에서 발생하는 다범성 곰팡이다. 병든 조직에는 회색빛의 분생포자를 대량으로 만들어 공기 중으로 전파되기 쉬운 형태를 띤다. 잿빛곰팡이병이 진전되면 조직의 표면이나 마르고 쭈그러진 조직 속에 검정색 균핵을 형성한다. 이 균핵으로 불량한 환경에서도 오랫동안 생존하게 된다. 잿빛곰팡이병균은 2~30℃ 사이에서 생장하지만 10℃ 이하의 저온에서도 생장이 가능하다.

(3) 전염 및 발생 생태

병원균은 토양에서 장기간 생존할 수 없으며 주로 병든 식물의 잔재물에서 균사체로 월동하거나 토양에서 균핵으로 월동한다. 이듬해에 저온 다습한 환경이 지속되면 균핵은 발아하여 균사를 발달시키는데 균사 끝에 형성된 분생포자가 공기 중으로 확산하여 1차 전염을 한다. 병환부에 형성된 분생포자는 저습한 날씨에 쉽게 기류를 따라 이동 전파된다. 병원균은 직접 종자를 침해하지는 않고 종자와 비슷한 크기의 균핵이나 병든 식물 부스러기가 종자에 혼입되어 전파되기도 한다. 재배지에서 병원균은 저온(24℃ 이하)과 포화습도 상태가 6~9시간 이상 지속되면 발아하고, 식물체의 죽은 조직을 영양원으로 이용하는데 주로 상처 부위나 노화된 세포의 각피를 뚫고 기주체를 침입한다

(4) 방제

잿빛곰팡이병은 시설재배지에서 발생하는데 저온 다습한 환경조건과 식물체의 생육이 노지에 비해 연약하기 때문이다. 따라서 재배환경을 개선하는 것이 매우 중요한데 우선, 시설재비지 내 습도는 병 발생과 가장 밀접한 관계가 있으므로

습도를 낮추기 위해서 통풍을 잘되게 하고 밀식을 피해야 한다. 또한, 하우스의 투광도를 높이고 질소비료 과용을 삼가야 한다. 병든 식물체는 보이는 즉시 제거하여 비닐 봉지 등에 담아 하우스 밖으로 제거하여 병원균의 밀도는 낮춰야 한다. 토양의 이랑과 고랑에 비닐로 멀칭을 하고 잦은 관수를 피한다. 저온 다습한 날씨에 농약을 살포하면 방제 효과가 매우 낮고, 동일한 작용점을 가진 살균제를 단독으로 사용하기 보다는 서로 다른 작용점을 가진 살균제 2가지를 교차로 살포하는 것이 살균제 저항성균의 출현을 막고, 병 방제 방법으로 바람직하다.

사. 검은점열매썩음병

(1) 병징
고추 재배 중 열매가 붉은색에서 주황색으로 변색되고, 시간이 지날수록 옅은 주황색을 변색된다. 고추 열매가 꼭 바이러스에 감염된 것처럼 색상이 불규칙한 무늬를 띠며, 꼭지부분이 갈변되어 고사하는 증상이 발생한다.

(2) 병원균
*Phomopsis sp.*에 의한 검은점열매썩음병으로 확인됨

(3) 관리 방안
병든 고추 과실은 조기에 따서 재배지에서 제거함으로써 주변 건전한 고추 과실로의 2차 감염 피해를 예방한다. 수확기 이후 고추 재배지에 그대로 방치될 경우 병원균은 병든 과실에서 월동 후 이듬해 병원균으로 활동하게 되므로 수확기 이후에도 관리가 필요하다. 이 병은 주로 고온 다습한 환경조건에서 발생하므로 7~8월 여름철 태풍, 장마기에 고추 과실에 상처가 생기지 않도록 관리해 주는 주는 것이 중요하다.

과실 및 꼭지부분 피해증상 　　　　　 과실 내부 피해(종자 갈변, 곰팡이)

〈그림 8-10〉 고추 검은점열매썩음병 증상

아. 흰별무늬병

(1) 병징

주로 잎에 나타나며 과경, 과탁에 발생하기도 하며 농가에서는 육묘 중 발생하면 피해가 심하다. 고추 잎에 처음에는 작은 갈색점이 생겨 직경 2~3mm 정도로 확대되면서 중심부는 오목해지고 흰색으로 되며 잎에 수많은 반점이 형성되어 흰별이 흩뿌려진 것 같이 되는데, 초여름부터 나타나기 시작하여 8~9월에 심하게 발생하며 잎이 떨어지면서 초세가 약해지는 증상을 보인다. 반점 주변에 갈색이나 노란색의 무늬가 생겨 잎의 노화가 촉진되어 조기낙엽이 되기도 하며 갈색점무늬병과는 병반이 작고 중심이 흰색인 것으로 구별할 수 있다.

(2) 병원균

고추 흰별무늬병을 일으키는 병원균은 자낭균류에 속하는 *Stemphylium solani, Stemphylium lycopersici* 2종이 알려져 있다. 반점 표면에 짧은 분생자경이 형성되어 그 위에 암갈색의 분생포자가 연쇄상으로 형성된다. 분생포자는 곤봉모양으로 6~7개의 횡격막이 있고 횡격막 사이에 종격막이 있으며, 크기는 25~57×12~18㎛ 정도이다. *Stemphylium solani* 분생포자와 분생포자경을 형성하여 번식하며 세계적으로 고추는 물론 토마토, 감자, 마늘, 양파 등 20종 이상의 기주를 가지는 병원균이다.

(3) 전염 및 발생 생태

병원균은 종자전염을 할 수 있으며 병든 식물조직에 붙어서 월동하여 다음 해의 작물에 병을 일으킨다. 야간온도 20℃, 주간온도 30℃ 이하로 내려가는 산간 지방에 발생하기 쉽다. 감염 최적 온도는 15℃~25℃ 정도 이다. 감염에는 온도 보다 엽면 수분 존재 시간이 영향을 미치며 이 시간이 길수록 병 발생이 많아진다. 전염원이 병든 식물조직에 붙어서 월동하므로 전년도 발생한 밭에 연작할 경우 많이 발생한다. 비가 적고 건조한 해에 특히 발생이 심하다. 건조한 조건에서도 잘 발병하는 특성이 있다. 병원균의 분생포자는 비, 바람과 함께 전반된다. 살수관수도 병을 조장할 수 있다.

(4) 방제

피해가 심하지 않아 등록된 약제는 없다. 가을에 병든 낙엽 등을 제거하거나 소각하여 다음해의 전염원을 없앤다. 피해를 줄이기 위해서는 정식 전 어린 식물체부터 세밀한 관찰이 필요하다. 가능하면 스프링클러에 의한 관수를 자제한다. 고추와 토마토를 인접해서 재배하지 않는다. 식물체의 잎이 젖어있는 시간의 길이를 최소화한다.

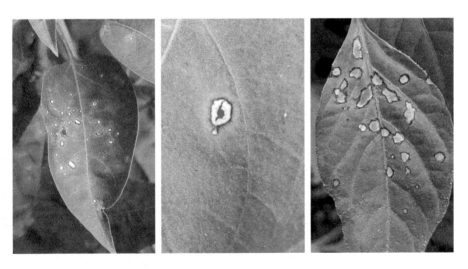

〈그림 8-11〉 고추 잎에 나타난 흰별무늬병 피해증상

자. 흰비단병

(1) 병징

흰비단병에 걸린 고추 식물체가 시들어 말라 죽는 것은 역병과 비슷하나 줄기 밑동이 약간 잘록해지고 솜털 모양으로 회백색 곰팡이가 피어있는 것을 볼 수 있으며, 병에 걸린 포기를 뽑아보면 뿌리에도 흰 곰팡이가 피어있는 것을 볼 수 있다. 지제부(줄기가 땅과 맞닿는 부분)의 흰색 곰팡이가 있는 곳을 손으로 눌러 보면 껍질이 쉽게 벗겨진다. 역병은 줄(물길)을 따라 고사하나 흰비단병은 군데군데 발생한다. 피해주 외형은 정상으로 보이나 내부 목질부가 갈색이나 흑색으로 변한다. 곰팡이가 줄기 밑동에서 시작하여 주변의 흙과 떨어진 잎 등 유기물에도 옮아 붙어있는 것을 볼 수 있는 경우도 있다. 병이 진행되면 곰팡이는 황갈색의 균핵을 형성하며, 균핵이 성숙하면 갈색이나 암갈색의 배추씨 모양으로 된다. 흰비단병균의 균핵은 배추나 양배추 씨앗모양으로 둥글고 크기가 일정하므로, 쥐똥 모양으로 크고 모양이 일정하지 않은 균핵병균(*Sclerotinia sclerotiorum*)의 균핵과 구별된다.

(2) 병원균

스크레로시움 롤프시이(*Sclerotium rolfsii*)라는 곰팡이의 침입으로 발생한다. 이 병원균은 균사 생육과 균핵 형성 적온이 30℃로 고온성이며, 균핵은 1.0~2.7mm 크기의 갈색 또는 암갈색으로 형성된다.

(3) 전염 및 발생 생태

이 병은 균핵에 의해 토양에 장기간 남을 수 있는 토양전염성병이다. 따라서 병이 고추 재배지에 들어오지 않게 하는 것이 최선의 방제이다. 일단 발생하면 방제가 매우 어렵다. 병든 식물체는 그 주변의 흙과 함께 일찍 뽑아버리고 재배지가 다습하지 않도록 주의한다.

전년도에 이 병이 발생한 밭에 고추를 다시 심을 경우에는 철저한 토양소독을 실시한다. 늦게 발견하여 회복이 어렵다고 판단되면 식물체를 뿌리를 남기지 않고 완전히 캐내고 토양소독제를 처리한다.

(4) 방제

고추 흰비단병 방제용 살균제를 이용하여 병 발생 초기 방제한다. 병든 식물체는
조기에 제거하고, 연작지의 경우 토양소독을 실시한다.

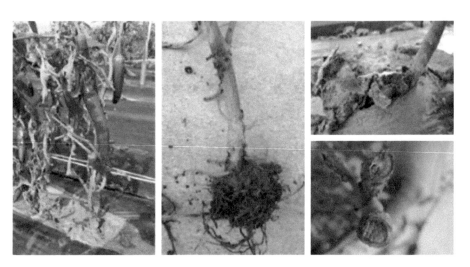

〈그림 8-12〉 고추 흰비단병 피해증상과 목질부 변색 모습

고추 흰비단병의 발생 시 진단 기술로는 고추 시들음 증상이 발생하였을 때 시
든 포기를 뽑아 지제부에 흰색의 비단 같은 균사가 밀집되어 있으면 흰비단병으
로 진단한다. 풋마름병은 흰색 균사가 안 피고 시들음 증상 초기의 지제부 표면
은 외관상 건전해 보인다. 역병은 지제부가 암갈색으로 검게 변하고 무르는 증상
을 보이고, 흰색 균사는 피지만 비단 같은 실모양이 덮여 있지는 않다. 적용 약제
를 이용하여 방제를 실시하면 77.5~89.4% 방제 효과가 있다.

〈표 8-14〉 고추 흰비단병 초기 방제에 의한 발생 경감 효과 (2016, 전북농업기술원)

품종	A품종	B품종
초기 방제	1.6a	5.2a
무방제	7.1b	49.1b
방제 효과(%)	77.5	89.4

* 방제 : 고추 흰비단병 등록 약제(플루톨라닌유제 등) 3회 살포

차. 무름병

고추 무름병은 세균에 의해 발생하는 병해이다. 주로 상처를 통해 침입하고 기공, 수공, 밀선 등의 자연개구를 통해서 침입하기도 한다.

(1) 병징
무름병균은 식물 세포벽의 구성 성분을 분해하는 펙틴분해효소와 섬유분해효소를 분비하여 세포를 무르게 하고 냄새를 유발시킨다. 주로 과실에 발생하나 심한 경우 잎과 가지에도 발생한다. 과실 꼭지 부분에서 시작되는 경우가 많은데 처음에는 물에 데친 것처럼 보이다가 고온 다습한 시기에는 과실 전체가 물컹하게 썩고 떨어진다.

(2) 병원균
무름병균은 *Erwinia carotovora subsp. carotovora*라는 아주 작은(0.7× 2.0㎛) 한 개의 세포로 된 세균이다. 몸통에는 편모라는 꼬리가 여러 개 붙어 있어 물 속을 헤엄치며 가까운 거리를 능동적으로 이동할 수 있고 물을 따라 먼 곳으로 전파된다. 무름병균은 6~38℃ 사이에서 생장하며 생육 최적온도는 28± 2℃ 이다.

(3) 전염 및 발생 생태
무름병은 고온 다습시에 발생하는 병해로 8월이 발병 최성기이다. 병원균은 충분한 수분이 있어야 번식과 침입이 가능하며 건조에는 취약하다. 물방울과 함께 튀어서 주변으로 전파되지만, 연무 상태의 작은 물방울과 함께 공기 중으로 분산되기도 한다. 무름병균은 토양전염성 세균으로 토양으로부터 오염된다. 불리한 환경에 견딜 수 있는 특수한 휴면 구조는 없어 단독으로 토양이나 공기 중에 살아남는 기간은 매우 짧지만 병든 식물체의 조직 내에서 오랫동안 생존한다. 무름병균은 주로 상처를 통해 침입하므로 담배나방에 의해 과실에 구멍이 뚫리면 어김없이 발생한다.

(4) 방제

고추에 발생하는 세균병은 일단 발생하면 방제가 어렵고 살균제 방제 효과도 상대적으로 낮으면서 약해가 발생하기 쉽기 때문에 예방이 중요하다. 지난해에 병든 식물체에서 월동하여 감염되므로 재배지를 청결히 유지한다. 무름병은 건전한 조직에 직접 침입하지 못하고 주로 상처를 통해 침입하므로 담배나방 등 해충을 잘 방제해야 하며 비바람에 흙물이 튀어 상처가 나지 않도록 해야 한다. 모든 세균은 건조에 매우 민감하므로 토양이 침수되거나 과습하지 않도록 관리해야 한다. 병든 포기나 과실은 일찍 제거하여 전염원을 조기에 차단하는 것이 중요하다. 그리고 병든 포기나 과실에서 세균이 흘러나와 빗물이나 관수 혹은 비닐하우스 천장에서 떨어진 물방울에 튀겨져 주변으로 확산되지 않도록 주의한다.

카. 세균점무늬병(세균반점병)

(1) 병징

세균점무늬병은 최근에 발생이 증가하고 있는데 간혹 육묘 중에 대발생하여 큰 피해를 주기도 한다. 잎과 과일 및 줄기에 3mm 전후의 부정형의 병반을 형성하는데 주로 잎에 발생한다. 병반이 진전되면 잎 전체가 누렇게 변해 떨어지거나 구멍이 나기도 한다. 침입 초기에는 수침상의 병반을 형성하며 부정형의 병반 가장자리에 황갈색의 테두리를 가지며 안쪽은 흰색으로 변한다. 시간이 지나면 병반 주위의 테가 없어지며 약간 움푹 들어간 병반을 형성한다.

(2) 병원균

*Xanthomonas compestris pv. vesicatoria*라는 간상형 세균에 의하여 발생하며 1개의 편모를 가지고 있다. 이 세균은 50℃에서 10분 내에 사멸하므로 50℃ 온탕에서 25분간 침지하면 종자전염은 방지할 수 있다. 중성과 약산성에서 생육이 양호하고 고추뿐 아니라 다른 가지과 식물에도 발병한다.

(3) 전염 및 발생 생태

병 발생은 15℃~25℃의 온도 범위에서는 병징 발현이 어렵고 30℃ 이상 고온에서 발병하며 동일한 고온 환경에서도 온도가 더 높을수록 발생이 잘된다. 종자 수집 과정에 오염된 종자가 파종되어 병을 일으키기도 하고 토양 중의 병든 식물체 잔재로부터 오염되기도 한다. 과일과 잎의 상처 조직 또는 수공을 통하여 침입하며 비, 바람에 의하여 매개된다. 주로 식물체의 상처 부위를 통하여 침입하는데 유기물 등 시비량이 불충분하거나 질소질 과잉으로 쇠약하게 자랄 때 발생이 많다. 정확한 원인은 밝혀지지 않았으나 비닐 피복이 세균성점무늬병의 발생을 조장하는 것으로 조사되었다.

(4) 방제
세균성점무늬병과 궤양병은 건전 종자를 사용해야 하며 육묘 중에 감염되지 않도록 해야 한다. 모든 세균은 건조에 매우 민감하므로 토양이 침수되거나 과습하지 않도록 관리해야 한다. 병든 포기나 과실은 일찍 제거하여 전염원을 조기에 차단하는 것이 대단히 중요하다. 그리고 병든 포기에서 세균이 흘러나와 빗물이나 관수 혹은 비닐하우스 천장에서 떨어진 물방울에 튀겨져 재배지 주위로 확산되지 않도록 주의할 필요가 있다. 화학적방제로 차아염소산나트륨이나 초산 등은 종자에 묻은 병원 세균의 소독제로 활용할 수 있는데 적절한 농도로 희석해 사용해야 한다. 또한 이 병은 품종에 따라 발생량의 차이가 크므로 저항성을 보유한 품종을 선택하는 것이 중요하다.

타. 풋마름병(청고병)

풋마름병 역시 최근에 발생이 증가하고 있는 중요 세균 병해이다. 여름철 온도가 높고 토양습도가 높은 장마철에 많이 발생하는데 완전히 부숙되지 않은 퇴비시용과 토양염류 집적 등으로 토양환경이 불량할 경우 병 발생은 더욱 심해진다. 역병처럼 전 재배 지역에 걸쳐 발병하지 않으나 지역적으로 큰 피해를 주기도 한다.

(1) 병징
처음에는 생장점 부근의 잎이 수분 부족으로 급속하게 말라 시드는데 낮에는 시들고 밤에는 회복되는 증상이 계속된다. 흐린 날에는 회복되는 듯하다가 해가 나면 다시 시드는 증상이 반복되다가 수일 내에 포기 전체가 푸른 체로 시들고 말라 죽기 때문에 풋마름병이라고 한다. 병원세균은 토양의 뿌리로부터 감염되어 물이 이동하는 도관 속에서 증식하여 수분이동을 막기 때문에 고추가 시들게 된다. 병든 포기의 줄기를 잘라보면 유관 속 내부가 갈색으로 변해 있으며 잠시 후에는 유백색의 세균덩이가 흘러나온다. 간이 진단 방법으로 투명한 병에 병든 포기의 절단된 줄기를 꽂아두면 수분 내에 세균이 우유처럼 뿌옇게 흘러나오는 것을 확인할 수 있다.

(2) 병원균

풋마름병균은 *Ralstonia solanacearum* 이라는 세균으로 짧은 원통형으로 0.5~0.8×0.9~2.0um 크기이며 1-3개의 편모를 가지는 고온성 세균으로 생육적온이 30-35℃에 이른다. pH 6.0-8.0에서 생존하며 52℃에서 10분 내에 사멸한다. 감자, 가지, 고추 등 가지과 식물에 피해가 많으며 100여종의 기주범위를 가진다.

(3) 전염 및 발생 생태

토양 중에 생존하면서 기주체에 1차 침입하며 토양에서는 보통 4년 정도 생존하며 담수하면 쉽게 죽는다. 세균의 감염은 정식, 이식 및 농사 작업에 의한 상처를 통하여 쉽게 기주체로 전염된다. 지온이 20℃ 이상이며 토양수분이 많은 저습지에서의 발병이 심하다. 장마 후 급격한 지온 상승의 경우 발병이 쉽다. 계분 등 미숙 가축분을 시용하거나 질소질 비료 등을 과용해서 고추의 잔뿌리가 피해를 받으면 발생이 조장된다.

(4) 방제

풋마름병은 토양으로부터 오염되므로 지난해에 병 발생이 심했던 재배지에서는 다른 작물과 윤작하고 무엇보다 잔뿌리가 상하지 않도록 미숙 가축분과 화학비료 과용을 피해야 한다. 풋마름병은 밭이 침수되거나 과습하면 병 발생이 조장되므로 특히 주의해야 한다. 무름병균과 풋마름병균은 고온성 세균이므로 장마가 지난 후에 비닐 피복을 제거하여 뿌리 주면의 토양온도를 낮춰주는 것도 병 발생을 낮추는 한 방법이다. 화학적방제로 차아염소산나트륨이나 초산 등은 종자에 묻은 병원 세균의 소독제로 활용할 수 있는데 적절한 농도로 희석해 사용해야 한다. 고추 풋마름병 간편 진단법은 다음과 같다. ① 1회용 플라스틱 컵에 물을 담고 덮개를 닫는다. ② 병든 고추 식물체의 지제부 근처 줄기를 자른다. ③ 플라스틱 컵 덮개의 빨대 꽂는 부분에 줄기를 꽂아 고정시킨다. ④ 식물체가 풋마름병에 감염되었을 경우 줄기에서 수분 내에 세균이 우유처럼 흘러나오는 것을 확인할 수 있다.

〈그림 8-13〉 플라스틱 컵을 이용한 풋마름병(청고병) 간이 진단법, 2019. 국립원예특작과학원

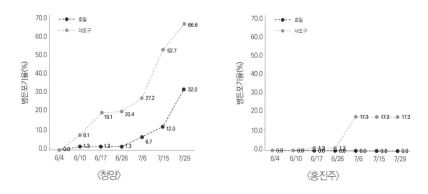

〈그림 8-14〉 호밀 처리에 따른 품종별 병든 포기 발생률, 충북농업기술원, 2015.

풋마름병이 상습적으로 발생되는 고추 재배지에서 노지재배 10월 중하순, 시설재배는 초겨울 전까지 10a당 20kg의 호밀 종자를 파종하고 재배한 후에, 고추 정식 전 경운해 준다. 이렇게 호밀을 재배하여 정식 전에 경운해 준 결과 상습 풋마름병 발생지에서 감수성 품종(홍진주)은 무처리 대비 73.5%, 중도 저항성품종(청양)은 100% 방제 효과가 있었고, 저항성품종(구십구점구)의 경우 발병되지 않았다.

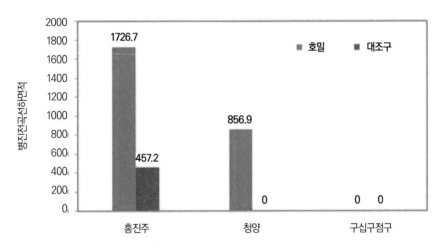

* 감수성 품종(홍진주) : 무처리 대비 73.5% 방제 효과
* 중도 저항성품종(청양) : 호밀 처리시 100% 방제 효과
* 저항성품종(구십구점구) : 무발병

〈그림 8-15〉 병진전곡선하 면적 기준 방제 효과, 충북농업기술원, 2015.

파. 바이러스병 방제 기술

(1) 바이러스병
고추에 발생하는 바이러스병은 누른모자이크병, 모자이크병, 줄기괴저병으로 크게 나눌 수 있다. 현재까지 국내에서 발생하는 고추 바이러스병은 16여 종이 있으며, 최근 연구에 따르면 오이모자이크바이러스(CMV), 고추얼룩바이러스(PepMoV), 고추연한얼룩바이러스(PMMoV), 잠두위조바이러스(BBWV2), 토마토반점위조바이러스(TSWV), 사탕무황화바이러스(BWYV), 감자바이러스

Y(PVY) 등 7종〈표 8-15〉이 주로 발생하는 것으로 보고되었다〈표 8-16〉. 바이러스병은 잎에 모자이크 증상으로 흔히 나타나지만 2종 이상의 바이러스가 복합 감염된 때에는 포기가 노랗게 위축되고, 줄기에 괴저가 나타나며 과실이 기형으로 나타나는 등 다양한 증상으로 피해가 심각해진다. 따라서 고추 바이러스병의 복합감염은 매우 중요하며 최근에는 단일 감염보다 복합감염의 비율이 급격히 증가하고 있으며 복합감염의 양상도 매우 다양한 것으로 조사되었다〈표 8-17, 8-18〉.

고추 바이러스병은 시설재배보다 노지재배에서 피해가 훨씬 크며 병 발생이 심할 경우 30% 정도의 수량 감수를 일으키는 것으로 알려져 있다. 노지 고추에서 종자와 토양으로 전염하는 바이러스병의 발생 비율은 약 20% 정도이며 진딧물이 옮기는 바이러스가 80% 이상을 차지한다. 진딧물이 옮기는 바이러스는 CMV, PepMoV, BBWV2, BWYV, PVY 등이며 복합감염 시 피해가 심각하게 나타난다.

〈표 8-15〉 우리나라 고추에 문제 되는 바이러스의 종류 및 특성

바이러스	형태	분류군	전염 경로	불활성화 온도(℃)
CMV	구형	cucumovirus	진딧물, 접촉	50~70
BBWV2	구형	fabavirus	진딧물, 접촉	60
TSWV	구형	tospovirus	총채벌레	45
PepMoV	사상형	potyvirus	진딧물, 접촉	55
PVY	사상형	potyvirus	진딧물, 접촉	55
BWYV	구형	polerovirus	진딧물	65
PMMoV	봉상형	tobamovirus	종자, 토양, 접촉	90~95

〈표 8-16〉 노지 고추에 발생하는 바이러스의 연도별 발병률(2016, 원예연)

바이러스	발병률(%)		
	2015	2016	평균
CMV	73.8	73.3	73.5
BBWV2	68.3	71.4	69.8
TSWV	12.7	27.9	20.3
BWYV	46.9	34.7	40.8
PYV	3.3	3.5	3.4
PepMoV	6.6	13.5	10.1
PMMoV	14.6	19.2	16.9

〈표 8-17〉 노지 고추의 바이러스 단일 및 복합감염 발생 비율(2016, 원예연)

감염 형태	감염률(%)		
	2015	2016	평균
단일감염	16.9	13.2	15.1
복합감염	83.0	86.7	84.8

〈표 8-18〉 고추에 발생하는 바이러스의 복합감염 비율(2016, 원예연)

바이러스 복합감염	복합감염률(%)		
	2015	2016	평균
CMV+BBWV2	15.9	15.8	15.9
CMV+BWYV	2.0	7.2	4.6
CMV+TSWV	3.0	2.2	2.6
CMV+PMMoV	0.5	4.2	2.4
BBWV2+BWYV	4.3	1.1	2.7
BBWV2+TSWV	0.5	5.5	3
BBWV2+PepMoV	0	3.6	1.8
BWYV+PMMoV	1.2	1.3	1.3
BBWV2+PMMoV	3.0	0	1.5
CMV+BBWV2+BWYV	29.3	9.7	19.5
CMV+BBWV2+TSWV	2.1	5.8	4
CMV+BBWV2+PVY	1.3	0.8	1.1
CMV+BBWV2+PepMoV	1.8	3.6	2.7
CMV+BBWV2+PMMoV	3.1	1.7	2.4
CMV+TSWV+PMMoV	0	1.1	0.6
BBWV2+BWYV+PVY	0	1.4	0.7
BBWV2+BWYV+PepMoV	0.7	0.3	0.5
BWYV+TSWV+PMMoV	1.0	0	0.5
CMV+BBWV2+BWYV+PepMoV	4.1	5.0	4.6
CMV+BBWV2+BWYV+PMMoV	3.1	4.1	3.6
CMV+BBWV2+BWYV+TSWV	1.0	0.8	0.9
CMV+BBWV2+BWYV+PVY	0	1.1	0.6
CMV+BBWV2+TSWV+PMMoV	0.5	5.0	2.8
CMV+BBWV2+BWYV+TSWV+PMMoV	0.5	0.6	0.6
CMV+BBWV2+BWYV+PVY+PMMoV	0.5	0	0.3

가. 오이모자이크바이러스(CMV)

CMV는 전 세계적으로 분포하며 가장 넓은 기주범위를 갖는 바이러스로서 고추의 잎, 꽃, 열매에 얼룩, 변색, 기형 등을 일으킨다. 감염된 고추는 잘 자라지 못하며 심한 경우 죽기도 한다. 감염된 포기에서 수확을 하더라도 고추 품질이 매우 나쁘다. CMV는 보통 재배지 주변의 잡초, 화훼류, 작물 등의 뿌리에서 월동하고 이른 봄에 지상부로 나와 진딧물에 의하여 고추에 전달된다. 그 후로는 매개충, 작업자 및 농작업 등에 의해 다른 고추로 옮겨진다.

모자이크

줄기괴저

〈그림 8-16〉 오이모자이크바이러스(CMV) 감염

고추 육묘기에 베타글루칸을 처리하면 CMV의 감염 억제를 유도하고 정식 시기에 고추 생육을 좋게 한다. 처리 방법은 흑효모에서 추출된 베타글루칸 파우더를 100 mg/l로 희석하여, 고추 묘의 본잎이 8~10매 나오는 시기에 1일 간격으로 3회 살포한다. 1㎡ 당 1L를 기준으로 1,000L/10a를 살포한다. 정식 전 혹은 정식 직후 베타글루칸을 살포하여, 고추의 면역력을 높여 바이러스병 예방과 묘의 생육 활성 증대를 유도한다.

나. 잠두위조바이러스(BBWV)

바이러스 입자의 형태는 구형이며 크기는 직경이 25nm로 비교적 작다. BBWV는 기주범위가 넓어 다양한 잡초와 작물에 넓게 분포하고 있어서 전염원은 어느 곳에서나 쉽게 찾을 수 있다. 고추 생육 초기에 감염되면 약한 모자이크가 나타나고 진전되면 잎이 위축되며 CMV 등 다른 바이러스와 복합감염되어 발생한다. BBWV는 진딧물에 의해 비영속적으로 쉽게 전염된다. 진딧물 중에서도 복숭아혹진딧물과 목화진딧물의 전염률이 높아서 60-90%나 된다. 또 즙액전염이 잘

되어 작업 중 전염될 가능성이 있다. 그러나 종자전염이나 토양전염은 되지 않는다. BBWV는 진딧물에 의해 전염되므로 진딧물과 진딧물의 기주를 제거해야 하며 병든 식물은 발견 즉시 제거해야 한다.

모자이크 및 위축(BBWV, CMV 복합감염)

엽맥녹대(BBWV, PepMoV 복합감염)

〈그림 8-17〉 잠두위조바이러스(BBWV) 감염증상

다. 고추약한모틀바이러스(PMMoV)

고추 품종에 따라 병징은 다양하게 나타나며 저항성 유전자가 있는 고추 품종에서는 바이러스 계통에 따라 감염이 되지 않는다. 일반적으로 고추 잎에는 약하게 얼룩덜룩한 모자이크 증상이 나타나며 엽육에는 굴곡 증상이 동반된다. 여름철 고온기에는 증상이 없어지기도 한다. 바이러스 입자는 300nm의 막대 모양이며 주로 종자 및 토양에서 1차 전염을 한다. 발병 후에는 즙액 및 접촉전염에 의해 급속히 전염된다. PMMoV는 물리적으로 안전화 되어 있고 감염 식물체 내에 높은 농도로 존재하여 작업시 접촉에 의해 전염이 용이하다. 진딧물에 의해 전염되지 않는다.

약한 모자이크

모자이크(PMMoV, CMV 복합감염)

〈그림 8-18〉 고추약한모틀바이러스(PMMoV) 증상

라. 고추모틀바이러스(PMMoV)

고추에 어두운 초록색의 엽맥녹대, 모틀 및 모자이크 증상을 일으키고 잎에 주름이 생기며 기형과를 일으킨다. 생육 초기에 감염되면 식물체가 위축되고 수확물이 현저히 감소한다. 진딧물에 의해 비영속적으로 전염되므로 진딧물 방제를 철저히 하고 작물의 생육 중에 비료가 부족하지 않도록 균형시비를 한다.

모자이크   퇴록(PepMoV, CMV 복합감염)

〈그림 8-19〉 고추모틀바이러스(PepMoV) 감염증상

마. 토마토반점위조바이러스(TSWV)

바이러스 입자의 형태는 외막이 있는 구형이며 크기는 직경이 80~110nm 이다. 1,200여 종의 기주범위를 가지는 TSWV는 주로 총채벌레로 전염이 되며 영속 전염을 한다. 고추 품종에 따라 병의 증상은 다양하게 나타나는데 일반적으로 고추 생육 초기에 감염되면 고추 순이 검게 고사한다. 잎에는 둥근 원형 무늬가 형성되며 줄기는 검은색으로 변색되고 고사한다. 고추 열매에는 부정형의 둥근무늬가 형성되고 이 부위에는 착색이 되지 않는다.

원형 반점   원형 반점 및 착색 불량

〈그림 8-20〉 토마토반점위조바이러스(TSWV) 감염증상

토마토반점위조바이러스는 총채벌레가 유충 시기에 바이러스를 보독하여 죽을 때 가지 전염하며, 접촉에 의해서는 전염이 이루어지지 않는다. 번데기로 토양에서 월동하거나 암컷 성충이 월동 기주(별꽃)에서 월동하여 이듬해 전염원이 된다. 노지 고추 주변 월동 잡초 중 11종에서 고추 주요 바이러스인 CMV, BBWV2, TSWV의 감염이 확인되어, 고추 정식 전 제거해야 한다.

〈표 8-19〉 고추 바이러스병 전염원 월동 잡초 목록(경북농업기술원, 2016)

바이러스	고추 바이러스 보독 월동 잡초
CMV	광대나물, 꽃다지, 냉이, 뚝새풀, 말냉이, 벼룩이자리, 별꽃, 새포아풀, 좀개갓냉이, 지칭개
BBWV2	꽃다지, 냉이, 익모초
TSWV	별꽃

광대나물 꽃다지 냉이

뚝새풀 말냉이 벼룩이자리

별꽃 새포아풀 익모초

좀개갓냉이 지칭개

하우스 고추에서 토마토반점위조바이러스는 정식 직후부터 감염되어 5월 하순까지 집중적으로 감염된다. 이후 감염 비율이 줄어들다가 8월 하순 이후 증가한다.

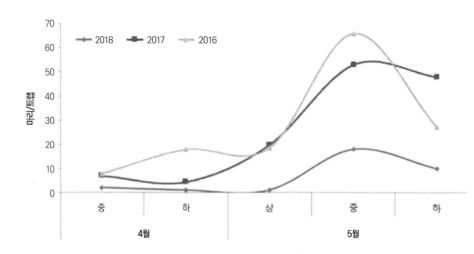

〈그림 8-21〉 생육 초기 하우스 고추에서 총채벌레 발생 소장(2016-2018), 2019. 영양고추연구소

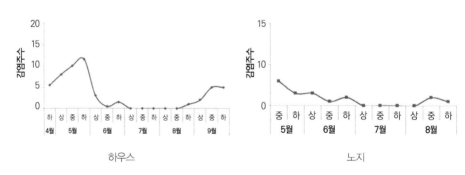

〈그림 8-22〉 토마토반점위조바이러스 시기별 감염 양상(2018-2019), 2019. 영양고추연구소

생육 초기 하우스 고추에서 발생하는 총채벌레는 정식 직후부터 발생되기 시작하여 5월 중순에 발생 최성기를 나타낸다. 정식 직후부터 계통이 다른 2가지 이상의 약제를 번갈아 살포하고 토마토반점위조바이러스가 발생한 고추는 제거한다. 하우스 주변 잡초에서도 총채벌레가 발생하므로 약제방제 시 같이 이루어져야 한다.

하. 방제

건전 묘를 재배할 경우 정식 초기에는 바이러스병을 찾아보기 어렵지만, 기온이 올라가고 진딧물이 발생하기 시작되면 바이러스병 발생률이 동시에 올라가기 때문에 고추 바이러스병의 방제는 곧 진딧물 방제에 달려 있다고 할 수 있다. 진딧물은 주로 잡초에 서식하고 월동하며 잡초로부터 바이러스를 획득해 고추로 1차 전염을 일으킨다. 기온이 올라가면 일차적으로 감염된 고추에서 증식한 진딧물이 건전한 식물체로 옮겨가며 2차 감염과 복합감염을 일으킨다.

과거에 오염된 종자가 PMMoV의 전염원인 경우도 있었으나 최근에는 종자 감염 사례가 거의 없고 오염된 토양이 주요 전염원인 것으로 나타났다. PMMoV의 발생을 예방하기 위해 고추 정식 전 오염된 토양에서 서식하고 있는 기주 잡초를 철저히 제거해야만 지속적인 피해를 최소화 할 수 있다. PMMoV의 기주 잡초로는 유럽점나도나물, 개쑥갓, 큰방가지똥, 개망초, 익모초, 속속이풀이 알려져 있으므로 정식 전 제거하는 것이 일차적인 방제 수단이다. 진딧물이 옮기는 바이러스를 방제하는 수단은 첫째, 바이러스를 보독하고 있는 잡초를 제거하는 것이 일차적인 방제 수단이다. 둘째, 바이러스병은 생육 후기에 감염될 경우 생산량에 큰 영향을 미치지 않으므로 생육 초기 바이러스에 감염되지 않도록 진딧물 방제를 철저히 해야 한다. 셋째, 진딧물을 회피하는 재배 방법으로 고추 이랑 사이에 반사 피복물(알루미늄 줄무늬, 백색 또는 회색 피복 재료)을 깔아주면 진딧물이 피복물의 자외선 반사로 인해 기피 효과를 일으켜 전염을 줄일 수 있다.

최선의 친환경적 고추 바이러스병 방제는 바이러스 저항성품종을 재배하는 방법이다.

〈표 8-20〉 고추 바이러스병의 친환경적 방제 기술

생육기	바이러스병 및 병원체	전염 양식	발생 시기	제거 방법
유묘	모자이크병 (고추약한모틀바이러스)	종자	파종 후	솎기(발견 즉시) 망실 재배
	모자이크병 (고추약한모틀바이러스)	종자	가식시	솎기(발견 즉시) 망실 재배
	모자이크병 (고추약한모틀바이러스)	접촉	가식시	솎기(발견 즉시) 망실 재배
성묘	모자이크병 (고추약한모틀바이러스)	토양	정식 후	솎기(발견 즉시)
	괴저병 (잠두위조바이러스, 고추모틀바이러스, 오이모자이크바이러스)	진딧물	5말~6중	살충제 살포 망실 재배 잡초 제거

최근에는 일부 바이러스에 대해 어느 정도의 저항성을 가진 품종들이 보급되고 있으나 다양한 바이러스에 대해 높은 저항성을 나타내는 것은 거의 없다. 하지만 식물체의 병저항성 향상을 위한 연구가 꾸준히 진행되고 있어 머지않아 이를 이용할 수 있을 것으로 기대한다. 현재까지 바이러스병을 방제할 수 있는 농약은 개발되어 있지 않으므로 병든 포기를 발견하는 즉시 뽑아 버리는 것이 전염원을 줄이는 최선의 방책이다.

환경 친화적인 병해 관리 방안

화학비료와 농약은 농업의 생산성을 높이고 각종 병해충으로부터 농작물을 보호하기 위한 필수적인 농자재이다. 하지만 이들에 대한 지나친 의존과 오남용은 농작물의 건전성을 떨어뜨리고 지속적인 안전 농산물 생산의 장애 요인이다. 고추의 각종 병해를 방제하기 위해 우수한 농약들이 많이 개발 보급되었으나 그 피해가 줄어들지 않고 있다. 이는 여러 가지 문제들이 복합적으로 엮여 있기 때문인데, 첫째는 재배품종의 문제이다. 고추 역병에 대한 저항성품종은 개발되어 활용되고 있으나 원예적 형질이 우수한 대부분의 고추 품종들은 각종 병해에 대한 감수성이 높기 때문이다. 둘째는 재배환경의 문제이다. 고추는 장기성 작물로 병원균에 감염될 기회가 많고 생육이 왕성한 시기에 긴 장마가 겹쳐 있어 역병이나 탄저병 등의 병 발생이 조장된다. 또한 토양의 물리화학상 및 생물상의 악화는 작물을 연약하게 만든다. 셋째는 연작으로 인해 병원균의 밀도가 누적적으로 증가되었으며 병원균은 높은 병원성을 가지고 있기 때문이다.

고추 병해의 환경 친화적 관리란 병 발생 3요소를 종합적으로 관리하여 경제적 피해 수준 이하로 병 발생을 낮추는 것으로 재배적 생태적 방법으로 작물을 건강하게 키워 병해충에 대한 저항성을 높이는 방법이다. 따라서 환경 친화적 병해 관리는 이들의 발생을 사전에 예방하는 것과 이미 있는 병원균의 밀도를 낮추는 것이다. 적절한 윤작과 풋거름작물 이용, 균형적 시비 관리, 병원균의 물리적 제어, 유용 미생물 등 생물자원을 이용하는 것은 환경 친화적 병해 관리의 기본적인 방법이 되겠다.

1) 예방적 병해 관리

고추에 발생하는 주요 병해의 대발생을 미연에 예방하기 위한 방법은 ① 지역 환경에 맞는 (저항성) 품종의 선택 ② 건전한 종자 선택 및 건전한 육묘 ③ 적합한 작부체계 수립 ④ 양분의 균형 관리 ⑤ 적정 유기물 공급 ⑥ 재배적 방법 개선 ⑦ 최선의 물 관리 ⑧ 천적의 보존 및 증진 ⑨ 파종과 재배 시기 및 재식거리 조절 ⑩ 재배지 청결 등이다.

고추 탄저병, 흰가루병, 점무늬병 등은 대표적인 공기전염성 병해이다. 이들 병해는 온도, 습도, 일조, 일교차, 통풍, 강우일수 및 강우량 등의 기상 환경에 절대적인 영향을 받는다. 따라서 작기를 조절하거나 재식거리를 넓히거나 생태적으로 서로 다른 품종을 교호로 재배하면 고추 주변의 미세 기상 환경이 개선되어 병 발생을 낮출 수 있다. 시설하우스재배의 경우 하우스 천정에 공기 순환 팬을 설치하여 고추 주변의 온습도 및 CO_2량을 조절할 수 있다. 딸기의 경우 공기 순환팬으로 하우스 내의 공기를 순환시킨 결과 딸기 주변의 온도는 주야간 평균 0.5-3.5℃ 상승, 습도는 주간 2-5%상승 야간 5-10% 하강, CO2량 주간 50ppm 상승 야간 200ppm 하강 등 식물체 주변 미세 기상이 효과적으로 개선되었다. 미세환경 조절(공기 순환팬 설치)은 딸기 흰가루병 감소 효과 80.1%, 수량 증가 13%, 당도 증가 3%, 경도 증가 16.9%, 부패율 감소 5% 등의 효과를 나타나고 있다. 그뿐만 아니라 한 겨울이나 무더운 여름철의 수막 재배는 하우스 내의 온습도를 조절하므로 작물을 건강하게 하여 생산성을 높이고 각종 병해충에 대한 저항성을 높이는 재배적 환경조절 방법이라 할 수 있다.

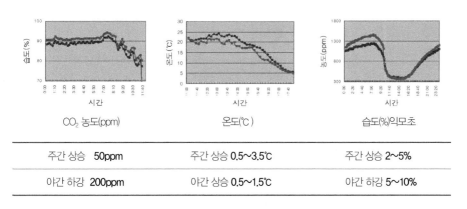

CO₂ 농도(ppm)	온도(℃)	습도(%)익모초
주간 상승 50ppm	주간 상승 0.5~3.5℃	주간 상승 2~5%
야간 하강 200ppm	야간 상승 0.5~1.5℃	야간 하강 5~10%

〈그림 8-23〉 공기 순환 팬이 하우스 내의 미세 기상 환경에 미치는 영향

고추 역병과 풋마름병 등은 대표적인 토양전염성병해로 토양환경에 절대적으로 영향을 받는다. 적절한 혼작은 병원균의 밀도를 조절하고 천적 활동에 유리하며 윤작은 토양병해 경감 및 토양비옥도 유지를 위해 매우 효과적이다. 특히 호밀이나 헤어리베치 등을 녹비작물이나 피복작물을 활용하는 것은 토양 내 유용 미생물의 활력을 높이고 토양의 건전성을 회복시키기 위해 매우 중요하다. 적정량의 퇴비 시용은 작물생장의 속도를 알맞게 하고 뿌리 장해를 줄여 병저항성을 증진시킬 뿐 아니라 토양 내 유용 미생물의 밀도와 활력을 증진시켜 토양전염성 병원균을 억제한다. 또한, 토양의 물리적 구조를 개선하여 산소공급률을 높이고 침수를 좋게 하며 식물의 병저항성을 증진시키는 물질들을 공급 한다.

2) 태양열 소독과 답전윤환

고온기에 재배되는 노지 고추의 경우에는 태양열 소독이 어려울 수 있다. 하지만 태양열 소독은 다른 방법에 비하여 비용이 적게 들 뿐만 아니라 별도의 장비나 시설이 필요 없기 때문에 하우스 풋고추 재배의 경우 활용 가치가 가장 높다. 토양의 태양열 소독은 기온이 높은 여름철에 투명한 비닐을 토양에 멀칭하여 태양열로 토양온도를 높여서 병원균을 사멸시키거나 불활성화시키는 것이다. 비닐 멀칭으로 태양열 소독을 할 경우 토양온도가 50~60℃정도로 올라가기 때문에 대부분의 토양전염성병원균은 사멸된다.

하지만 태양열 소독으로 모든 토양 병원균을 다 방제할 수 있는 것은 아니며 병원성 곰팡이나 선충에 대한 방제 효과가 상대적으로 높다. 병원성 세균은 열에 약하지만 일부 토양 깊이 분포하고 있는 세균에 대해서는 비교적 효과가 낮다. 고추나 오이 혹은 딸기처럼 뿌리를 얕게 뻗는 작물에 침해하는 병원균들은 잘 방제가 되지만 토마토처럼 뿌리가 깊게 뻗는 작물에 기생하는 병원균에 대해서는 상대적으로 효과가 낮을 수도 있다. 또한 담배모자이크바이러스처럼 내열성이 강한 병원체는 태양열 소독으로는 잘 죽지 않는다. 태양열 소독은 비닐하우스재배에서 문제가 되는 선충이나 토양 해충을 방제하는데 탁월한 효과가 있으며 토양표면 가까이 있다가 발아하여 올라오는 대부분의 잡초 종자는 죽거나 제대로 발아하지 못하게 된다.

답전윤환은 토양전염성병해 방제에 가장 효과적인 방법이다. 전국의 마늘 주산단지에서 피해가 가장 큰 흑색썩음균핵병은 답전윤환을 하는 경북 의성 지역에서는 발생하지 않고 밭에서 연속적으로 마늘을 재배할 경우에는 어김없이 피해가 크다. 수박에 발생하는 CGMMV 바이러스병도 답전윤환을 하는 경우에는 발병률이 5% 이하로 매우 낮으나 밭에서 수박을 연속으로 재배하는 경우에는 발병률이 60% 이상으로 높게 나타났다. 채소작물에 발생하는 대부분의 토양전염성병원균은 호기성으로 물을 대어 논농사를 짓게 되면 대부분이 사멸된다. 유리온실이나 하우스에서도 여름철에 물을 대어 벼를 재배하면 다음 작기에 각 종 토양전염성병으로 인한 피해를 거의 입지 않는다. 충북의 한 유기 농가에서는 하우스에서 벼로 답전윤환하는 것이 실제로 어렵기 때문에 하우스에 벼를 재배하는 대신 여름철에 물을 대어 미나리를 재배하기도 한다. 하우스에 물을 대어 미나리를 재배하는 방법도 토양전염성병원균의 밀도를 낮추고 염류집적 문제 등 토양의 물리화학성을 개선하는 좋은 방법이 될 것이다.

02. 고추에 발생하는 해충 상황

고추에 발생하고 있는 해충은 담배나방, 점박이응애, 꽃노랑총채벌레 등 모두 35종이 알려져 있다. 최근 수입 자유화에 의한 농산물 교역량 증가로 수입 농산물에 부착하여 유입된 각종 침입 해충들이 국내에 정착, 확산되면서 특히 노지 재배 채소에도 많은 피해가 나타나고 있다.

외국에서 유입되어 국내에서 피해가 나타나고 있는 해충들은 온실가루이, 담배가루이, 오이총채벌레, 꽃노랑총채벌레, 아메리카잎굴파리 등이 있으며 이러한 해충들도 고추에 발생하여 피해를 준다. 시기별로 발생하는 해충에 대한 사전 지식을 가지고 이들의 발생을 예방하는 것이 중요하며, 부득이 해충이 발생했을 경우 해충에 대한 정확한 정보를 가지고 적절한 방제 방법을 선택하여 초기에 방제해야 한다. 풋고추는 주로 생식용으로 소비되고 있으며, 최근 소비자들의 청정, 저공해 채소를 선호하는 기호를 충족시키기 위해서는 농약 사용의 최소화가 중요한 과제가 되고 있다. 농약을 적게 사용하는 것은 안전한 신선 채소 생산을 통한 국민 보건 증진뿐만 아니라 채소를 재배하는 농민들의 건강을 위해서도 반드시 해결해야 할 중요한 문제이다.

〈표 8-21〉 고추에 발생하는 해충의 종 수

구분	해충명
달팽이류	민달팽이, 명주달팽이
응애류	점박이응애, 차응애, 차먼지응애
총채벌레류	꽃노랑총채벌레, 중국관총채벌레, 대관령총채벌레, 파총채벌레, 벼관총채벌레, 하와이총채벌레, 좀머리총채벌레, 무궁화관총채벌레
진딧물류	목화진딧물, 인도볼록진딧물, 복숭아혹진딧물
노린재류	꽈리허리, 남쪽풀색노린재, 풀색노린재, 알락수염노린재, 톱다리개미허리노린재, 썩덩나무노린재
나방류	담배거세미나방, 담배나방, 파밤나방, 박쥐나방
기타	큰이십팔점박이무당벌레, 온실가루이, 담배가루이, 아메리카잎굴파리, 꽁무니알톡토기

03. 해충 종합관리(IPM)

병해충종합관리(IPM)는 작물 재배 전 과정을 통해 꾸준히 지속적으로 이루어져야 하며 IPM에 의한 성공적인 해충방제를 위해서는 재배 중에 이루어지는 관행적 방제도 필수적이지만 품종 선택, 아주심기 전 재배지 조성, 육묘 및 아주심기, 수확 후 재배지 정리 등 모든 과정에 걸쳐 세심한 계획 수립과 노력이 필요하다. 최근 신선 과채류에 대한 농약잔류검사가 강화되고 있고 소비자들도 보다 안전한 농산물을 선호하고 있으므로 저공해, 고품질 고추의 생산을 위해서는 천적을 이용한 생물적 방제와 적기방제로 농약 사용량 절감이 시급한 과제라고 할 수 있다.

가. 재배 전 기간에 걸친 종합적인 해충관리

고추를 재배할 때는 적합한 품종 선택, 고품질 과실 생산 기술, 적정시비 기술, 병해충 방제 기술 등 가능한 모든 방법을 동원하여 생산비를 최소화하고 소득을 극대화시키는 노력을 하게 된다.

해충 방제 또한 중요한 기술이다. 가해하는 각종 해충에 대해서도 발생에 적당한 환경이 이루어지면 해에 따라 발생 양상이 다르게 되므로 작물 재배 전 기간에 걸쳐 발생 가능한 모든 해충에 대한 세심한 관리가 필요하다. 육묘 기간, 정식 전, 재배기간, 수확 후 재배지 관리 등 전반적인 과정에서 종합적인 해충관리 대책을 수립, 실천해야 해충 발생을 최소화할 수 있고 방제 비용과 노력을 절감하여 소득 증대를 이루어 나갈 수 있다.

나. 종자소독 및 건전한 어린모 구입

자가 어린모 생산시 육묘 기간 중 발생할 수 있는 병해충을 최소화해야 한다. 육묘 기간에도 수시로 예방 차원의 병해충 방제 노력을 소홀히 해서는 안 된다. 또한 육묘 공장으로부터 어린모를 구입할 때는 바이러스 이병 여부, 각종 해충의 부착, 발생 유무를 세밀히 살펴보고 건전한 모종을 골라 심도록 한다.

다. 예찰과 조기 방제

고추에 해충이 만연한 후에는 방제가 매우 어렵고 비용과 시간이 많이 소요된다. 수시로 식물체를 잘 살펴 잎, 줄기, 과실에 해충의 피해증상이 있는지 확인한다. 꽃노랑총채벌레, 점박이응애 등 작은 해충은 육안으로 확인하기 어려우므로 10배 정도의 돋보기를 온실에 비치하여 수시로 꽃, 잎 등을 살펴본다. 온실가루이는 잎이나 줄기를 흔들어 흰색의 성충이 날아오르는지 관찰하고 꽃노랑총채벌레는 꽃속을 주의 깊게 살피거나 흰 종이 위에 피해증상이 나타나는 줄기를 털어보면 성충과 유충을 관찰할 수 있다.

라. 재배지 위생

작물 재배가 끝나면 다음 작기를 준비하는 단계에서 미리 해충 발생을 예방하는 노력이 필요하다. 앞에 재배한 작물의 잔재물은 재배지에서 깨끗이 제거하여 불에 태우거나 묻는다. 여름철에는 태양열을 이용한 온실 내의 소독도 고려한다. 온실에서 사용하는 농기구도 세제로 깨끗이 씻어 말려 병해충의 전염을 예방한다.

04. 해충의 발생 생태 및 방제

가. 가루이류

(1) 온실가루이(*Trialeurodes vaporariorum, Greenhouse whitefly*)

① 피해증상

약충과 성충이 모두 진딧물과 같이 식물체의 즙액을 빨아먹는데 주로 잎의 뒷면에서 가해하며 식물의 잎과 새순의 생장이 저해되거나 낙엽, 고사 등 직접적인 피해뿐만 아니라 배설물인 감로에 의해 그을음병을 유발시켜 상품성을 떨어뜨린다. 광합성을 저해하며, 바이러스를 매개하는 간접적인 피해도 크다.

〈표 8-22〉 기주별 온실가루이의 피해 부위 및 피해 양상

주요 피해 작물	피해 부위	피해 양상
토마토, 오이	잎	위축, 고사, 갈변, 그을음병 유발 잎 뒷면에 유백색 약충 및 흰색 탈피각 부착 황화병 등 바이러스 매개
	순	오그라듦, 잎 전개 불량
	열매	그을음병 유발

하우스재배 고추에서의 가루이류 발생 양상은 8월 상순 이후 밀도가 증가하여 9월 하순~10월 상순에 연중 최대 발생을 보였다. 하우스 고추에서 발생하는 가루이류는 담배가루이가 99.3%의 발생률로 우점종이었다.

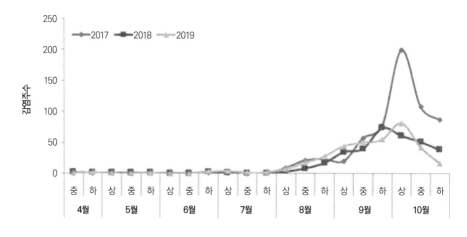

〈그림 8-24〉 연도별 하우스 내 가루이류 발생 현황, 2019. 영양고추연구소

가루이류는 잎 뒷면에서 즙액을 빨아먹어 잎과 새순의 생장을 저해하며, 배설물인 감로에 의해 그을음병 피해가 발생한다.

〈그림 8-25〉 가루이류에 의한 그을음병 피해

② 형태

성충의 몸길이는 1.4mm로서 작은 파리모양이고 몸 색은 옅은 황색이지만 몸 표면이 흰 왁스가루로 덮여 있어 흰색을 띤다. 알은 자루가 있는 포탄모양이고 길이가 0.2mm이며, 산란직후 옅은 황색이나 부화시에는 청남색으로 변색된다. 약충은 4령을 경과하며 1령충은 이동이 가능하나 2령 이후에는 고착 생활을 한다. 번데기는 등면에 왁스가시돌기가 있는 타원형이고 길이는 0.7~0.8mm이다.

③ 생태

성충은 새로 나온 잎을 선호하여 식물의 즙액을 빨아먹고 생활하며 그곳에 일생 동안 약 300개의 알을 낳는다. 알에서 갓 깨어난 1령 약충은 활동성이 있어 이동하다가 적당한 장소를 찾으면 침모양의 구기를 식물체에 꽂아 넣고 고착하며, 2령 이후에는 다리가 퇴화하여 움직이지 못하고 한곳에 붙어 흡즙·가해를 한다. 따라서 식물체의 아래 잎에서 신엽 쪽으로 번데기, 유충, 알, 성충의 순서로 수직분포를 하는 경향이 있다. 이 해충은 알에서 성충까지 되는데 3-4주정도 소요되고 증식력이 대단히 높아서 짧은 기간 내에 대발생할 수 있는 조건을 가지고 있으며, 온실 내에서는 연중 휴면 없이 발생할 수 있다.

(2) 담배가루이

① 피해증상

담배가루이의 피해는 성충 및 유충이 잎 뒷면에 기생하여 식물체의 즙액을 흡즙하여 작물 생육억제, 잎의 퇴색위축 및 낙엽, 수량감소 등의 피해를 주며, 과실은 착색이 불규칙하게 된다. 약충이 배설하는 감로는 식물에 그을음병을 유발시킬 뿐만 아니라 정상적인 광합성을 저해하여 과실의 수량에도 영향을 준다. 다발생시 벌레에서 배출되는 배설물로 인해 그을음병이 발생하여 상품가치를 저하시키며, 2차적으로 토마토 황화위축병, 담배잎말림병, 토란잎말림병 등 60여종의 바이러스병을 매개하는 것으로 알려져 있다.

② 형태

담배가루이의 4령 약충은 몸이 투명한 백색을 띠고, 몸의 길이는 0.8~1.0mm 정도이다. 4령 종령약충은 노란색을 띠게 되며 눈 주위가 붉어지는 특징을 가지고 있다. 성충은 체장이 0.8~1.2mm 정도이며 체색은 짙은 황색이다. 잎에 앉아 있을 때에는 날개를 편 선이 잎과 45°의 각도를 이룬다. 담배가루이의 알은 약간 노란색을 띠며 긴 타원형으로 한쪽 끝에 달려있는 알자루가 엽육내에 삽입되어 고정한다. 약충은 2령부터 고착에 들어가 고착상태에서 수액을 흡즙하며 감로를 배설하고 4령 3일째부터는 눈 주위가 붉어지면서 충체가 짙은 노란색을 띤다.

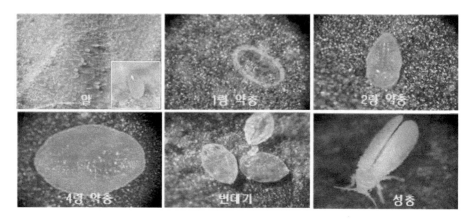

〈그림 8-26〉 담배가루이 발육 단계 모습

③ 생태

각태 모두 기주 식물의 잎 뒷면에 기생하며, 암컷 성충의 수명은 작물에 따라 10~24일 정도로서 식물의 어린잎에 66-224개 정도의 알을 산란한다. 알에서 부화한 유충은 식물체를 이동, 분산하여 한곳에서 고착 생활을 한다. 1세대 기간은 27℃에서 약 3주 정도, 8℃ 이하에서는 생장이 정지되며, 야외에서는 연간 3~4세대, 시설 내에서는 10세대 이상 발생이 가능한 것으로 보고되어 있다.

담배가루이는 온실가루이보다 높은 온도를 좋아하며, 산란 습성으로 온실가루이는 작물 상단 어린잎에 알을 낳으나 담배가루이는 작물 위아래 구별 없이 작물 전체 잎 뒷면에 산란한다. 따라서 작물 한 잎에서 알부터 번데기까지 함께 관찰되기도 한다.

〈표 8-23〉 온실가루이와 담배가루이의 차이점 비교

구분	온실가루이	담배가루이
좋아하는 온도	20~25℃	25~30℃
수명	고온에서 수명이 짧다.	고온에서 온실가루이보다 길다.
성충의 분산 정도	작물 상단 어린잎에 집중적으로 모여 있음	작물 위·아래 전체 분산
피해	흡즙과 감로로 생산량 감소 및 미관상 피해 일으킴	– 흡즙과 감로로 생산량 감소 및 미관상 피해 큼 – 발생 밀도가 낮아도 병징을 유발시켜 작물의 생리적 변화를 초래
살충제 저항성 정도	저항성이 담배가루이에 비해 낮다.	매 우높다.

형태	온실가루이(T.v.) *Trialeurodes vaporariorum*	담배가루이(B.t.) *Bemisia tabaci*
번데기	흰색, 원형, 0.7~0.8mm 정도; 몸 바깥쪽 외곽에 일렬로 배열된 아외연분비돌기가 100쌍 이내로 발달. 몸 등쪽의 배면판에 7-9쌍의 굵고 긴 분비돌기가 발달. 옆에서 보면 측면이 수직으로 뻗은 울타리 모양으로 융기되어 있어, 원반형의 보트 모양	다소 편평하고 투명한 백색, 바깥 아외연(submargin)에는 일렬로 배열된 털이 없다. 등판에도 왁스 분비돌기가 없다. 몸의 길이는 0.8-1.0 mm 정도이고 위에서 보았을 때 흉부쪽이 가장 광폭이다. 색택은 노란색; 성충이 보임(붉은눈,노란몸,흰색날개)
성충	B.t.보다 크다. 체장이 1.1mm정도이며 체색은 연한 백색~황색이다. 잎에 앉아 있을 때에는 날개를 편 선이 잎에 거의 수평을 이룬다.	T.v.보다 작다. 체장이 0.8mm정도이며 체색은 짙은 황색이다. 잎에 앉아 있을 때에는 날개를 편 선이 잎과 45°의 각도를 이룬다.

(3) 가루이류의 방제

① 화학적 방제

가루이 방제전략으로 육묘장 관리 등을 통하여 시설 내로 작물을 처음 들여올 때부터 해충을 철저히 제거하고, 측창, 통풍구 및 출입구에 비닐하우스용 방충망(16~17mesh)을 설치함으로써 외부로부터의 유입을 차단한다. 약제살포시 7~10일 간격으로 농약안전사용기준을 지켜 잎 뒷면에 골고루 묻도록 살포하여야 한다. 약제방제를 실시할 때는 황색의 끈끈이트랩을 설치하여 예찰에 의한 발생 초기에 철저한 방제를 한다.

시설재배지 고추에 담배가루이가 발생하면 배설물에 의해 비병원성 곰팡이(그을음증상) 증식이 하위엽에서부터 확인된다. 담배가루이 10마리/주 발생 시 탈피 억제제를 포함한 적용 약제를 7일 간격으로 2회 살포하면 담배가루이 증식 및 2차 피해인 그을음 증상을 막을 수 있다. 시설재배 고추에서 담배가루이 적정 방제로 무방제 대비 60% 이상 증수, 그을음병 발생 90% 이상 방제 가능하다.

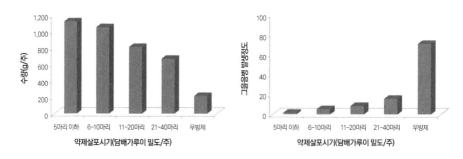

* 경상북도농업기술원 생물자원연구소

〈그림 8-27〉 담배가루이 발생 밀도별 고추 수량 및 그을음병 발생 정도

〈그림 8-28〉 담배가루이에 의한 2차 피해 그을음 증상(좌) 및 건전주(우)

② 생물적 방제

(1) 가루이 천적

기생성 천적으로 온실가루이에는 온실가루이좀벌(*Encarsia formosa*), 담배가루이에는 황온좀벌(*Eretmocerus erimicus*), 담배가루이좀벌(*Eretmocerus mundus*)이 이용되고, 포식성 천적으로는 지중해이리응애(*Amblyseius swirskii*)가 이용된다. 기생성좀벌의 산란 수는 종에 따라 다르지만 대체로 100~300개 정도의 알을 낳고, 성충 수명은 약 10일 정도로 매우 짧다. 온실가루이좀벌의 경우 95% 이상이 암컷이고, 교미를 하지 않아도 암컷을 낳는 처녀생식을 한다. 기생성좀벌의 가루이 알과 1령 약충은 섭식하고, 2령~4령 약충에 주로 기생한다. 기생 후 약 3주 후에 우화 한다. 지중해이리응애는 가루이의 알과 어린 약충을 포식하며 발육 기간은 약 1주일 정도이고, 온도 25~30℃, 습도 75~85%에서 활동력이 우수하고, 담배가루이 알 포식량은 하루에 약 10여개 정도 포식한다. 꽃가루를 먹고도 생존이 가능하여 가루이 발생 전에 방사도 가능하다.

(2) 천적의 이용 방법

가루이 천적을 이용하기 전에 재배지에 발생된 가루이의 종류를 파악해야 한다. 황색 끈끈이 트랩에 포획된 가루이 성충이나 잎에 붙어있는 알, 번데기 또는 성충의 형태를 통해서 가루이의 종류를 구분한다. 농민 스스로 구분이 어려우면 천적 회사, 기술센터 등 전문가의 도움을 받으면 쉽게 동정이 가능하다. 황온좀벌, 담배가루이좀벌은 담배가루이나 온실가루이가 발생했을 경우 이용이 가능하지만, 온실가루이좀벌은 온실가루이를 이용해야 한다. 지중해이리응애는 두 종의 가루이 알과 약충을 포식하기 때문에 발생 종의 구분 없이 사용이 가능하다. 황색 끈끈이 트랩에 가루이가 1마리라도 발견되면 즉시 방사해야 하며, 방사량은 ㎡당 5마리를 1주 간격으로 5회 이상 방사한다. 발생 초기에는 발생 지점 위주로 소량 방사하고, 가루이 발생이 증가하면 천적의 방사량도 증가해야 한다. 주의할 점은 온실 내 온도가 14~18℃ 이하로 낮아지면 좀벌은 날지 못하고 걷기만 하기 때문에 기생률이 매우 낮아지므로 하우스 온도가 낮은 겨울철에는 효과가 없거나 매우 떨어지는 경우가 종종 있다. 기생성 천적인 좀벌을 방사 2~3주 후에는 기생된 가루이 머미의 형성률을 주기적으로 확인하여 추가 방사 여부를 결정해야 한다. 가루이 성충의 물리적 방제법은 발생 지점 또는 전 재배지에 황색끈끈이 트랩을 대량으로 설치하여 성충을 포획하는 것도 가루이 성충 밀도를 억제하는데 도움을 준다.

포식성 천적인 지중해이리응애 이용 방법은 작물 정식 1개월 후 꽃이 개화하면 ㎡당 80~120마리를 1~3회로 나누어 방사한다. 방사 1주 후부터 작물에 정착 상태를 확인해야 하는데, 확대경(5~10배)을 이용하여 주로 잎의 뒷면과 꽃에 활동하는 약, 성충의 밀도를 관찰하여 정착 여부를 판단해야 한다. 가루이가 아주 적게 발생하는 경우 꽃과 잎에 지중해이리응애 약충과 성충이 약 2~3마리 이상 발견되면 추가 방사를 하지 않아도 된다. 지중해이리응애는 꽃가루를 먹고도 생존이 가능하기 때문에 가루이 발생 전에 방사하여 재배지 내에서 증식시켜야 비용을 절감하고 방제 효과도 높일 수 있다.

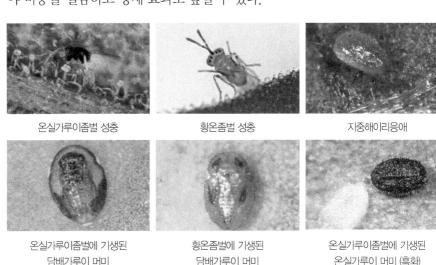

온실가루이좀벌 성충 　　황온좀벌 성충 　　지중해이리응애

온실가루이좀벌에 기생된　　황온좀벌에 기생된　　온실가루이좀벌에 기생된
담배가루이 머미　　　담배가루이 머미　　온실가루이 머미 (흑화)

〈그림 8-29〉 가루이류의 천적(상)과 머미(하)

나. 나방류

(1) 담배나방(*Helicoverpa assulta Guenee, Oriental tobacco budworm*)
① 피해증상
담배나방은 고추의 잎, 꽃봉오리 등을 가해하기도 하지만 주로 애벌레가 과실 속으로 들어가 종실을 가해함으로서 피해를 주고 피해를 받은 과실은 연부병

에 걸리거나 부패하여 대부분 낙과된다. 또한 애벌레는 하나의 고추만을 가해하는 것이 아니고 다 자랄 때까지 계속 다른 과실로 옮겨가면서 가해하는데 유충 1마리가 10개 정도의 과실을 가해하기도 하며, 평균 3~4개의 고추를 가해하는 것으로 알려져 있다. 피해 정도는 해에 따라 다르지만 방제를 소홀히 할 경우 20~30%의 감수를 초래하기도 한다.

② 형태
성충은 날개를 편 길이가 35mm정도이고 황갈색으로 앞날개는 갈색의 파상 무늬가 있으며, 몸길이는 17mm정도이다. 알은 유백색이나 알에서 유충이 깨어날 시기에는 검은색으로 변한다. 다 자란 유충은 담녹색이며, 등과 숨구멍 주위에 백색 무늬와 회흑색의 반점이 있고, 몸길이는 약 40mm정도이다. 번데기는 25mm정도로 적갈색이며, 타원형 모양이다.

③ 생태
우리나라에서 담배나방은 연 3회 발생한다. 번데기로 땅속에서 월동하며, 5월 중순부터 발생하여 6월 하순, 7월 하순~8월 상순, 8월 하순~9월 상순으로 연중 3차례 최대 발생기를 나타낸다. 성충의 수명은 약 10일 내외로서 성충이 된 후 3일부터 약 5일간 산란을 한다. 성충 1마리 당 보통 300~400개 정도를 산란하지만 산란 수는 개체에 따라 큰 차이가 있어 많이 낳는 개체는 약 700개까지도 산란을 한다.

(2) 담배거세미나방 (*Spodoptera litura Fabricius, Tobacco cutworm*)
① 피해증상
담배거세미나방은 고추에서는 담배나방과 같이 피해를 주며, 파에서는 파밤나방과 동시에 피해를 주는 경우가 많다.

② 형태
알은 구형으로 약간 납작하고, 난 덩어리로 형성되어 있고 연한 황갈색－분홍색이다. 유충의 체색은 다양(흑회색－암녹색에서 점차 적갈색 또는 백황색으로)하고, 몸의 양측면에 긴 띠가 있다. 앞가슴을 제외한 각 마디의 등면 양쪽에 두개

의 검은 반달점이 있으며 복부 첫째 마디와 여덟째 마디의 것이 다른 마디보다 크다. 등면을 따라 길게 나 있는 밝은 노란띠가 있는 것이 특징이다. 번데기는 길이 15~20mm이고 적갈색, 복부 끝에 두개의 작은 강모가 있다. 성충은 길이 15~20mm이고 회갈색으로 날개편 길이는 30~38mm 정도이며, 앞날개는 갈색 또는 회갈색으로 매우 복잡한 무늬가 있다.

③ 생태
성충은 우화 후 2~5일 동안 1,000~2,000개의 알을 100~300개의 난괴로 잎 뒷면에 산란한다. 난괴는 암컷의 복부 끝에서 떨어진 털 모양의 인편으로 덮여 있다. 산란 수는 높은 온도와 낮은 습도에 반비례(30℃, 90% RH에서 960개, 35℃, 30% RH에서 145개)하고, 알은 상온에서 4일 후, 겨울에는 11~12일 후 부화한다.

(3) 파밤나방 (*Spodoptera exigua Hubner, Beet armyworm*)
① 피해증상
성충이 20~50개씩의 알을 무더기로 산란하므로 부화한 어린 유충은 표피에서 엽육을 갉아먹지만 2~3령으로 자라면서 4~5령이 되면 잎 전체에 큰 구멍을 뚫으면서 가해한다.

② 형태
성충의 몸길이는 8~10mm, 날개편 길이는 11~12mm이다. 앞날개는 폭이 좁은 황갈색이며, 날개 중앙에 청백색 또는 황색점이 있고 옆에 콩팥 무늬가 있다. 뒷날개는 희고 반투명하다. 다 자란 유충은 35mm 정도이며 체색 변이가 심하여 황록색~흑갈색이다. 보통은 녹색인 것이 많다.

③ 생태
노지에서 1년 4~5회 발생하며 제주도 및 남부 해안 지역의 따뜻한 지역에서는 1회 이상 더 발생할 수 있다. 고온성 해충으로 25℃에서 알에서 성충까지 28일 정도 걸리고 1마리의 암컷이 1,000개 정도를 산란하므로 8월 이후 고온에서 계속 발생량이 많을 것으로 추정되며, 특히 부산, 경남, 전남, 제주 지역의 시설 채소 및 화훼 단지에서는 년중 피해가 많을 것으로 예상된다. 제주 지역에서는 파밤나방이 월동

채소 생육기간 (10월 상순~12월 하순)동안에 계속 발생이 되었고, 10월 하순부터 11월 중순까지 발생량이 많았으며 발생 최성기는 11월 상순이었다.

| 담배나방 유충과 피해과 | 파밤나방 유충과 피해과 | 담배거세미나방 성충, 유충 |

〈그림 8-30〉 나방류의 유충과 피해

(4) 나방류 방제법
① 화학적 방제
- 담배나방

담배나방은 개체에 따라 월동에서 깨어나는 시기와 생육 및 우화 기간이 다르고, 재배지에서 각 충태가 중첩되어 발생될 뿐 아니라 알에서 깨어난 어린 유충은 곧바로 과실 속으로 들어가기 때문에 효과적인 약제살포 적기를 포착하기가 매우 어렵다. 일반적으로 담배나방의 약제살포는 알에서 깨어난 어린 유충이 고추의 과실 속으로 파고 들어가기 이전에 살포하는 것이 효과적이며, 일단 유충이 과실 속으로 파고 들어가면 방제 효과가 떨어진다.

약제살포는 6월 하순이나 7월 상순부터 작용기작이 다른 2종류 이상의 등록된 약제를 10일 간격으로 4회 정도 교호로 살포하는 것이 효과적이다. 9월 이후에는 이미 많은 고추가 수확되어 피해가 크게 문제가 되지 않는 것으로 생각된다. 풋고추를 수확하고자 할 때에는 약제의 안전사용기준을 고려하여 약제 살포 횟수 및 수확 전 최종 약제살포 시기 등을 지켜 약제를 살포한다.

– 담배거세미나방

담배거세미나방은 약제저항성 개체가 출현하여 방제에 어려움이 있고, 약제방제 시 가장 중요한 것은 어린 유충이 발생할 때 살포해야 하는 것이다.

– 파밤나방

본 해충은 세계적으로 약제에 대한 저항성이 강한 해충으로 유명하며 국내에서도 최근 농민들이 이들 해충방제에 어려움을 겪고 있다. 비교적 1~2령의 어린 유충 기간에는 약제에 대한 감수성이 있는 편이다. 그러나 3령 이후의 다 자란 유충이 되면 약제에 대한 내성이 증가한다. 최근 일본 등지에서는 합성 약제에 의한 방제와 더불어 페로몬(성유인물질)에 의한 방제로 큰 효과를 보고 있다.

② 생물적 방제

나방류 천적으로 쌀좀알벌(*Trichogramma evanescens*), 기생성선충(*Steinernema carpocapsae*), 성페로몬(*Sex pheromone*), 유살등(誘殺燈) 등이 이용되고 있지만 대부분 만족할 만한 효과를 보이지 않는다. 쌀좀알벌은 알 기생봉으로 알을 낱개로 낳는 담배나방과 왕담배나방의 알에는 기생하지만 알이 털로 덮여있는 담배거세미나방의 알은 기생하지 못한다. 쌀좀알벌의 이용은 담배나방 등의 성충이 발견되면 즉시 방사해야 하며, 방사량은 ㎡당 7~15마리를 1주일 간격으로 10회 내외를 방사해야 한다. 성충의 수명이 1주일 이내로 짧아 자주 방사해야 하는 어려움이 있고 효과에 비하여 비용이 많이 드는 편이다. 쌀좀알벌 한 마리당 기생하는 알 수는 30~50개이며, 기생당한 알은 1주일 후 검은색으로 변한다.

기생성 선충은 살포한 선충이 나방 유충의 몸에 기문, 항문, 입을 통하여 곤충 체내에 침입하여 곧바로 기주 몸체 성분으로 자가 증식에 들어가 폐혈증을 일으켜 유충을 1~2일내에 죽인다. 나방 유충의 몸에 약 20만 마리의 선충이 증식되기도 하며, 몸체 가득 증식되면 충체 표피를 뚫고 밖으로 탈출한다. 기생선충은 물을 따라 이동하기 때문에 건조하면 말라버려 효과가 없으므로 햇빛이 없는 저녁이나 흐린 날에 살포해야 한다. 기생선충은 나방 유충의 몸에 묻어야 살충작용을 하기 때문에 과실 속에 들어있는 유충은 죽이지 못하는 약점이 있다.

성페로몬은 예찰과 방제를 동시에 할 수 있으며, 온실에서 이용할 경우 10a당 약 6개 트랩을 설치하는데, 80%는 온실 내부에 20%는 온실 외부에 설치하여 온실 내부로 들어오는 나방을 차단해야 한다. 노지에서 이용할 경우는 고추 재배지 단지 전체에 이용해야 한다. 그렇지 않을 경우 페로몬이 설치된 재배지에 해충이 집중될 우려가 있다.

| 쌀좀알벌 성충 | 나방유충에 증식된 선충 | 성페로몬 트랩(콘트랩) |

〈그림 8-31〉 나방류 천적과 페로몬트랩

다. 잎응애류

(1) 점박애응애(*Tetranychus urticae Koch, Two spotted spider mite*)
　차응애 (*Tetranychus kansawai Kishida*)

① 피해증상

응애류는 잎 뒷면에서 세포내용물을 빨아먹는다. 따라서 잎 표면에 작은 흰 반점이 무더기로 나타나고 심하면 잎이 말라 죽는다. 기주범위가 넓어 토마토는 물론 가지과, 박과작물과 딸기, 콩류, 과수류, 화훼류, 약초류 등 거의 모든 작물을 가해한다.

② 형태

점박이응애와 차응애는 크기와 피해 양상이 비슷하여 구분이 어렵다. 두 종 모두 암컷이 0.5mm, 수컷이 0.4mm내외로 구별이 어렵다. 여름형 암컷의 형태에 의한 구별점을 보면, 점박이응애는 담황-황록색으로 좌우 1쌍의 검은 무늬가 뚜렷하고 다리가 거의 흰색에 가깝다. 차응애는 붉은 빛을 띤 쵸코렛색으로 앞다리의 선단부에 연한 황적색이 감돈다. 휴면 암컷은 점박이응애가 황적색이고 차응애는 붉은색이다.

③ 생태

발육 시작 온도는 9℃ 전후이고, 발육 적온은 20~28℃ , 최적습도는 50~80%로서, 25℃에서 알에서 성충까지 10일이 소요되는데 좋은 환경조건에서는 급속히 개체 수가 증가한다. 점박이응애와 차응애의 성충은 기주의 영양상태가 악화되거나 단일 저온 조건에서 휴면하지만 시설 내에서는 휴면없이 연중 활동한다.

(2) 차먼지응애 (*Polyphagotarsonemus latus Banks, Broad mite*)
① 피해증상

차먼지응애는 대부분의 기주 작물에서 주로 생장점 부근의 눈과 전개 직후의 어린잎 그리고 꽃과 어린 과일을 선호하여 가해한다. 고추의 경우 초기에는 생장점 부위의 어린잎에 주름이 생기고 잎의 가장자리가 안쪽으로 오그라들며 기형이 된다. 이때 잎의 뒷면은 기름을 바른 것처럼 광택이 나며 갈색이 짙어진다. 심하게 피해를 받으면 생장점 부근의 잎이 말라 떨어지고 그 옆에 새잎이 나면 새잎으로 이동하여 피해를 주어 다시 잎을 떨어뜨린다. 이러한 과정을 계속하면 생장점 부근은 칼루스(callus) 모양으로 뭉툭하게 되고 잎눈과 꽃눈이 정상적으로 자라지 못한다.

② 형태

발육 단계는 알, 유충, 정지기, 성충으로 나눌 수 있다. 알은 흰색으로 신초 부위나 잎 뒷면, 엽병 부위에 무질서하게 붙어 있다. 유충은 0.13mm의 반투명한 유백색이고 세 쌍의 다리가 있으며 초기에는 주름살이 많지만 자라면서 몸이 팽창하여 암컷 성충과 비슷한 모양을 한다. 정지기의 차먼지응애는 유충보다 훨씬 크고 몸의 뒤쪽이 길게 돌출되어 있으며 거의 움직이지 않고 유충보다도 더 투명하다. 정지기에서 한 번 더 탈피하면 4쌍의 다리를 가진 성충이 되며 암컷 성충은 납작한 장타원형의 담갈색이며, 수컷은 육각형 모양으로 황갈색이다.

② 생태

온도가 높아짐에 따라 발육 기간에 짧아 25℃와 20℃에서는 4.5일, 3.5일로 온실이나 비닐하우스 내에서는 월 6세대 이상 경과할 수 있다. 그러나 15~20℃가 발육 적온으로 25℃ , 30℃ 높아짐에 따라 사망율이 높고 산란율이 떨어지므로 실제 생육에 25℃ 이상의 고온은 적합치 않다. 현재 국내에서 차먼지응애의 발생이 심한 시기는 2~5월 사이로 주로 하우스내의 다습한 조건에서 잘 발생하며, 5월 이후 시설 내의 온도가 올라가고 환기를 자주 시킴으로써 고온 건조한 상태가 되면 차먼지응애의 밀도는 자연적으로 떨어진다.

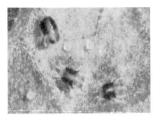
점박이응애 성충, 알

차응애 성충, 알

차먼지응애 성충, 피해

〈그림 8-32〉 응애류 성충과 피해

(3) 잎응애의 방제
① 화학적 방제
- 점박이응애, 차응애
응애류의 방제 약제는 각 작물에 따라 많은 종류가 등록되어 있다. 유기합성 농약의 보급과 시설재배의 증가로 피해가 증가되고 있는데 특히 약제저항성이 유발되어 방제가 어렵고, 방제 후 급격히 밀도가 증가하는 경향이 있다. 발생 초기, 유묘기에 철저히 방제하여 시설 내의 유입을 막고 수확 후 잔재물이나 잡초 등을 철저히 제거하는 것이 중요하며, 약제살포 시는 여러 가지 약제를 번갈아 가며 사용하여 저항성 발달을 억제한다.

- 차먼지응애
차먼지응애는 한 세대 기간이 짧아 일단 발생 시 피해가 급속도로 진전되므로 재배지 내로의 유입을 막는 것이 최선책이다. 주변의 차나무는 물론 잡초 등 기주가 될만한 것들을 제거한다. 또한 육묘 기간 중에 발생할 경우 묘를 통해 전파됨은 물론 이후 생육에 큰 영향을 주므로 묘상 관리에 유의하여야 한다. 본 해충은 순 부위를 집중적으로 가해하므로 순 부위의 어린잎에 피해가 나타나는 초기에 약제살포를 해야 한다. 비교적 약제에 대한 감수성이 높으므로 약제의 선택보다는 살포량과 살포 간격을 잘 조절하여 살포하여야 한다.

② 생물적 방제
- 잎응애 천적

잎응애 천적으로 칠레이리응애(*Phytoseiulus persimilis*), 사막이리응애 (*Amblyseius californicus*)를 이용한다. 칠레이리응애 이용의 최적온도는 20~30℃이며, 최적습도는 75% 이상으로, 40% 이하의 습도에서는 부화율이 극히 낮아 이용이 어렵다. 또한 먹이가 없으면 동족간 포식(cannibalism)으로 모두 죽는 약점이 있지만, 20℃에서 점박이응애 1세대 기간이 16.6일인데 비해 칠레이리응애는 9.1일로 발육속도가 빠르고, 포식력도 점박이응애 알을 하루에 30개씩 먹기 때문에 어느 천적보다도 잎응애 억제 능력이 뛰어나다. 사막이리응애는 칠레이리응애에 비하여 포식력은 떨어지지만 35℃의 고온에서도 발육과 증식이 가능하기 때문에 칠레이리응애 이용이 어려운 고온 건조한 환경에서 이용이 가능하다.

- 천적의 이용 방법

예찰 결과 잎응애가 발견된 지점에 칠레이리응애를 집중적으로 방사하여 다른 지점으로의 확산을 막아야 한다. 칠레이리응애의 방사량은 잎응애 소발생 시 m²당 약 5~10마리를 2주 간격으로 2~3회 방사해야 하며, 혹시 잎응애 예찰에 실패하여 발생량이 많을 경우에는 많은 양의 천적이 필요하다. 칠레이리응애 사용 시 주의할 점은 35℃ 이상의 고온과 40% 이하의 건조한 환경에서는 효과가 없으므로 절대 사용해서는 안 된다. 고온 건조 때문에 칠레이리응애의 사용이 불가능한 환경에서는 사막이리응애를 사용해야 하며, 사용 방법은 칠레이리응애를 참고하면 된다. 차먼지응애는 총채벌레 천적인 오이이리응애를 이용한 사례가 있으나, 그 효과에 대해서는 크지 않은 것으로 보인다. 잎응애가 대발생하여 천적으로 방제가 어렵거나, 천적을 사용하였는데도 잎응애 억제가 불가능한 경우 가능한 한 천적에 안전한 플루페녹스론 분산성액제 등을 사용하여 잎응애의 밀도를 낮춘 후, 천적을 추가 방사 하는 방법이 기존에 방사한 다른 천적에 적게 영향을 주어 생물적 방제의 시스템을 유지할 수 있다.

〈표 8-24〉 칠레이리응애의 발육 기간 및 포식력

발육 기간 (일)	구분	알기간	약충기간	산란 전 기간	알⇒알
	점박이응애	6.7	8.2	1.7	16.6
	칠레이리응애	3.1	4.1	1.9	9.1
점박이응애 포식 수(마리/일)	온도	알	유충	약충	성충
	20℃	30.5±12.1	15.8±7.3	8.3±2.1	2.8±0.6

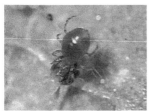  

칠레이리응애 성충   잎에서 먹이탐색하는 칠레이리응애   사막이리응애 성충

〈그림 8-33〉 고추에 발생하는 응애류의 천적

라. 총채벌레류

(1) 대만총채벌레 (*Frankliniella intonsa*, *Trybom*)

① 피해증상

약충, 성충이 모두 기주 식물의 순, 꽃 또는 잎을 흡즙한다. 고추, 가지, 감자 등 가지과 작물에서 밀도가 낮을 때는 순 부위에서부터 가해를 하므로 피해받은 새 순의 경우 흡즙당한 부위가 갈색반점이 나타난다. 고추의 잎은 은백색 반점이 많이 생기고 과실은 뒤틀리거나 구부러져 기형이 되고 꽃 속에서 약충과 성충이 가해해 꽃이 쉽게 떨어져 수량 감소의 원인이 된다. 밀도가 높아지고 피해가 진전되면서 잎 뒷면에서 가해하므로 잎의 황화현상이 나타나며 심하면 잎 전체가 고사하기도 한다. 가지, 고추 등에서는 특히 꽃이 필 무렵부터 꽃 내부나 어린 과일의 꽃받침 부위에 주로 기생하여 흡즙하므로 피해 과일은 자라면서 기형과가 생기거나 과피에 갈색 또는 회색의 지저분한 흔적이 많이 남는다. 채소, 화훼 화목류의 꽃에서 흔히 발견되며, 과실의 품질을 떨어뜨리거나 상처받은 과실의 상품 가치를 떨어뜨린다.

고추 총채벌레   고추 피해과   TSWV 피해과

〈그림 8-34〉 고추의 총채벌레류 피해와 총채벌레가 매개하는 바이러스 피해

② 형태

성충은 1.0~1.5mm로서 암컷은 흑색 또는 암갈색이고, 수컷은 황색이나 황갈색이다. 약충과 번데기는 황색이며 더듬이 제1, 제2마디는 암갈색, 3~5마디는 앞 끝이 갈색인 황색, 6~8마디는 암갈색이다. 겹눈 뒤 제4자모가 홑눈 사이 자모의 약 1/3로 길지 않으며 가슴 가운데 가슴방패판에는 종상감각기가 없다. 다른 총채벌레에 비해 검은색에 가까우므로 쉽게 구분할 수 있다.

③ 생태

노지에서는 봄부터 가을까지 각종 꽃에서 흔히 볼 수 있다. 5월 상순부터 발생하여 6월 중순에서 7월 중순에 발생량이 가장 많으며 성충으로 월동한다. 25℃에서 알 기간은 3일, 유충 기간은 4일, 번데기 기간은 3일로 알에서 우화까지 10일 정도 걸리는데 암컷은 50일 정도 살면서 500개 정도의 알을 낳는다. 발육 시작 온도는 10℃ 이다.

(2) 꽃노랑총채벌레 (*Frankliniella occidentalis, Western flower thrips*)
① 피해증상

수박, 참외, 오이, 고추 등 채소작물은 물론 백합, 카네이션, 국화, 거베라 장미 등 화훼류에서 감귤, 사과, 복숭아까지 거의 모든 작물을 가해하는 해충이다. 총채벌레 피해는 1차적으로 과실 표면과 잎에 피해를 입혀 기형과를 유발하고 작물이 잘 자라지 못하게 만든다. 2차적 피해로 여러 가지 바이러스를 매개하여 피해를 주는데, 특히 총채벌레류에 의해 매개되는 일명 칼라병이라는 토마토반점위조바이러스(TSWV)를 매개하여 수량 감소 및 생육을 위축시켜 피해를

많이 준다. 피해 받은 과일은 흰색의 지저분한 반점이나 기형과가 생기고 생육이
저조하다.

② 형태

암컷 성충은 몸길이 1.4~1.7mm, 몸색은 밝은 황색에서 갈색으로 변이가 크며
배의 각 마디에 갈색반점을 가지고 있다. 숫컷 성충의 몸길는 1.0~1.2mm로 암
컷과 유사한 모양으로 암컷보다 작고 밝은 황색이다.

③ 생태

성충은 식물의 조직에 산란하고 2령 약충을 경과한 후 땅속에서 제1, 제2 번데기 기
간을 거친 후 성충으로 우화한다. 알에서 성충까지의 기간은 약 18일(25℃)이고, 성
충 수명은 60일(20℃)로 오이총채벌레 보다 오히려 길고 암컷 한 마리당 산란 수도
많아 번식력이 뛰어나다. 보통 오이총채벌레와 혼재하여 발생하는 경우가 있으나 밀
도가 높아질수록, 한 종이 우점하는 경향이 있다. 우리나라의 각지에서 월동이 가능
하고 전국적으로 분포하고 있으며 고추뿐만 아니라 각종 작물에 큰 피해를 준다.

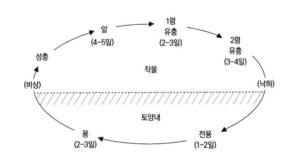

〈그림 8-35〉 꽃노랑총채벌레의 한살이

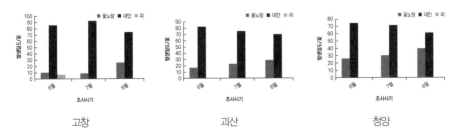

〈그림 8-36〉 노지 고추 재배 지역별 시기에 따른 총채벌레 종류별 발생 현황 (2016~2018, 원예원)

(3) 총채벌레의 방제

① 화학적 방제

- 대만총채벌레

한 세대 경과 일수가 짧아 알, 유충, 번데기, 성충이 함께 발생하고 있으므로 비교적 약제에 약한 약충은 약제살포시 사망율이 높으나 땅속의 번데기나 조직 속의 알은 상대적으로 생존율이 높아 방제가 어렵다. 따라서 시설재배의 경우 정식 전에 전작물의 잔해물과 잡초 등 발생원을 제거하고, 토양소독을 하여 번데기의 생존을 제거시키는 것이 중요하며, 오염되지 않은 건전한 묘를 사용하고 한냉사를 설치하여 시설 내로 성충의 유입을 막는 것이 중요하다. 약제방제는 발생 초기 낮은 밀도에서 효과가 있으며 높은 밀도가 되면 번데기나 알이 살아남으므로 충분한 효과가 없다. 따라서 잎 뒷면이나, 꽃, 신초 부위 등을 면밀히 조사하여 조기 발견에 노력하고 점착 유인 리본 등을 설치하여 낮은 밀도에서의 성충 밀도를 억제시킨다.

총채벌레는 발육 기간이 짧고 증식력이 뛰어나 효과적인 방제를 위한 예찰이 중요하나 크기가 1mm내외로 작아 피해가 나타나기 전까지는 육안 조사로 발생 여부를 확인하기가 어렵다. 그러므로 총채벌레의 황색, 흰색 및 청색에 유인되는 성질을 이용한 황색 점착 트랩을 설치하여 발생량을 예찰하며 방제는 발생 초기에 하는 것이 좋다.

- 꽃노랑총채벌레

일반적으로 오이총채벌레의 방제를 참조하면 된다. 약제저항성 발달 정도가 다르고 각 약제의 방제 효과도 약간씩 차이가 있으므로 약종의 선택이 중요하고 저항성 발달을 억제시키기 위해 여러 계통의 약제를 번갈아 사용하는 것이 중요하다. 또한 조직 속에 산란된 알은 방제 효과가 낮으므로 발생기 3~5일 간격으로 3회에 걸쳐 살포하는 것이 효과적이다. 오이의 토양재배 시에는 0.03mm의 투명 비닐을 피복하여 재배하는 것이 꽃노랑총채벌레의 발생을 억제할 수 있다.

② 생물적 방제

- 총채벌레 천적

총채벌레 천적으로 미끌애꽃노린재(*Orius laevigatus*)와 으뜸애꽃노린재

(*Orius strigicollis*), 오이이리응애(*Amblyseius cucumeris*)를 이용한다. 으뜸애꽃노린재는 국내 종으로 겨울잠을 자기 때문에 겨울철 이용이 불가능하지만, 미끌애꽃노린재는 겨울잠을 자지 않는 도입종으로 겨울에도 이용이 가능하다. 애꽃노린재의 이용은 총채벌레가 재배지 내 예찰 트랩에 보이면 즉시 방사해야 하는데, 가을부터 이듬해 봄까지는 주로 미끌애꽃노린재를 이용하는 것이 좋다. 애꽃노린재류는 잡식성 천적으로 총채벌레 뿐만 아니라 잎응애, 작은 진딧물, 나방의 알, 기타 작은 해충들도 포식한다. 특히 고추 꽃가루를 먹고도 생존이 가능하기 때문에 총채벌레 발생이 없어도 꽃이 피어 있는 시기에는 재배지 내 밀도 유지가 가능하다.

– 천적의 이용 방법

황색 끈끈이 트랩에 총채벌레가 보이거나, 총채벌레 발생이 예견되는 시기 약 3~4주 전에 미끌애꽃노린재 또는 으뜸애꽃노린재를 방사한다. 방사량은 총채벌레 발생 초기에는 ㎡당 1~2마리를 1~2주 간격으로 2~3회 방사한다. 총채벌레 발생량에 따라 천적의 방사량은 가감될 수 있다. 애꽃노린재 방사 후에는 약 1주일 간격으로 확대경을 이용하여 고추 꽃을 세심히 관찰하여 정착 여부를 판단해야 한다. 애꽃노린재는 주로 꽃에서 활동하며, 황색트랩에 유인되기도 한다. 애꽃노린재 활동 환경이 맞지 않거나, 외부에 먹이가 많을 경우 하우스 외부로 이탈하는 경우가 있다. 하우스 온도는 20℃~30℃가 적당하고, 애꽃노린재의 방사 시간은 한낮에 방사할 경우 정착률이 떨어지므로 이른 아침이나 저녁에 방사하는 것이 좋다.

오이이리응애는 총채벌레 1령 약충만 포식하고, 꽃가루를 먹고도 생존이 가능하기 때문에 총채벌레 발생 전 예방적으로 방사한다. 그러나 습도 40% 이하에서는 알 부화율이 낮고, 35℃에서는 생존하지 못하는 단점이 있기 때문에 습도가 낮고 온도가 높은 여름철에는 효과가 낮아 이용이 곤란하다. 특히 토양재배 온실에서는 정착률이 많이 떨어지고 효과가 높지 않아 사용을 권장하지 않는다.

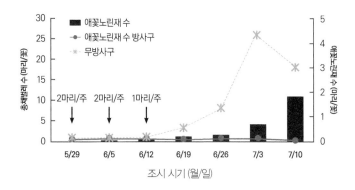

〈그림 8-37〉 꽈리고추에서 으뜸애꽃노린재 방사에 의한 총채벌레 밀도(2001, 농과원)

미끌애꽃노린재

꽃속의 미끌애꽃노린재

오이이리응애

〈그림 8-38〉 고추에 발생하는 총채벌레의 천적

마. 진딧물류

(1) 복숭아혹진딧물 (*Myzus persicae Sulzer, Green peach aphid*)
① 피해증상
주로 신초나 새로 나온 잎을 흡즙하여 잎이 세로로 말리고 위축되며 신초의 신장을 억제한다. 5월 중순 이후는 여름기주인 딸기, 담배, 감자, 오이, 고추 등을 가해하여 각종 바이러스병을 매개하므로 더욱 문제 해충이 되고 있다.

② 생태
1년에 빠른 것은 23세대, 늦은 것은 9세대를 경과하며 복숭아나무 겨울눈 기부에서 알로 월동한다. 3월 하순~4월 상순에 부화한 간모는 단위생식으로 증식하고 5월 상중순에 유시충이 생겨 6~18세대를 경과하고 10월 중하순이 되면 다시 겨울기주인 복숭아나무로 이동하여 산란성 암컷이 되어 교미 후 11월에 월동난을

294

낳는다. 약충에는 녹색계통과 적색계통이 있는데, 복숭아나무에는 녹색계통이 대부분이나 여름기주에는 적색계통이 같이 발생하는 경우가 많다.

(2) 목화진딧물 (*Aphis gossypii Glover, Cotten aphid*)

① 피해증상

성충, 약충이 모두 기주 식물의 잎 뒷면, 순 등에서 집단으로 서식하면서 가해를 한다. 진딧물에 의한 작물의 피해는 일차적 흡즙에 의해 작물의 색깔을 변하게 하거나 생장을 저해하고 각종 식물바이러스를 전염시키므로 그 피해는 더 크다. 또한 이들이 배설한 감로는 식물체의 잎을 오염시키고 그을음병을 유발시켜 동화작용을 억제시키거나 배설물에 의한 오염으로 상품성을 크게 떨어뜨린다.

② 형태

유시충의 몸길이는 1.4mm로서 몸색은 계절에 따라 변화가 심하여 봄에는 녹색계통이 대부분이지만 여름에는 황색 또는 황갈색이고, 가을에는 갈색 또는 흑갈색을 띤다. 무시충은 몸길이가 1.5mm로서 몸색은 계절에 따라 녹황색, 흑록색 또는 검은 빛깔을 띤다. 뿔관은 검고, 끝으로 갈수록 약간 가늘어지는 원기둥 모양으로서 비늘 무늬가 있고, 끝 부분에는 테두리가 발달되어 있다.

③ 생태

무궁화, 석류, 부용나무 등의 겨울눈이나 겉껍질에서 알로 겨울을 지내고 4월중하순에 부화하여 간모가 되면 단위생식을 하면서 1~2세대를 지낸다. 5월 하순~6월 상순에 유시충이 출현하여 여름기주로 이동한다. 작물에서 10여 세대를 단위생식으로 번식하는데, 7~8월부터 더운 때는 밀도가 줄지만 9월부터 번식이 왕성해진다. 10월 상중순에 겨울숙주로 이동하며 이어서 산란성 암컷과 수컷이 나타나 교미, 산란한다. 1년 6~22세대 발생하며 한 세대 발육 기간은 약 8일, 생식기간은 19일, 수명은 약 29일 정도이다. 암컷은 70마리 정도의 새끼를 낳는다.

| 복숭아혹진딧물(무시충) | 복숭아혹진딧물(유시충) | 목화진딧물 |

복숭아혹진딧물 잎 피해 진딧물 신초(좌)와 잎(우)피해

〈그림 8-39〉 고추에 발생하는 진딧물과 피해

바이러스 보독 비래 진딧물은 5월 하순부터 노지 고추에서 발생되며, 오이모자이크바이러스(CMV) 보독 비율이 높다. 무시 진딧물은 5월 하순부터 발생하여 밀도가 증가한다. 바이러스병 예방을 위해서는 바이러스 보독 진딧물 유입과 무시충이 증가하기 시작하는 5월 하순부터 적용 약제를 살포해야 한다.

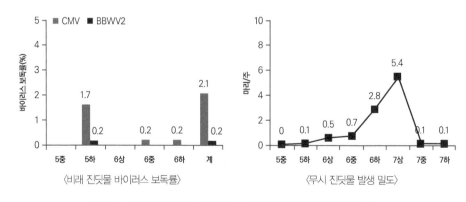

〈비래 진딧물 바이러스 보독률〉 〈무시 진딧물 발생 밀도〉

〈그림 8-40〉 비래 진딧물 바이러스 보독률 및 무시 진딧물 발생 밀도
(2016, 경북농업기술원 영양고추연구소)

(3) 진딧물류 방제

① 화학적 방제

월동난 밀도가 높을 때는 겨울에 기계유유제를 살포하거나, 발생 초기에 진딧물 전용 약제를 1회 살포한다. 6월 이후는 여름기주로 이동하여 피해가 없으며 각종 천적이 발생하므로 약제를 살포하지 않는 것이 좋다. 노지재배의 경우 유시충이 여름기주로 날아와 단위생식을 시작할 때 약제를 살포하여 방제한다. 시설 내의 경우는 됫박벌레류, 꽃등애, 진디벌 등의 천적류를 방사하기도 하지만 우리나라의 경우 시험 단계에 있다. 진딧물 방제법도 다른 해충의 방제법과 마찬가지로 ① 약제를 이용한 화학적 방제법을 비롯해 무, 배추가 싹트는 시기에 망사나 비닐 등을 이용하여 진딧물의 기생을 차단하는 방법, ② 채소밭 주위에 키가 큰 작물을 심어 진딧물이 채소밭으로 날아드는 것을 줄이는 방법, ③ 진딧물이 싫어하는 색깔인 백색이나 청색 테이프를 밭 주위에 쳐놓고 진딧물의 비래량을 줄이는 방법, ④ 진딧물의 기주 식물이나 전염원이 되는 작물을 미리 제거해 진딧물 발생을 줄이는 방법 등 다양한 방제법이 시도되고 있다.

진딧물은 생태적 특성상 대체적으로 가해 작물의 잎 뒷면에 서식하므로 잎 앞면에만 약제를 살포할 경우 소기의 방제 효과를 거두기 어렵다. 특히, 살포작업을 간단히 하거나 시간과 노력을 줄이기 위하여 약제를 진하게 타서 소량으로 살포하는 것은 약제가 농작물 전체에 골고루 뿌려지지 않을 뿐더러 약해 발생 위험이라든가 익충에 대한 악영향 등의 문제가 뒤따르게 되어 바람직하지 못하다. 이로 인하여 약제저항성 유발이 촉진될 가능성도 높으므로 적정 희석배수 및 약량을 작물 전체에 고루 살포하는 것이 중요하다.

② 생물적 방제

- 진딧물 천적

진딧물 천적은 콜레마니진디벌(*Aphidius colemani*), 싸리진디벌(*Aphidius gifuensis*), 수염진디벌(*Aphidius ervi*), 진디혹파리(*Aphidoletes aphidimyza*), 진디면충좀벌(*Aphelinus asychis*), 칠성풀잠자리붙이(*Chrysopa pallens*), 무당벌레(*Harmonia axyridis*) 등이 있다. 그러나 국내에서 상업적으로 생산 판매되고 있는 천적은 콜레마니진디벌, 수염진디벌, 진디혹파리 정도이다. 콜레마니진디벌은 수명이 약 3~5일 정도로 매우 짧기 때문에 자주 방사하기에는 경제적인 부담이 크다. 이러한 문제점을 보완한 방법이 진디벌 뱅커 플랜트(banker plant)이다. 뱅커 플랜트는 보리에 기장테두리진딧물이나 보리수염진딧물을 붙여 진디벌을 접종한 형태로 재배지에서 오랫동안 진디벌이 생존할 수 있는 먹이를 제공하는 방법이다. 혹시 보리에 붙어 있는 기장테두리진딧물과 보리수염진딧물이 고추를 가해하지 않을까 우려할 수도 있으나, 화본과 작물만 가해하기 때문에 고추에는 피해를 주지 않는다.

– 천적의 이용 방법
진딧물 천적을 이용하는 방법은 정식 후 진딧물이 발생하기 전 먼저 진디벌 뱅커 플랜트를 660㎡(200평)당 3~4포트를 재배지에 이식하고, 이식한 보리에 진딧물과 진디벌의 상태를 확인한다. 뱅커 플랜트에 서식하는 진디벌은 고추에 진딧물이 발생할 경우 찾아가 기생하고 고추에 진딧물 발생이 없을 경우는 보리에서 세대를 유지한다. 여름철 30℃ 이상의 높은 온도에서는 뱅커 플랜트의 보리 생육상태가 불량하고, 진디벌을 기생하는 중복기생벌의 발생이 많으므로 뱅커 플랜트의 사용을 주의해야 한다. 작물에 진딧물의 발생이 확인되면 먼저 진딧물의 종류를 파악하고, 복숭아혹진딧물이나 목화진딧물이면 콜레마니진디벌로 방제가 가능하나, 수염진딧물인 경우 콜레마니진디벌이 기생하지 못하기 때문에 수염진디벌이나 진디혹파리를 사용해야 한다. 진딧물은 처음부터 온실 전체에 골고루 발생되지 않고 한 지점에 발생되어(hot spot) 증식이 이루어진 후 재배지 전체로 퍼지는 게 대부분이다. 따라서 발견된 지점에 천적을 집중적으로 방사하여 초기에 진압하는 방법이 효과적이다. 콜레마니진디벌의 방사량은 진딧물 발생이 시작 단계라면, ㎡당 0.5~1마리를 1주일 간격으로 3~4회 방사하며, 진딧물의 발생량에 따라 천적의 사용량은 가감된다. 그러나 진딧물의 발생 예찰이 늦어 천적사용 시기를 놓쳤거나, 천적을 사용하였는데도 진딧물의 밀도를 억제하지 못하거나, 천적으로의 방제가 어려운 진딧물이 발생할 때가 있다. 이런 경우 진딧물 발생 지점 위주로 천적에 안전한 피메트로진 수화제, 플로니카미드 입상수화제 농약을 살포하여 진딧물의 밀도를 떨어뜨린 후, 천적을 방사하는 방법을 사용하는 것이 기존에 투입된 천적에 영향을 적게 주어 생물적 방제 시스템을 유지할 수 있다. 천적 방사 2~3주 후에는 진딧물이 죽은 머미가 형성되었는지 확인하여 머미의 형성률에 따라 진디벌의 추가 방사를 결정해야 한다. 발생 진딧물의 50% 이상 머미가 형성되었으면 진디벌의 추가 방사는 하지 말고 주기적으로 진딧물 밀도 증가 상황을 관찰하여 진딧물 밀도가 감소되지 않으면 천적을 추가 방사 해야 한다. 여름철 시설 내 온도가 33℃ 이상에서는 진디벌의 유충을 기생 하는 중복 기생벌의 발생이 많아 콜레마니진디벌의 효과가 매우 낮을 때는 진디 혹파리, 진디면충좀벌을 이용할 수 있다.

〈표 8-25〉 고추에서 콜레마니진디벌 방사에 의한 진딧물 방제 효과 (1999, 농과원)

구분	천적 처리구		무처리구	
	진딧물 (마리/5잎/주)	기생률 (%)	진딧물 (마리/5잎/주)	기생률 (%)
5월 30일	9.8	0.0	7.9	2.6
6월 13일	27.1	8.8	71.4	0.7
6월 26일	1.3	92.0	43.5	16.9

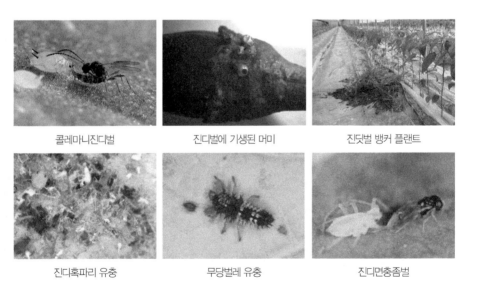

콜레마니진디벌   진디벌에 기생된 머미   진딧벌 뱅커 플랜트

진디혹파리 유충   무당벌레 유충   진디면충좀벌

〈그림 8-41〉 진딧물의 다양한 천적

바. 굴파리류

(1) 아메리카잎굴파리 (*Liriomyza trifolii, American serpentine leafminer*)
① 피해증상
성충은 기주 식물의 잎에 작은 구멍을 내고 산란하며 부화 유충이 기주 식물의 잎에 뱀처럼 구불구불한 갱도를 뚫고 다니면서 피해를 준다. 성충은 산란관으로 구멍을 뚫고 흡즙하여 피해를 주므로 피해 식물은 잎 표면에 흰색의 작은 반점들을 많이 볼 수 있다. 성충은 주광성이 강하므로 시설 하우스의 남쪽의 통로 엽에 발생이 많고, 성충은 섭식 시 질소 함유량이 많은 식물을 선호하는 경향이 있다.

② 형태
성충은 몸길이 2mm 정도로 머리, 가슴 측판 및 다리는 대부분 황색이고, 그 이외는 검정색으로 광택이 있다. 암컷 성충은 수컷에 비해 약간 크고 복부 말단에 잘 발달된 산란관을 가지고 있다. 알은 반투명한 젤리 상으로 장타원형이다. 유충은 황색 또는 담황색의 구더기 모양이고 3령을 경과하면 3mm 정도의 다 자란 유충이 된다. 번데기는 2mm 정도의 장타원형으로 갈색을 띤다. 아메리카잎굴파리 유충은 3령을 경과한다.

③ 생태
성충은 약 300~400개를 산란하며, 알은 대부분 잎의 앞면에 산란하지만 뒷면에 산란하는 경우도 있다. 유충은 굴을 뚫고 다니면서 가해하다 다 자란 유충이 되면 구멍을 뚫고 나와 땅으로 떨어져 번데기가 된다. 발생이 많을 경우는 잎에서 용화되는 경우도 있다. 아메리카잎굴파리의 알부터 성충까지 발육 기간은 15℃에서 47~58일, 20℃에서 23~28일, 25℃에서 14~15일, 30℃에서 11~13일로 온도가 증가함에 따라 모든 기주에서 발육 기간이 급격하게 짧아지는 양상을 보인다. 노지 월동 여부는 불확실하나, 시설 내에서는 휴면없이 연중 발생하므로 15회 이상 발생할 수 있다.

(2) 잎굴파리류 방제

① 화학적 방제

시설재배지에서는 한냉사를 설치하여 성충의 유입을 차단시키고, 유충의 피해가 없는 건전한 묘의 선발이 중요하다. 성충은 황색점착리본을 이용하여 예찰할 수 있다. 약제 사용 시에 5~7일 간격으로 3회 정도 나누어 살포하여 땅속의 번데기에서 우화하는 성충이나, 조직의 알에서 깨어나는 유충을 잡아야 한다. 본 해충은 묘를 통하여 확산될 가능성이 크므로 공정 육묘장의 해충관리에 특별히 신경을 써야 한다. 발생 여부는 다른 미소 해충에 비하여 피해 흔적이 확실하여 1~2마리의 피해가 나타나도 쉽게 발견할 수 있다.

② 생물적 방제

잎굴파리 천적으로 굴파리좀벌(*Diglyphus isaea*)과 굴파리고치벌(*Dacnusa sibirica*)이 이용된다. 굴파리좀벌은 잎굴파리 유충을 마취시켜 유충의 옆에 산란하고, 산란된 알이 부화되면 마취된 잎굴파리 유충의 몸을 먹고 자라는 외부 기생벌이다. 굴파리고치벌은 잎굴파리 유충의 몸에 산란하여 잎굴파리가 번데기가 되면, 고치벌의 부화된 유충이 잎굴파리의 번데기를 먹고 자라는 내부 기생벌이다. 고추에서 잎굴파리는 경제적으로 많은 피해를 주지 않지만, 의외로 발생이 많아 피해가 우려될 때는 기생성 천적을 이용한다. 특히 6월부터 10월까지는 야외에 자생하는 잎굴파리 천적이 약 20여 종으로 많아 재배지 내에 잎굴파리가 약간 발생하여도 자생 천적에 의해 방제되는 사례가 많다.

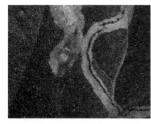  

| 잎굴파리 알 | 잎굴파리 피해 | 잎굴파리 |

〈그림 8-42〉 잎굴파리와 피해

사. 뿌리혹선충류

(1) 뿌리혹선충(*Meloidogyne spp., Root-knot nematodes*)
① 피해
토마토, 수박, 오이, 참외 등은 물론 고추, 당근, 배추 등 300여 종의 식물을 가해한다. 식물의 뿌리에 혹을 만들고 그 속에서 생활하므로 양분과 수분의 흡수가 저해되어 생장이 부진케 되고, 시들거나 일찍 고사한다.

② 형태
뿌리에 작고 둥근 혹 또는 큰 염주 모양의 혹을 만들며 그 혹 속에서 잔뿌리가 많이 생긴다. 혹 속의 선충은 암수가 모양이 다른데 암컷은 서양배 모양이고 길이 0.4~0.8mm, 폭 0.3~0.5mm, 수컷은 길이 1.0~1.9mm의 실 모양이고 구침이 17~32㎛이다.

③ 생태
종에 따라 발육 조건은 다르나 비슷한 생활 습성을 가진다. 알에서 깨어난 제2령 유충이 뿌리 속에 침입하여 세 번 탈피 후 성충이 된다. 뿌리 속에서 양분을 흡즙하면 그 주위 세포가 비대해져 혹을 형성하고 이곳이 선충의 양분 공급처가 된다. 암컷은 몸 뒷부분을 뿌리 겉쪽으로 향하고 음문 옆의 분비선에서 젤라틴 같은 물질을 뿌리 겉으로 분비하여 알주머니를 만들고 100~500개의 알을 낳는다. 24~30℃에서 1세대 기간은 4~5주, 온도가 낮을 때는 50여일 걸린다.

④ 방제
작물의 파종 3~4주전에 훈증제를 처리하고 비닐로 덮거나 물을 뿌려 5~7일간 밀봉시켜 선충을 죽인 다음, 땅을 갈아엎어 토양 내 가스를 제거한다. 여름철에는 작물이 없는 비닐하우스에서는 밀폐된 비닐 터널을 만들고 하우스 문을 꼭 닫아 4주 정도 처리하면 토양의 온도가 40℃ 이상 올라가 뿌리혹선충과 토양병균을 동시에 죽일 수 있다. 노지에서 상토용 비닐에 10~15cm 두께로 흙을 넣고 10~15일간 방치하여 햇볕에 소독해도 효과적이다. 벼를 재배할 수 있는 밭에는 1~2년간 벼를 재배하거나, 여름철에는 논농사를, 가을 이후에는 채소를 재배하면 뿌리혹선충을 막을 수 있고, 객토를 하여 선충 발생을 떨어뜨릴 수 있다.

05. 농약안전사용

가. 농약의 정의 및 범위

농약 관리법 제2조

"농약"이란 농작물(수목, 농산물과 임산물을 포함)을 해치는 균, 곤충, 응애, 선충, 바이러스, 잡초, 그 밖에 농림축산식품부령으로 정하는 동식물(이하 "병해충"이라 한다)을 방제하는데 사용하는 살균제, 살충제, 제초제나 농작물의 생리기능을 증진하거나 억제하는 데에 사용하는 약제, 그 밖에 농림축산식품부령으로 정하는 약제를 말한다.

나. 농약의 중요성과 안전사용

농약은 현대 농업에 있어서 필수적인 농업자재로서 농산물의 생산성 증대와 품질향상 등에 크게 기여하여 풍요로운 먹거리의 공급이 가능하도록 하였을 뿐 아니라 생력화가 가능하도록 하여 노동력과 농업 생산비 절감에 중요한 역할을 함으로써 농업인으로 하여금 여유로운 삶을 영위하는데 큰 공헌을 하였다.

이러한 이점에도 불구하고 농약은 생물을 살멸(殺滅)하는 화합물로서 정도의 차이는 있으나 독성을 가지고 있으므로 사용하는 농업인, 또는 제조 공정에 종사하는 사람의 건강을 해칠 우려가 있을 뿐만 아니라 적절하게 사용하지 않은 경우 작물의 약해는 물론, 환경오염을 유발시킬 가능성이 있다. 또한 농산물에 일정량 이상 잔류할 경우 인간의 건강을 해칠 염려가 있으므로 농산물을 포함한 식품 중 잔류농약 문제가 사회적 중요 이슈로 대두되고 있다. 최근 웰빙(well-being)문화의 확산으로 안전성이 의심되는 식품은 아무리 맛과 영양이 뛰어나더라도 소비자에게 외면당하게 되어 식품으로서 가치를 상실할 수도 있음을 여러 식품 사고에서 잘 보여주고 있다. 고품질의 안전 농산물 생산을 위한 농약안전사용의 중요성을 강조하는 이유가 여기에 있다.

다. 농약안전사용기준이란?

수확물 중 농약잔류량이 농약잔류 허용기준을 초과하지 않도록 적용 작물, 적용 병해충, 사용 시기 또는 사용 가능 횟수, 희석배수 등을 규정한 것으로 농약의 오·남용과 약해를 방지하고 식품으로서의 안전성을 확보하는데 그 의미가 있다.

라. 농약 사용 시 주의 사항

(1) 살포 전 수칙

포장지에 있는 농약 사용 방법, 적용 병해충, 사용 농도 등 사용상 주의 사항을 상세히 읽고 안전사용기준 및 취급제한기준을 반드시 지키며, 살포용 농기구를 점검하여 작업 중 고장나는 일이 없도록 한다. 또한 음주는 절대 삼가고 몸이 좋지 않거나 극도로 피곤한 상태에서 살포작업을 하지 않는다.

농약의 희석은 살포 농도에 맞게 깨끗한 물로 희석하고 다른 농약과 혼용 살포 시에는 혼용 가능 여부를 반드시 확인해야 하며, 살포액은 가능한 한 당일 모두 사용할 수 있는 양만큼만 만들어 살포하도록 한다.

수출을 목적으로 재배할 때에는 국내 등록 농약 중 수출 대상국의 식품 기준에 적합한 농약만을 사용하여야 하며, 이는 농촌진흥청에서 보급하는 수출용 농약 안전사용지침을 활용하면 쉽게 해결할 수 있다.

(2) 살포시 수칙

농약을 뿌릴 때는 바람을 등지고 약제가 피부에 묻지 않도록 모자, 마스크, 장갑, 방제복 등 보호 장비를 반드시 착용하고, 살포작업은 한낮 뜨거운 때를 피하여 아침·저녁 서늘할 때 실시한다. 또한 한사람이 계속하여 2시간 이상 작업하는 것은 피해야 하며 두통, 현기증 등 몸이 좋지 않을 때는 작업을 중단하고 휴식을 취하여 중독 사고를 예방한다.

(3) 살포 후 수칙

작업이 끝나면 살포 기구는 깨끗이 씻어 보관하여 다음 사용 시 고장이나 약해의 원인을 사전에 예방한다. 농약 빈병은 일정한 장소에 모아두고 종이로 된 포장지는 모아서 소각한다. 작업자는 비눗물로 몸을 깨끗이 씻은 후 충분한 휴식을 취하고 농약사용일지 등을 작성하여 관리한다.

(4) 농약중독 시 응급조치

중독 증상이 있을 때는 즉시 작업을 중지하고 안정을 취해야 하며, 반드시 의사의 지시를 받는다. 잘못하여 먹었을 때는 바로 소금물을 먹여 토하게 하고 의사의 치료를 받는다. 유기인계농약의 해독제로는 팜(정제, 주사제) 및 아트로핀(주사제)이 있으며, 카바메이트계 농약의 해독제로는 아트로핀(주사제)이 있다. 해독제는 반드시 의사의 처방에 따라 사용한다.

마. 농약 사용과 약해 발생

(1) 약해의 종류

구분	발현 시기	약해 증상			수량
		잎·줄기	꽃·열매	뿌리	
급성	3~5일 이내 육안 관찰 가능	얼룩반점 괴사반점 고사	개화지연 반점 낙화·낙과	갈변 발근저해	심한 감소
만성	3~5일 이후 이상 증상 발현	기형잎 위축	비대지연 착색불량 기형과	괴사부패 기형뿌리	약한 감소

(2) 농약에 의한 약해 발생 원인

고농도 살포	부적합한 약제 사용	불합리한 혼용	사용 방법 미숙	기타
38%	23%	16%	15%	8%

농약에 의한 약해는 주로 고농도 살포와 적용 작물에 맞지 않는 농약의 살포, 농약과 영양제(4종 복비)를 혼용하거나 혼용이 불가능한 약제와의 혼용에서 발생한다. 이외에 농약의 중복 및 근접 살포에 의한 사용 방법 미숙과 제초제살포 후 방제 장비를 세척하지 않고 사용할 경우에 발생한다.

바. 살포 조제액의 혼용 순서

일반적으로 유제·수화제의 혼용 순서에 따른 살포 액의 물리화학적 변화는 물론, 방제 효과 측면에서도 전혀 차이가 없다. 다만 수화제(WP)WG)SC)유제)액제 순으로 희석하는 것이 조제 작업면에서 다소 쉽다.

사. 농약 살포 액의 경시적 안정성과 병해충 방제 효과

농약 살포액 조제 후 시간이 지남에 따라 점차 살포액의 물리화학성은 다소 저하되나 조제 후 24시간 내에 살포하면 약효 발현 및 방제 효과에는 큰 차이가 없다.

아. 농약 보조제(전착제)첨가에 의한 농약 부착성 및 잔류성

농약 보조제는 농약 살포액의 작물체 부착성 및 내우성(耐雨性) 등 살포액의 물리성을 개선시키고 약효를 증진시키기 위해 사용하는 물질이다. 보조제의 첨가는 일반적으로 살포액의 표면장력을 낮추어 습전성을 향상시키고 분무 입경을 작게 하여 살포 시 작물체 표면에 농약이 골고루 묻도록 해줌으로써 병해충 방제 효과를 증진시킨다. 그러나 일부 농약은 보조제를 첨가함으로써 대상 농약 중에 들어있는 계면활성제 등 부자재와의 부조화로 인해 오히려 농약의 작물체 부착 등을 방해하여 약효 저하 및 약해를 가져올 수 있음을 주의하여야 한다.

자. 농산물 중 농약잔류

(1) 농약잔류량

농약잔류량이란 농산물 중에 남아있는 농약의 총량을 말하며 보통 ppm(mg/kg)으로 표시한다. 수확기에 근접하여 농약을 뿌리면 잔류량이 많아지며 고추와 들깻잎 등 연속으로 수확하는 작물에서 잔류 문제가 자주 발생한다. 농약잔류량은 농산물과 농약의 중량 비율이므로 곡물이나 과실류보다 엽채류에서 많아지게 된다.

(2) 잔류농약에 영향을 주는 요인

① 농약잔류는 기본적으로 농약 자체의 안정성, 즉 분해가 쉽게 되고 안 되는 성질에 영향을 받는다.

② 분무기의 종류와 분무 압력 등 살포 방법에 영향을 받는다. 살포 압력이 너무 낮거나 높으면 초기 부착량이 떨어져 잔류량은 적으나 방제 효과가 떨어지므로 적절한 압력으로 골고루 살포해야 한다.

또한 농약잔류량은 살포 물량보다는 살포 농도에 크게 영향을 받는다. 즉, 같은 농도일 때 표준 살포량과 비교하여 배량을 살포하여도 잔류량은 크게 늘어나지 않으나, 같은 양을 살포하더라도 살포 농도를 배량으로하면 잔류량이 2배 이상 늘어나므로 살포 농도에 주의하여야 한다.

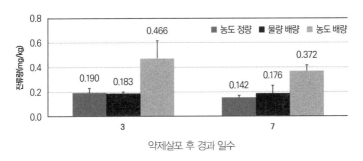

〈그림 8-43〉 농약의 살포 농도, 살포량에 따른 Chlorpyrifos 잔류량 비교

③ 재배환경에 크게 영향을 받는다. 즉, 시설재배는 노지재배보다, 겨울재배는 여름재배보다 농약잔류량이 많다〈그림 8-44, 8-45〉. 이밖에 기온, 일조량, 강우와 토성, 토양수분, 유기물함량 등 토양조건에 따라서도 영향을 받는다.

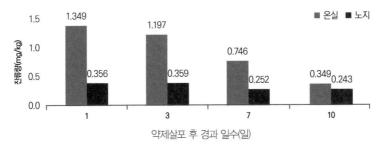

〈그림 8-44〉 재배환경별 풋고추 중 chlorpyrifos 잔류량

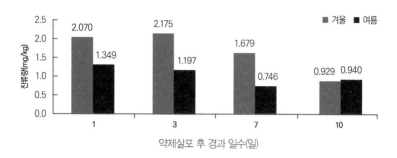

〈그림 8-45〉 재배 시기별 풋고추 중 chlorpyrifos 잔류량

④ 전착제 첨가는 일반적으로 농약의 작물체 부착량을 증가시키기 보다는 지속
효과를 높임으로써 잔류 기간이 길어지는 것이 일반적이지만 수확기 잔류량 측
면에서 보면 큰 의미는 없다.

⑤ 작물체 표면의 형태, 즉 굴곡, 털, 왁스 피복 비율 등에 따라 달라진다. 같은
고추라도 꽈리고추는 풋고추와 홍고추에 비교하여 초기 부착량(잔류량)이 두
배정도 높으나 수확 주기인 5일 후 잔류량은 큰 차이가 없다. 파프리카(피망)는
일반 고추에 비교하여 중량에 대한 표면적 비율이 작아 잔류량이 일반 고추의
43~72% 수준으로 낮다〈표 8-25〉.

〈표 8-26〉 파프리카와 일반 고추의 농약잔류량 비교

농약 및 살포 내용	살포 후 경과 일수	농약잔류량(mg/kg)		
		파프리카(A)	고추(B)	A/B(%)
페나리몰 12.5% 유제 3,000배액 2회 살포	3	0.41	0.57	71.9
	5	0.30	0.54	55.6
	7	0.23	0.47	48.9
메토밀 45% 수화제 1,000배액 2회 살포	3	0.08	0.15	53.3
	5	0.05	0.10	50.0
	7	0.03	0.07	42.9

(3) 농약의 형태(제형)별 작물체 내 잔류 양상

① 입제 농약

작물의 뿌리로부터 흡수되어 줄기, 잎, 과일로 이동하여 병해충 방제 효과를 나타내므로 약효가 늦게 나타나며, 잎이나 열매로 이동된 농약 성분은 분해가 느려 미량이나마 농산물 중에 오래 잔류한다.

② 수화제 농약

작물체 내 침투 효과가 적고 대부분 표면에 부착됨으로 강우에 의해 쉽게 씻겨 내려간다. 그러나 시설재배 작물은 비를 맞지 않을 뿐만 아니라 바람이 차단되고 햇빛이 비닐 층을 통과하면서 자외선 분해능이 현저히 떨어져 오히려 타 제형에 비해 잔류량이 많고 약흔이 남는 단점이 있다.

③ 유제·액제 농약

살포 후 농약 성분이 작물체의 왁스층으로 쉽게 이동하고 병해충 방제 효과도 우수하다. 강우에 의한 작물체 표면에 부착된 농약 성분의 유실량은 일반적으로 수화제보다 적다.

④ 유탁제, 미탁제 농약

최근에 개발된 신제형으로 유제나 수화제에 비해 입자가 작아 병해충 체내로 약제 침투가 용이하여 약효가 우수하고 약흔도 남지 않는다.

⑤ 훈연제 농약

농약 성분이 연기 또는 가스 형태의 매우 미세한 입자로 살포되므로 작물체에 부착된 농약의 분해가 빨라 농산물 중 잔류량이 적어 안전 농산물 생산에 유리하다. 그러나 주로 잎의 뒷면에 서식하는 진딧물, 응애 등 해충에 직접 작용하는 약량이 적어 약효가 떨어지는 단점이 있다.

(4) 작물체 중 잔류농약의 분해와 소실

작물체 중 잔류농약은 주로 자외선에 의한 태양광선과 강우에 의해 분해 소실되며, 농약 자체가 갖는 휘발성과 기온의 영향을 받는다. 일반적으로 온도가 높으면 각종 분해 작용과 휘발 등의 진행속도가 빨라져 농약의 분해도 촉진된다.

(5) 근접 살포 및 혼용해서는 안 되는 농약

화학적으로는 다른 농약이나 잔류 분석 시 동일 성분으로 분석되는 다음 조합의 농약은 근접 살포나 혼용 살포할 경우 잔류 기준을 초과할 염려가 있으므로 주의하여야 한다.

따라서 혼합제 농약은 이전에 살포한 농약과 같은 성분이 포함되어 있는지 확인 후 사용해야 한다.

① 카벤다짐(고추탄), 베노밀, 티오파네이트메틸(지오판)

② 사이퍼메트린(피레스), 알파사이퍼메트린(알파스린)

③ 펜발러레이트(스마사이딘), 에스펜발러레이트(적시타)

④ 만코제브(포름만), 메티람, 프로피네브(안트라콜), 티람(참조네)

차. 안전 농산물 생산을 위한 올바른 농약 사용

먼저 농약 사용에 앞서 병해충 발생을 줄일 수 있는 재배환경을 조성하고 지역 특성에 맞는 병해충 저항성품종 재배 등 친환경 재배 기술 실천하여 건전한 작물 생육을 유도하는 것이 중요하다. 농약을 살포할 경우에는 적용병해충 방제에 알맞은 농약을 선택하고 제때에 방제하여 약효를 높임으로써 방제 횟수를 줄일 수 있도록 하며, 희석 배수, 최종 살포일 등 안전사용기준을 준수해야 한다.

또한 작용 특성이 서로 다른 농약을 바꾸어 가면서 사용하면 약제저항성을 줄이고 방제 효과를 높일 수 있다. 최근에는 농약 제품에 작용기작을 표시함으로써 농업인들이 쉽게 선택할 수 있도록 하고 있다.

– 작용기작 표시 : 살균제(가,나,다 순), 살충제(1,2,3 순), 제초제(A,B,C 순)

국내 고추(단고추류 포함) 등록 농약은 다음 표와 같다.

〈표 8-27〉 국내 고추(단고추류 포함) 등록 농약 품목 수(2019)

구분	병해충명	등록 농약 및 품목 수
살균제	갈색점무늬병	가스가마이신.폴리옥신디(입상수화제) 등 17품목
	세균성점무늬병	발리다마이신에이(액상수화제) 등 28품목
	역병	디메토모르프(수화제) 등 72품목
	잘록병	에트리디아졸.티플루자마이드(유제) 등 8품목
	잿빛곰팡이병	디에토펜카브.티오파네이트메틸(수화제) 등 36품목
	탄저병	만데스트로빈(액상수화제) 등 123품목
	풋마름병	메탐소듐(액제) 등 2품목
	흰가루병	디페노코나졸.메트라페논(액상수화제) 등 41품목
	흰비단병	플루톨라닐(유제) 등 26품목
살충제	거세미나방	다이아지논.티아메톡삼(입제) 등 9품목
	검거세미밤나방	비펜트린.터부포스(입제) 등 3품목
	꽈리허리노린재	설폭사플로르(입상수화제) 등 2품목
	담배가루이	디노테퓨란(수화제) 등 32품목
	담배나방	감마사이할로트린(캡슐현탁제) 등 143품목
	땅강아지	클로티아니딘.페니트로티온(입제) 1품목
	뿌리혹선충	디메틸디설파이드(유제) 등 7품목
	숫검은밤나방	델타메트린.테부피림포스(입제) 1품목
	온실가루이	스피네토람(액상수화제) 등 3품목
	점박이응애	비펜트린(액상수화제) 등 2품목
	차먼지응애	디페노코나졸.플루아지남(수화제) 등 37품목
	작은뿌리파리	테플루벤주론(액상수화제) 등 4품목
	목화진딧물	델타메트린.티아클로프리드(액상수화제) 등 101품목
	복숭아혹진딧물	람다사이할로트린(수화제) 등 99품목
	꽃노랑총채벌레	사이클라닐리프롤(액제) 등 62품목
	대만총채벌레	사이안트라닐리프롤(분산성액제) 등 7품목
	오이총채벌레	노발루론(액상수화제) 등 8품목
	파밤나방	티오디카브(수화제) 1품목
기타	전착효과	폴리에테르폴리실록세인(액제) 1품목
계	27병해충	875품목

카. 고추류 농약 안전성검사

고추류는 국내 안전성검사 결과, 부적합율이 전체 부적합 농산물 중 15%를 차지할 정도로 안정성 위반이 많은 작물이다. 이는 신선 농산물의 연중 공급을 가능하게 한 시설재배, 특히 겨울재배면적이 늘어난 원인이기도 하지만 고농도 살포와 살포 농도 미 준수 등 안전사용 기준을 지키지 않는데 주원인이 있다.

수출 고추류의 경우는 수출 대상국의 식품 기준에 맞아야하므로 국내 등록 농약 중에서도 사용 가능 농약만을 선택하여 사용하여야 한다.

〈표 8-28〉 대일 수출 고추류의 통관 과정 중 잔류 농약 초과 검출 사례

품명	농약 검출			농약잔류 허용기준(ppm)	
	연도	성분명	검출치	일본	한국
냉동풋고추	2007	에토프로포스	0.05	0.02	0.02
꽈리고추	2007	비터타놀	0.16	0.05	0.7
	2008	플루퀸코나졸	0.06	0.01	1
	2008	테부코나졸	0.02	0.01	1
	2014	트리사이클라졸	0.13	0.02	3
	2014	헥사코나졸	0.05	0.02	0.3
풋고추	2008	테부코나졸	0.07	0.01	1
	2008	플루실라졸	0.03	0.01	0.3
	2008	테부코나졸	0.24	0.01	1
	2008	테부코나졸	0.093	0.01	1
	2008	테부코나졸	0.162	0.01	1
	2008	테부코나졸	0.021	0.01	1
	2009	플로니카미드	0.8	0.4	2
	2010	디페노코나졸	0.07	0.01	1
	2011	디페노코나졸	0.05	0.01	1
	2011	시메코나졸	0.06	0.01	2
	2011	시메코나졸	0.03	0.01	2
	2014	디페노코나졸	0.1	0.01	1
	2014	디페노코나졸	0.1	0.01	1
	2014	플루퀸코나졸	0.09	0.01	2
	2014	플루퀸코나졸	0.08	0.01	2

타. 농약허용물질목록 관리제도(PLS) 도입 및 시행에 관하여

2019.1.1.부터 농약허용물질목록 관리제도(Positive List System, PLS)가 전면 시행됨으로써 수입 농산물은 물론, 국내 유통 농산물에 대한 안전 관리가 강화되었다. 2016.12.31. 견과종실류와 열대과일류에 한해 부분 시행해 오던 것을 모든 작물에 대해 확대 시행한 것으로 농약의 사용과 관리에 보다 세심한 주의가 요구된다.

(1) 농약허용물질목록 관리제도(PLS)란?

국내 사용등록 또는 잔류허용기준이 설정된 농약 이외에는 일률 기준(0.01ppm)으로 관리하는 제도로서 사실상 해당 작물에 잔류 기준이 설정되지 않은 농약은 사용할 수 없음을 의미한다.

(2) PLS 시행 이후 어떻게 달라지나?

PLS 시행 전	PLS 시행 후
• 잔류허용기준이 설정된 경우 　– 기준에 따라 적용	• 잔류허용기준이 설정된 경우 　– 기준에 따라 적용
• 잔류허용기준이 설정되지 않은 경우 　– 잠정기준 적용 　① Codex 기준 적용 　② 유사농산물의 최저기준 적용 　③ 해당농약의 최저기준 적용	• 잔류허용기준이 설정되지 않은 경우 　– 일률기준(0.01ppm) 적용 Codex 기준 및 유사농산물 최저기준 등을 적용하지 않고 일률기준(0.01ppm) 적용

(3) 성공적인 PLS 도입을 위한 추진사항

PLS 시행을 앞두고 그간의 미비점을 보완하고 소비자와 농업인이 모두 만족할 수 있는 대책을 마련하기 위하여 관계 기관에서는 서로 머리를 맞대고 많은 노력을 기울였다. 제도 시행의 성공적인 연착륙을 위하여 ① 제도 시행에 대한 대국민 교육 및 홍보를 강화하여 시행에 대한 이해도를 높이고, ② 소면적 재배작물에 대한 농약직권등록 확대 ③ 농약잔류허용기준(MRL)과 농작물 그룹 잔류허용기준(Group MRL)을 확대 설정하였다. 또한 농약관리법 개정 등을 통하여 농약의 판매 기록을 의무화하고 농업인 등 등록된 개인과 법인만이 농약을 구매할 수 있도록 하는 등 농약의 오·남용 및 안전 사고를 줄이기 위한 제도가 마련되어야 할 것으로 본다.

9

제9장

고추 수확 후 관리 기술

01. 수확

가. 풋고추

고추의 개화부터 수확기까지의 일수는 작형과 품종, 온도 이외의 열매 달림 위치, 자람세, 일기 등에 따라 다르지만 풋고추용은 보통 개화 후 15~20일, 피망은 개화 후 20~25일, 꽈리고추는 개화 후 15~25일 후 수확(매운맛 형성 전 수확), 청양고추는 개화 후 25~30일 후 수확하는 것이 좋다. 수확 과실의 크기는 큰 과실의 품종이 20~30g 정도, 작은 과실의 품종이 10~20g 전후이고 포기당 수확량은 150~200개를 목표로 한다. 수확은 아침에 하며 열매껍질에 이상이 있거나 담배나방의 피해가 있는 과실이 있으면 상품 가치를 떨어뜨리므로 제거하고 건전과를 선별하여 수확하도록 한다. 수확한 고추는 온도가 낮은 곳으로 옮겨주고 산지유통센터(APC)를 이용하여 출하하는 경우 수확 후 바로 수송하도록 한다. 특히 여름철인 경우 고온을 피하여 가능한 하루에 2차례 수송하도록 한다.

나. 홍고추, 건고추

고추 개화 결실의 한계기는 보통 개화 후 적산 온도 1,000~1,300℃ 되어야 착색이 되고 성숙하게 된다. 건고추 및 홍고추용 품종은 꽃이 핀 후 대개 45~50일경의 진홍색의 완숙과일 때가 매운맛인 캡사이신이 가장 많은 수확 적기이다. 수확기가 늦으면 탄저병균의 침투로 인해 수확 후 건조 과정에서 탄저병 증상이 발생되어 수량이 감소하므로 탄저병 발생이 예상되는 열매는 착색되면 빠른 시간

내에 수확하도록 한다. 또한 고추 수확량의 손실을 줄이기 위해서는 후기의 병해충 방제를 철저히 실시하고 토양습도를 적당하게 유지함으로써 과실의 비대를 촉진시킨다. 80% 이상 붉어진 고추는 즉시 수확해 나머지 고추의 숙기를 촉진시킨다. 이때 완전히 착색되지 않은 과실을 건조하면 희나리가 발생하므로 반드시 2~3일 정도 후숙해 착색시킨 다음 건조해야 한다.

(1) 건고추

건고추용 홍고추를 수확 시에는 완전히 착색된 붉은 고추를 수확하여 2~3일 어둡고 서늘한 장소에서 큐어링한 다음에 세척하여 비닐하우스 및 건조기 등에서 건조시킨다. 고추 세척에 사용하는 세척기의 내부, 세척솔과 고추 운반용기 등은 곰팡이 오염이 높은 부위이므로 사용 후 세척하여 청결하게 관리한다.

02. 저장

가. 풋고추

풋고추는 수확 후 호흡 및 증산 작용으로 수분 손실 및 위조가 일어나고 고온성 열매채소로 저온에 민감하다. 풋고추의 적정 저장 조건은 7℃에서 상대습도 90~95%가 적합하다. 저장 중 폴리에틸렌 필름(PE 0.03mm)을 느슨하게 덮어 저장하면 수분 손실을 방지하며 4주간 저장이 가능하다. MA 저장 방법으로 0.05mm 비닐 필름(폭30cm, 길이 40cm)에 고추 약 1kg씩 넣어 고무 밴드로 완전히 밀봉하여 저온(7℃)저장하면 꼭지 무름 방지, 수분 손실 억제, 과피색을 유지할 수 있다. 풋고추를 7℃ 이하에 저장하게 되면 곰보현상, 수침현상, 종자 갈변 등의 저온장해가 발생하고, 15℃ 이상이 되면 성숙이 촉진된다.

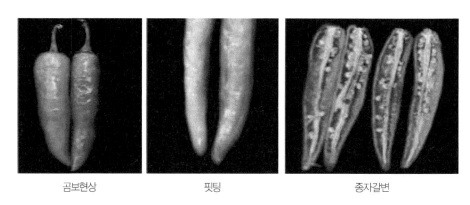

곰보현상   핏팅   종자갈변

〈그림 9-1〉 풋고추 저온장해 증상

저장 유통 중 발생하는 종자 갈변은 풋고추 '녹광'의 경우 개화 후 30일 이후 수확하면 종자 갈변율을 줄일 수 있다. 종자 갈변은 개화 후 15일경에 수확한 과실을 저온저장 하면 7일 이내에 종자가 100% 갈변하였다. 개화 후 40일경에 수확한 고추는 저온저장 15일 후에도 종자 갈변율이 28% 정도였다〈그림 9-2〉.

저장일	내부									외부								
	DAF	15	20	25	30	35	40	45	50	DAF	15	20	25	30	35	40	45	50
0일	SB(%)	0	0	0	0	0	0	0	0									
	DAF	15	20	25	30	35	40	45	50	DAF	15	20	25	30	35	40	45	50
7일	SB(%)	100	50	40	25	10	5	0	0									
	DAF	15	20	25	30	35	40	45	50	DAF	15	20	25	30	35	40	45	50
15일	SB(%)	100	100	88	86	78	28	0	0									
	DAF	15	20	25	30	35	40	45	50	DAF	15	20	25	30	35	40	45	50
15+4일	SB(%)	100	100	93	87	42	7	4	0									

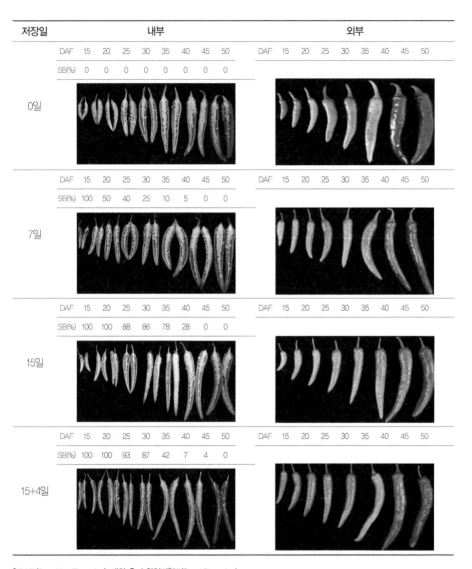

* DAF (Day After Flowering): 개화 후 수확일자 *SB(Seed Browning)
* 15+4일(4℃저장 15일 후 20 ℃저장 4일)

〈그림 9-2〉 고추 개화 후 수확 시기별 저온저장 기간 동안 종자 갈변 및 외관의 변화

개화 후 수확 시기가 늦어질수록 경도, 당도와 산도가 높게 나타나〈그림 9-3, 9-4〉 품질을 고려한 풋고추의 최적 수확 시기는 개화 후 35일경으로 판단되며 이후 수확 시 상온 유통 중 색상이 붉게 변하였다.

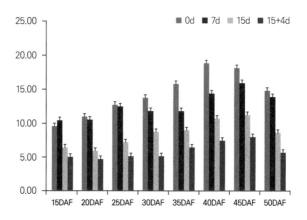

〈그림 9-3〉 고추 수확 시기별 저장 기간 동안 경도의 변화

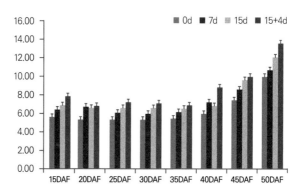

〈그림 9-4〉 고추 수확 시기별 저장 기간 동안 당도의 변화

고추 수확 시기별 과피와 종자의 항산화 성분을 조사한 결과 과피에서는 개화 후 50일경 수확한 과실이 ABTS와 DPPH 함량이 가장 높았으며, 종자에서는 개화 후 15일경 수확한 과실이 저장 초기의 항산화 함량이 높았다. 고추의 항산화력은 개화 후 15~20일에 비해 35일 이후에 수확하여 저온저장 할 때 높게 유지되었다. 또한 수확 후 저장 전에 풋고추에 메틸자스몬산을 처리하면 저온장해를 감소시킬 수 있다.

저장된 풋고추를 소포장하여 출하하는 경우는 poly propylene (PP) 필름을 사용하여 1면에 4개의 구멍(∅ 8~10mm)이 있는 천공 필름을 사용하여 결로를 감소시키도록 한다.

포장 전 결로 방지

선별

소포장

〈그림 9-5〉 풋고추 선별 및 포장

여름철에 풋고추를 소포장할 때에는 저장고에서 꺼낸 다음 대부분 결로가 발생하므로 팬으로 약 30분 정도 불어주어 결로를 감소시킨 후 크기가 균일하고 건전한 풋고추를 선별, 포장한다.

〈시들음〉

〈필름을 덮어 저장〉

〈플라스틱 필름 MA저장〉

〈그림 9-6〉 풋고추 저장 중 시들음 방지

풋고추를 저장 중엔 저장고의 환기를 주기적으로 하고, 꼭지 부분이 물러져 있거나 이병과는 신속히 제거하고, 계속 발생하는 경우에는 즉시 출하하도록 한다. 그리고 출고 시 외부 온도와의 차가 클 경우 결로가 발생하므로 출고 1일 전 외부온도와 저장온도의 중간 온도로 설정한다. 그러나 풋고추를 수확 후 1~2일 보관하였다가 출하하고 빠른 기간 내에 소비되는 경우 7℃에 저장하는 것 보다 15~18℃에 보관한 후 유통하는 것이 결로를 억제하는데 도움을 준다.

나. 홍고추

저장용 적색물고추는 8월 하순경에 수확하여 썩었거나 벌레 피해를 받은 고추 등을 제거한 후 건전과를 선별해 저장한다. 포장 재료는 0.05mm 비닐 필름 (폭 30cm, 길이 40cm정도)에 0.5~1.0kg씩 봉지에 넣고 봉지 내의 공기를 뺀 후 입구를 고무 밴드로 완전 밀봉하여 5~10℃의 저온에 저장하면 상품성과 선도 유지 효과가 매우 높다. 홍고추는 에틸렌 가스에 의해 노화현상이 빠르게 진행 되므로 에틸렌 발생이 심한 사과, 배, 토마토 등의 과일과 혼합 적재를 피하는 것 이 좋다.

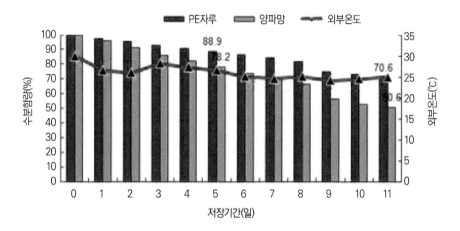

〈그림 9-7〉 홍고추 포장재별 저장 중 수분 함량 변화

- 시험 시기 : 2007. 8월 21일부터 11일 동안 저장 중 수분 감모율 조사
- 재배 지역 : 수원 원예연구소 포장, 품종 : 올찬, 대장부
- 저장 조건 : PE 포대 및 양파 망에 넣어 실온에 보관하면서 매일의 외부 온도 와 고추 중량 감소를 조사

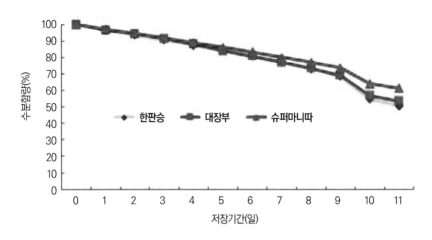

〈그림 9–8〉 홍고추 품종별 저장 중 수분 함량 변화

- 시험 시기 : 2007. 9월 5일부터 11일 동안 수분 감모율 조사
- 재배 지역 : 경북 영양고추시험장 포장, 품종 : 한판승, 대장부, 슈퍼마니따
- 저장 조건 : 영양고추시험장 내 환기가 잘되는 창고 실온 조건에서 PE 포대 저장

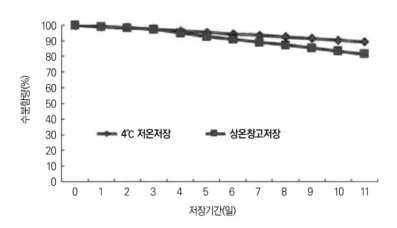

〈그림 9–9〉 홍고추 품종별 저장 조건별 수분 함량 변화

- 시험 시기 : 2007. 9월 5일부터 11일 동안 감모율 조사
- 재배 지역 : 경북 영양고추시험장 포장, 품종 : 한판승
- 저장 조건 : 영양고추시험장 실험실 내 4℃ 저온저장 및 바람이 통하지 않는
  실험실의 실온 조건

다. 건고추

수분함량이 약 14~17%로 건조된 고추를 저장 시에는 수분이 다시 흡습되지 않게 두꺼운 차단성 비닐에 밀봉하여 햇볕에 의한 변색을 막기 위해 알루미늄 포장지나 UV차단성 소재가 첨가된 비닐로 포장하여 저장한다. 포장 후 상온 저장 시는 습도가 적고 환기가 잘되는 음지에 저장한다. 장기간 보관하기 위해 저온 저장 시는 수분함량이 14%로 잘 건조된 고추를 온도 0~2℃, 습도 65~75%에 저장한다. 폴리에틸렌 필름을 이용한 밀봉 저장 시는 0~4℃에서 9개월 이상 저장이 가능하며 대량의 건고추 저장 시 고추의 부피를 1/6~1/7로 압축하여 저장하며 저장 전 꼭지 제거 및 종자를 과피와 분리하여 별도로 저장한다. 저장 형태는 통고추, 절단고추, 분말고추 등이 있다. 저장 시는 고온 다습기인 7~8월경 수분 함량이 증가되므로 수시로 점검하며 함수율이 18% 이상일 경우 곰팡이 및 갈변이 발생하므로 함수율은 약 14% 유지하도록 유의한다. 저장 중 창고 내 습도가 높아 고추의 수분함량이 18% 이상 올라갈 때는 상온 저장에서와 같이 그늘에서 말린 후 저장한다. 또한 연중 4월과 7월에 예방적 차원에서 1회 정도 훈증 처리를 하는 것이 좋다.

통고추는 건조 후(수분함량 17%) 가루로 분쇄하여 나일론(외피)과 PE(내피) 접착필름 포장재에 산소흡수제를 같이 넣어 포장하여 유통하면 기존 OPP+PE 포장과 수분함량 15%보다 색도, 매운맛, 유리당, 일반세균수 등 품질 면에서 유리하다.

〈표 9-1〉 고춧가루 포장재와 포장 방법에 따른 품질 차이(6개월 후)

포장재 (외피/내피)	포장 방법	수분 (%)	색도 (ASTA Color)	매운맛 (mg%)	유리당 (%)	일반세균수 (cfu/ml)
OPP/PE	-	17	48.0	13.4	12.3	9.8×10^4
NY/PE	-	15	47.8	15.3	14.7	7.2×10^4
NY/PE	산소흡수제	17	83.0	17.4	14.9	6.0×10^4

* 포장재(합지, 두께 : 0.1mm), OPP(Poly prophylene), PE(Polyethylene), NY(nylon)
* 산소흡수제는 포장하는 고춧가루 양에 따라 가감조절
　- 사용 기준 : 고춧가루 1kg(22×34×2.5cm) 포장 시 산소흡수제(자체반응형) 1500cc용 1개, 개봉 즉시 사용

03. 건조

건고추는 개화 후 45~50일 지난 홍고추를 수확하여 1~2일 음지에 펴 널어 예건하는 것이 색택 향상에 좋다. 건조 방법에는 천일건조, 비닐하우스 이용 건조, 열풍건조 등이 있으나 천일건조나 비닐하우스 이용 건조는 건조 시간이 많이 소요되고 건조기간 중 부패할 위험이 크므로 가급적 건조사를 만들어 화력건조를 하는 것이 좋다. 고추를 잘못 건조하게 되면 외관상 고유의 색깔이나 형태를 잃게 되고 건고추로서의 매운맛이 떨어져 상품 가치를 잃게 되므로 건조과정에 특히 주의하지 않으면 안 된다.

(1) 천일건조

농촌에서 가마니나 멍석 또는 지붕 위에 널어서 직접 햇볕에 건조하는 것으로 건조 기간 중 수시로 잔손질을 하는 불편한 작업 공정이 뒤따라야 한다. 따라서 손쉽게 건조를 잘하기 위해서는 지상부로부터 40~50cm 높이로 말뚝을 두 줄로 박고(넓이 0.8~1m, 간격 1~1.5m) 직경 3cm 정도의 막대기로 대를 만들어 그 위에 발을 쳐서 고추를 널면 통풍이 잘되고 지면에서 증발되는 수증기의 피해 없이 건조시간을 단축할 수 있어 양질의 건고추를 생산할 수 있다.

(2) 하우스건조

하우스 내의 건조에 있어서 주의할 점은 온도가 높고 과습하기 쉬우므로 환기 문을 열어주어 온도를 35~40℃로 유지시키고 과습하지 않도록 해야 한다. 하우스 건조 시 긴 건조기간 중 곰팡이 발생이 증가할 수 있으므로 고추를 자주 뒤집어 주면서 가급적 얇게 펴서 최대한 빨리 말린다. 또 지면에서 올라오는 수분 발산을 막도록 지면을 비닐로 덮으면 더욱 효과적으로 건조시간을 단축할 수 있다. 건조장 출입 시 흙 등이 내부로 들어오지 않도록 위생적으로 관리하고 결로가 생기지 않도록 하며 필요시 제습하여 내부 환경을 청결하고 건조하게 유지한다.

(3) 열풍건조

건조기에 열풍을 가하여 단시간 내에 많은 양의 고추를 건조시킬 수 있으며 썩은 것과 퇴색(희나리)도 천일 건조에 비하여 적다. 건조 요령은 원형 고추를 건조기의 선반에 넣고 흡입구를 막아 초기 온도를 65℃에서 5~6기간 건조한다. 그후 습도 조절기를 완전히 열어 단시간내 건조기 내의 습기를 제거한다. 다시 버너를 켜서 온도를 60℃로 조절하여 7~8시간 건조한 후 온도를 55℃정도로 내려 15~17시간 건조를 진행시킨다. (건조기 1평에 생고추 600kg 건조 기준) 건조가 80% 정도 진행되면 건조실에서 고추를 꺼내 2일 정도 햇볕에 말려 종자 부위 까지 완전히 건조되었는지 확인한 후 저장하도록 한다. 열풍건조 방법은 온도 조절이나 건조시간을 잘 지키지 않으면 매운맛도 떨어지고 고유의 붉은색이 되지 않으며 검은색을 띠게 되어 상품 가치를 떨어뜨리므로 주의하여야 한다. 특히 건조온도를 60℃ 이상에서 계속 건조하면 건조 시간은 빠르나 고추의 고유색소인 캡산틴이 파괴되어 검은색을 띠게 되므로 유의하여야 한다. 한편 고추를 반으로 잘라 60℃에서 건조하면 원형으로 건조하는 것보다 건조시간이 1/2로 단축된다. 또한 고추의 붉은 색소인 캡산틴 함량이 천일건조 보다 오히려 높으므로 고춧가루 사용을 목적으로 건조할 때에는 반으로 잘라 60℃ 열풍에서 건조하는 것이 좋다.

천일 건조   하우스 건조   열풍 건조

〈그림 9-10〉 건조 방법별 건조 전경

〈표 9-2〉 고추의 건조 형태와 건조 방법에 따른 효과

건조 방법		건조시간	건조 제품수율 (%)	분말 제품수율 (%)	수분함량 (%)
천일건조	원형건조	10일	20.26	14.20	13.01
	절단건조	7일	19.95	13.89	12.43
열풍건조	원형건조	17시간 30분	20.30	14.20	10.97
	절단건조	9시간	19.94	13.85	10.15

<표 9-3> 건조온도에 따른 고추색소 (캡산틴) 함량 변화

온도(℃)	색소 함량(mg/g 건물중)	
	원형 건조	절단 건조
55	15.0	24.5
60	17.8	22.6
65	9.7	13.7
70	10.5	13.1
75	6.3	8.8
천일건조	17.9	18.4

<표 9-4> 건조온도에 따른 고추 매운맛 (캡사이신) 함량 변화

온도(℃)	매운맛 함량(mg/g 건물중)	
	원형 건조	절단 건조
55	30.4	30.4
60	34.8	34.8
65	34.2	34.2
천일건조	27.2	27.2

<표 9-5> 건조 방법에 따른 고추의 성분 변화

건조 방법	수분	조단백	조지방	총당	조섬유	회분	캡산틴(mg)
천일건조	13.01	9.81	11.53	40.0	19.85	5.80	620
열풍건조	10.97	10.43	12.54	39.4	20.69	6.20	618

<표 9-6> 열풍건조시 고추 건조 표준 온도표

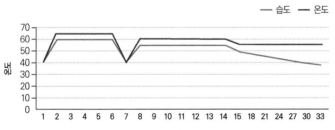

배습 조절기	0(밀폐)	4(만개)	3~2	2~1	1~0.5
건조과정	고추가 뜨거워지고 표면에 습기가 맺히며 부드러워짐. ※ 고추 표피가 얇은 것은 1~2시간 단축할 것.	충분한 배습을 할 것.	고추 표면의 습기가 빠지며 마르기 시작함. ※ 고추를 상자에 담을 때는 하단에 10%덜 담되 고르게 담을 것	고추가 80% 건조. 고온으로 건조하면 시간은 단축되나 고추가 검게 됨. ※ 하단이 먼저 마를 때는 상단과 교체할 것.	완전 건조될 때까지 지속 할 것. ※ 고추의 종류, 수량에 따라 건조시간 및 연료 소모량이 일정하지 않으니 참고할 것.

10

제10장

경영과 유통

01. 노지고추 경영과 유통

가. 건고추 생산 동향과 수익성 변화

건고추 재배면적은 1970년대까지 증가했으나, 1990년대 이후부터 감소하였다. 건고추는 수확기 노동력이 집중되는 품목인데, 농업인구의 고령화와 노동력 부족 문제, 그리고 생산비 증가에 따른 농가의 경영 부담 증가 등이 재배면적의 감소를 초래한 것으로 판단된다. 건고추는 재배면적이 감소했음에도 불구하고, 재배기술의 발전과 품종 개량 등으로 인해 2000년대까지 단수가 증가하였다. 하지만 2000년대 이후에는 심각해진 여름철 이상기후와 새로운 병충해(탄저병,

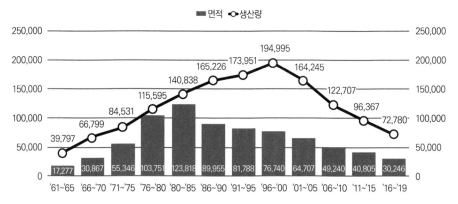

주: 좌측은 면적을 기준으로 하며(단위: ha), 우측은 생산량을 기준으로 함(단위: ton).
자료: 농림축산식품부

〈그림 10-1〉 건고추 생산 동향

칼라병) 발생 등으로 생산량이 변동하게 되었으며, 이로 인해 단수가 감소하게 되었다. 일례로, 2011~2012년에는 건고추의 재배면적이 감소함과 동시에 주산지 폭우 발생으로 생산량이 감소했으며, 결과적으로 건고추 가격이 큰 폭으로 상승하였다.

건고추는 고소득작목으로 여전히 주목받는 품목이다. 하지만 최근에는 경영비의 증가로 인해 소득률은 하락세를 보였다. 건고추 재배 농가의 총수입은 증가하고 있는데, 경영비는 총수입의 증가 정도보다 더 큰 폭으로 증가하고 있다. 건고추 재배 농가의 총수입을 살펴보면, 주산물 생산량(단수)은 2010년대 이후 감소했지만, 수취단가는 증가하였다. 건고추 재배 농가의 총수입이 증가한 이유는 단수가 감소한 정도보다 건고추 가격의 상승 폭이 크기 때문이라 할 수 있다. 건고추 생산량은 이상기후나 병충해에 의해 변동하므로, 농가가 안정적인 소득을 얻기 위해서는 이상기후에 대응할 수 있는 영농계획을 수립하고, 병충해 예찰과 피해 예방을 위한 세심한 노력이 필요하다.

경영비가 증가하는 가운데, 생산비가 경영비보다 더욱 가파른 증가세를 보인다. 건고추 재배에 필요한 경영비도 증가하고 있지만, 이보다 농가의 자기자본가치(토지용역비, 자가노동비, 자본용역비)가 더욱 가파르게 증가하고 있다. 이러한 비용의 증가는 결국, 건고추 재배 농가의 경제적 부담이 점차 증가하고 있음을 시사한다.

결과적으로, 건고추 재배 농가가 안정적인 소득을 확보하기 위해서는 총수입 증가와 비용 절감 방안을 동시에 모색해야 한다. 예를 들어, 친환경 인증 재배로 다른 농가의 건고추와 차별화해 수취단가를 높이거나 비가림 재배로 수량을 늘리는 방안 등을 고려할 필요가 있다. 하지만 가장 중요한 점은, 건고추 재배 농가의 경영 여건을 검토한 후 실행 가능한 다양한 방안을 모색하는 것이 우선되어야 한다.

(단위 : 천 원/10a, %)

구분		'91~'95	'96~'00	'01~'05	'06~'10	'11~'15	'16~'19
	총수입(A)	2,337	2,208	2,706	2,795	3,408	3,729
주산물	수량(kg/10a)	212	254	253	248	238	240
	수취단가(원/kg)	10,880	8,655	10,655	11,267	14,777	15,604
	경영비(B)	513	524	651	867	1,008	1,133
	생산비(C)	1,391	1,469	1,652	1,866	2,812	3,372
	소득(D=A−B)	1,824	1,683	2,055	1,927	2,400	2,596
	순수익(E=A−C)	946	738	1,055	929	596	357
	소득률(%, F=D/A)	78.1%	76.2%	75.9%	69.0%	70.4%	69.6%
	순수익률(%, G=E/A)	40.5%	33.4%	39.0%	33.2%	17.5%	9.6%

주: 생산자 물가지수를 사용하여 실질 개념으로 변환함(2015=100).
자료: 통계청

다음으로 건고추 생산비의 변화를 살펴보았다. 건고추 생산비에서 가장 큰 비중을 차지하는 비목은 자가노동비로 나타나며, 다음으로 고용노동비, 농약비, 비료비 순으로 큰 비중을 차지하는 것으로 파악된다. 자가노동비는 생산비의 절반 이상을 차지하며, 2000년대 후반부터 증가 추세를 보인다. 정식, 지주설치, 방제, 수확 등의 건고추 영농작업은 자가노동에 의존한다는 것을 알 수 있다. 이처럼, 경영주의 고령화는 건고추 재배 이탈을 가속하는 원인으로 작용할 것으로 예상한다. 또한, 농업노동력의 부족 문제도 건고추 생산기반을 위협하는 요인이 될 것이다. 이는 건고추 영농작업의 기계화를 통해 농업노동의 부족 문제를 완화하는 방안이 필요하다는 것을 시사한다.

생산비는 농가의 영농계획이나 재배 방법 등에 의해 차이가 날 수 있다. 농가가 생산비 절감 방안을 마련하기 위해서는 선도 농가의 생산비와 자신의 생산비를 비교한 후 어떤 비목에서 차이가 나는지 그리고 그 이유는 무엇인지를 분석해야 한다. 농가 스스로가 진단하기 어려운 경우에는 지역농업기술센터의 협조를 요청해 진단을 받은 후 경영개선 방안을 모색해야 한다.

〈표 10-2〉 건고추 재배 농가의 생산비 변화

(단위 : 천 원/10a, %)

구분		'91~'95	'96~'00	'01~'05	'06~'10	'11~'15	'16~'19
생산비	경영비 종묘비	73 (5.2%)	67 (4.6%)	77 (4.7%)	109 (5.8%)	135 (4.8%)	173 (5.1%)
	비료비	83 (6.0%)	90 (6.1%)	91 (5.5%)	126 (6.7%)	136 (4.8%)	140 (4.1%)
	농약비	42 (3.0%)	58 (4.0%)	102 (6.2%)	135 (7.2%)	173 (6.2%)	185 (5.5%)
	수도광열비	23 (1.7%)	25 (1.7%)	41 (2.5%)	61 (3.2%)	67 (2.4%)	51 (1.5%)
	소농구비	1 (0.1%)	1 (0.0%)	1 (0.1%)	2 (0.1%)	3 (0.1%)	3 (0.1%)
	기타 재료비	60 (4.3%)	61 (4.1%)	81 (4.9%)	115 (6.2%)	118 (4.2%)	126 (3.7%)
	감가상각비	31 (2.2%)	31 (2.1%)	41 (2.5%)	54 (2.9%)	57 (2.0%)	61 (1.8%)
	기타비용	6 (0.4%)	2 (0.2%)	1 (0.0%)	7 (0.4%)	13 (0.5%)	19 (0.6%)
	임차료	91 (6.6%)	86 (5.8%)	91 (5.5%)	83 (4.4%)	82 (2.9%)	93 (2.8%)
	위탁영농비	0 (0.0%)	0 (0.0%)	9 (0.6%)	27 (1.5%)	27 (1.0%)	30 (0.9%)
	고용노동비	103 (7.4%)	104 (7.1%)	116 (7.0%)	150 (8.0%)	198 (7.0%)	253 (7.5%)
	계	513 (36.9%)	524 (35.7%)	651 (39.4%)	867 (46.5%)	1,008 (35.8%)	1,133 (33.6%)
	자가노동비	713 (51.3%)	792 (53.9%)	828 (50.1%)	824 (44.1%)	1,631 (58.0%)	2,104 (62.4%)
	토지자본용역비	86 (6.2%)	71 (4.8%)	83 (5.0%)	72 (3.9%)	86 (3.1%)	88 (2.6%)
	유동자본용역비	57 (4.1%)	61 (4.2%)	68 (4.1%)	78 (4.2%)	72 (2.6%)	41 (1.2%)
	고정자본용역비	22 (1.6%)	21 (1.4%)	22 (1.3%)	25 (1.3%)	14 (0.5%)	7 (0.2%)
	계	1,391 (100.0%)	1,469 (100.0%)	1,652 (100.0%)	1,866 (100.0%)	2,812 (100.0%)	3,372 (100.0%)

주: 생산자 물가지수를 사용하여 실질 개념으로 변환함(2015=100).
자료: 통계청

나. 건고추 유통 동향

국산 건고추는 산지도매와 시장도매, 그리고 소매 과정을 지나 소비자에게 전달된다. 도매시장으로 출하되는 국산 건고추는 중도매인이 직접 수집할 수 있는 품목으로, 도매시장법인이 수집한 때에도 정가·수의매매로 거래된다. 일부는 산지도매나 시장도매에서 대량 수요처로 거래된다. 하지만 국산 건고추는 생산자와 소비자 간 직거래 비중은 낮은 것으로 파악된다. 즉, 건고추 재배 농가는 일차적 소비시장인 산지도매시장에서 요구하는 수준의 품질을 가진 건고추를 재배해 수취가격을 높이는 것이 필요하다〈그림 10-2〉.

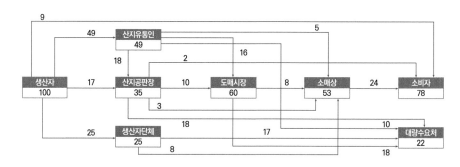

자료: 한국농수산식품유통공사 KAMIS

〈그림 10-2〉 국산 건고추 유통경로

도매시장에서 거래되는 건고추 가운데 수입 건고추의 반입량이 최근 감소 추세이다. 2011년 이후부터 국산 건고추의 반입 비중이 증가 추세였으며, 2017년에는 국산 건고추의 반입 비중이 전체의 80% 이상을 차지하고 있다. 이는 외식업체 등 대량 수요처에서 국산 건고추 수요가 증가했음을 의미한다. 이러한 상황에서, 건고추 재배 농가는 거래의 연속성을 확보하고 수입 건고추와 경쟁할 수 있도록 시장이 요구하는 품질을 가진 건고추의 생산으로 접근하는 노력이 필요하다〈그림 10-3〉.

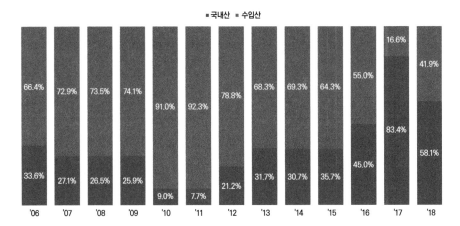

주: 출하지역이 해외인 경우를 수입산으로 간주함.
자료: 한국농촌경제연구원 OASIS

〈그림 10-3〉 건고추 반입 비중 변화(전국 도매 시장 기준)

가락시장의 건고추 반입량은 2015년 이후 감소세를 보였다. 또한, 최근 (2015~2018년)에는 과거(2012~2014년)보다 2월 반입량이 증가했으나, 수확기 이후의 반입량은 감소했다〈그림 10-4〉.

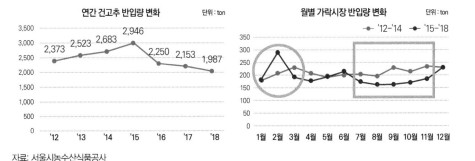

자료: 서울시농수산식품공사

〈그림 10-4〉 건고추 반입 변화

국산 건고추 시장을 위협하는 수입 건고추의 유통을 살펴보았다. 고추 수입량은 국내 건고추의 수급 상황에 따라 변동한다. 특히, 중국산 건고추는 중국의 수확기인 10~12월에 수입량이 많지만, 국내의 건고추 수확기인 8~9월에는 수입량이 적었다. 특히, 국산 건고추 생산이 저조했던 2011년에는 중국산 건고추 수입량이 급증했지만, 이후 국산 건고추 수급상황이 안정됨에 따라 중국산 건고추 수입량은 감소하였다. 고추 수입 유형은 한국농수산식품유통공사에서 공매와 상장을 통해 판매되는 국영무역과 냉동고추나 혼합조미료 등을 수입업자가 직접 수입하는 민간무역, 그리고 중국 현지 상회에서 구매한 후 보따리상을 통해 수입되는 것으로 구분된다. 건고추와 고춧가루는 관세가 높아(270%) 수입량은 많지 않지만, 냉동고추는 관세가 낮아(27%) 많은 양이 수입되고 있다. 중국산 냉동고추는 현지에서 홍고추를 수확해 꼭지를 제거하고, 선별과 세척 작업을 거친 후 영하 30℃에서 급속 냉동해 제조된다. 냉동고추는 20kg 단위로 포장되어 국내로 수입되는데, 최근에도 냉동고추 수입량은 꾸준히 증가하고 있다. 수입 고추(건고추·냉동고추)는 외식업체나 가공업체 등 대량 수요처로 주로 거래되며, 일반 소비자에게 유통되는 비중은 미미하다.

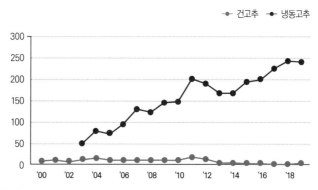

자료: 관세청 수출입통계

〈그림 10-5〉 주요 수입고추의 수입량 변화

수입 고추(건고추·냉동고추)는 외식업체나 가공업체 등 대량 수요처로 주로 거래되며, 일반 소비자에게 유통되는 비중은 미미한 것으로 파악된다. 고추 수입 유형은 한국농수산식품유통공사에서 공매와 상장을 통해 판매되는 국영무역과 냉동고추나 혼합조미료 등을 수입업자가 직접 수입하는 민간무역, 그리고 중국 현지 상회에서 구매한 후 보따리상을 통해 수입되는 것으로 구분된다〈그림 10-5〉.

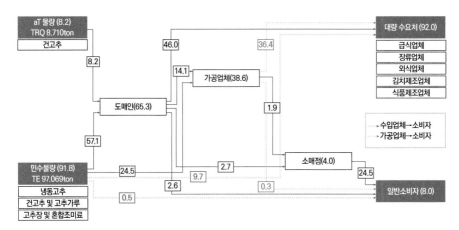

자료: 한국농수산식품유통공사, 한국농촌경제연구원

〈그림 10-5〉 수입 건고추의 유통경로

냉동고추는 해동과 2차 선별 과정을 지난 후 건고추로 가공되고, 제분업체를 통해 고춧가루로 가공되어 외식업체나 식품 제조·가공업체로 유통된다. 식품 제조·가공업체의 수입 고추 사용 비중은 최근에도 증가하고 있으며, 주로 조미 식품이나 김치·장류 제조에 필요한 고추양념 제조 시 수입 고추 사용이 많은 것으로 파악된다〈그림 10-6〉.

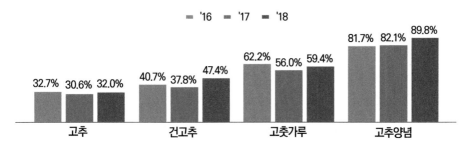

자료: 한국농수산식품유통공사 · 농림축산식품부

〈그림 10-6〉 수입산 고추 사용 실태

다. 건고추 소비 트렌드 분석

김장용 고추는 신선 상태인 홍고추보다 1차 가공한(건조) 건고추가 구매액이 많고, 또한 건고추보다 최종 가공(분쇄) 과정을 지난 고춧가루가 구매액이 많은 것으로 나타났다. 즉, 원물이 가공과정을 거치면서 발생하는 비용으로 인해 품목의 단가가 상승함에 따라, 김장용 고추의 품목별 구매액 차이가 발생하는 것으로 판단된다. 전체적으로 김장용 고추인 홍고추, 건고추, 고춧가루는 모두 구매액과 구매 횟수가 감소 추세이다.

홍고추는 건고추와 고춧가루보다 구매액은 적지만 구매 횟수가 많은데, 홍고추가 소량으로 자주 구매하는 품목임을 의미한다. 반면, 고춧가루는 홍고추와 건고추보다 구매액은 많지만, 구매 횟수가 적었는데, 고춧가루는 일시에 대량으로 구매한 후 비축해 소비하는 품목임을 의미한다.

전반적으로, 소비자의 김장용 고추 구매는 감소하고 있다. 최근 김장 문화가 점차 희미해지는 상황은 결과적으로 김장용 고추 생산기반을 위협하는 요인으로 작용한다. 김장용 고추(특히 건고추)의 생산기반을 안정화하기 위해서는 우선 김장용 고추 소비를 촉진하는 행사 등의 전략이 필요하다.

자료: 농촌진흥청 농식품 소비와 패널 조사 자료

〈그림 10-7〉 연간구매액 변화: 홍고추·건고추·고춧가루

신선 상태인 홍고추의 주 구매 시기는 성출하기에 근접하나, 1차 가공한 건고추의 경우에는 홍고추의 성출하기보다 한 달 후인 9월으로 파악된다. 홍고추 구매액은 8월에 가장 많은데, 최근 5개년에는 과거보다 8월의 구매액은 감소했다. 건고추 구매액은 9월에 가장 많았으나, 최근에는 과거보다 9월의 구매액이 감소하고 8월의 구매액이 증가했다. 최근에는 지난 5년보다 건고추 구매 시기

가 9월 이전으로 당겨지고 있는 것으로 파악된다. 최종 가공된 고춧가루의 주 구매 시기는 김장철인 11월에 집중된 것으로 나타났다. 과거 고춧가루 구매액은 9월과 11월에 가장 많았으나, 최근에는 9월의 구매액은 과거와 비슷하지만 11월 구매액이 현저히 감소했다.

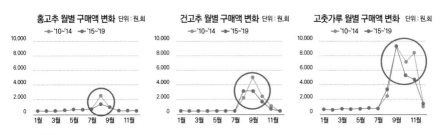

자료: 농촌진흥청 농식품 소비자 패널 조사 자료.

〈그림 10-8〉 월별 구매액 변화: 홍고추·건고추·고춧가루

홍고추 구매는 40~50대가 주도하는 것으로 나타났다. 최근에는 60대의 홍고추 구매액이 다른 연령대보다 많지만, 이는 10년 전보다 소폭 감소한 것으로 나타났다. 하지만 최근 50~60대의 홍고추 구매액이 10년 전보다 증가하면서 50대 이상의 홍고추 구매액이 서로 비슷한 수준으로 나타났다. 2010년 20대의 경우에는 2019년 30대가 되면서 홍고추 구매 횟수는 늘어났으나 구매액은 줄었는데, 이는 30대(2019년)가 필요한 때 소량으로 홍고추(요리 시 색을 내는 용도 등)를 구매하기 때문으로 판단된다.

건고추 구매도 40~50대가 주도하는데, 최근에는 60대 이상의 구매가 감소한 것으로 나타났다. 2019년 70대의 건고추 구매액은 10년 전보다 감소했으나, 2019년 40~50대는 10년 전보다 구매액이 증가하였다. 즉, 건고추 구매는 과거 60대 이상과 최근 40~50대의 자리가 교체되는 상황이다. 또한, 2010년 30대는 2019년 40대가 되면서 건고추 구매가 줄었는데, 이러한 추세라면 10년 후의 건고추 소비는 고령층에 편중될 것으로 예상한다.

고춧가루 구매는 60대가 주도하는데, 과거 구매 수준이 낮았던 30대가 합류하는 양상을 보인다. 최근 60대는 건고추와 고춧가루를 병행하지만, 70대는 홍고추와 고춧가루를 중심으로 구매하는 것으로 파악된다.

자료: 농촌진흥원 농식품 소비자 패널 조사 자료청

〈그림 10-9〉 연령대 변화와 김장용 고추 구매 변화

건고추·고춧가루 구매 시 소비자가 중요하게 생각하는 요인은 생산지역이며 그다음으로 가격, 매운맛, 색깔이며, 당도와 농산물 인증제도에 대한 중요도는 낮은 것으로 나타났다. 또한, 소비자가 만족하는 요인은 가격이며 그다음으로 매운맛, 색깔, 생산지역이며, 당도와 농산물 인증제도에 대한 중요도는 낮은 것으로 나타났다〈그림 10-10〉.

특히, 생산지역은 중요도는 가장 높으나 만족도는 다소 낮았는데, 이는 건고추·고춧가루 판매 시 국산과 수입산을 명시하지 않거나 혼용하는 사례가 발생함에 따라 소비자의 만족도가 낮은 것으로 추측된다. 국산 건고추·고춧가루의 경쟁력을 강화하기 위해서는 우선 안정적인 가격 형성과 함께 소비자가 원하는 고품질의 건고추·고춧가루 생산이 필요하다.

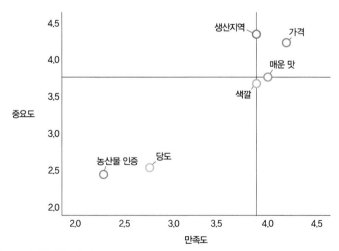

자료: 농촌진흥청 농식품 소비자 패널 조사 자료

〈그림 10-10〉 건고추·고춧가루 요인별 중요도-만족도 분석

소비자는 국산과 중국산 고춧가루를 구별하기 어렵다는 점을 문제로 지적했다. 또한, 국산과 중국산 혼용, 품질에 관해 신뢰하기 어렵다고 느끼는 것으로 나타났다. 국산 고춧가루 소비 활성화를 위해서는 무엇보다 생산자와 소비자 간 신뢰 관계 형성이 중요하며, 유통 시 원산지 표시제도를 강화하는 방안도 고려해야 할 것으로 보인다. 기타 의견으로, 중국산 고춧가루에 대해 안전성을 우려하는 소비자도 있으므로 국산 고춧가루의 안전성 확보가 병행되어야 할 것으로 판단된다.

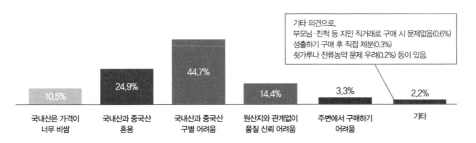

자료: 농촌진흥청 농식품 소비자 패널 조사 자료.

〈그림 10-11〉 고춧가루 구매 시 문제점

국산과 수입산 고춧가루의 차이를 구별하지 못한다는 점은 향후 국산 고춧가루의 소비 활성화를 방해하는 요인으로 작용할 것이다. 수입산 고춧가루가 국산 고춧가루보다 저렴할수록 소비자가 국산 고춧가루보다 수입산 고춧가루를 선택할 우려가 크기 때문에 국산 고춧가루의 우수성을 어필할 필요가 있다. 또한, 국산과 수입산의 차이를 소비자가 명확히 알 수 있도록 홍보하는 것이 필요하다. 특히, 농가가 겪고 있는 생산비 부담에 따른 고춧가루의 가격이 비싸다는 점을 소비자가 공감하고 이해하는 자세도 필요한 것으로 판단된다.

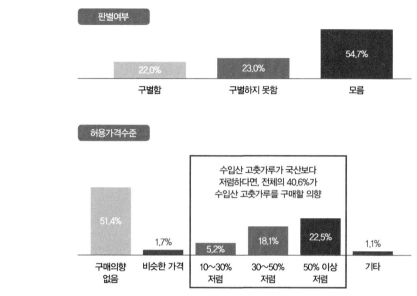

자료: 농촌진흥원 농식품 소비자 패널 조사 자료

〈그림 10-11〉 수입산 고춧가루 판별여부 및 허용 가격 수준

02. 시설고추 경영과 유통

가. 시설고추 생산 동향과 수익성 변화

시설고추 재배면적은 2000년대까지 증가했으나, 2010년 이후부터 감소한 것으로 파악된다. 시설고추는 비닐하우스 보급 확대 등 생산기반이 구축되면서 재배면적이 크게 늘었으나, 최근 들어 농가의 생산비 부담이 증가함에 따라 재배면적이 감소 추세로 나타났다. 시설고추의 단수는 시설재배 체계 확립과 더불어 품종 개량 등으로 인해 증가하였다.

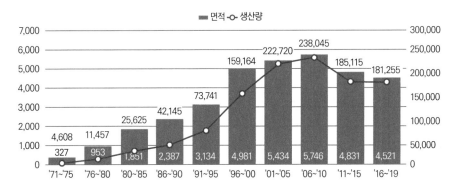

주: 좌측은 면적을 기준으로 하며(단위: ha), 우측은 생산량을 기준으로 함(단위: ton).
자료: 농림축산식품부

〈그림 10-12〉 시설고추 생산 동향

시설고추 재배 농가의 총수입은 꾸준히 증가했으나 2010년 이후부터는 감소하였다. 시설고추 수취단가는 1991년부터 2019년까지 크게 변동하지 않았는데, 수량은 시기별로 다소 차이를 보였다. 즉, 시설고추 총수입이 감소하게 된 원인은 생산량의 감소인 것으로 확인된다.

경영비와 생산비는 꾸준히 증가했으나 2010년 이후 소폭 감소한 것으로 나타났다. 생산비는 2000년대 이후 1,300만원 수준을 유지하고 있는데, 경영비는 매년 변동하고 있다. 이는 시설고추 재배 시 필요한 제반비용과 시설 운영비용 등의 변화로 인해 경영비가 매년 변동하는 것으로 파악된다.

시설고추 재배 농가의 소득과 순수익은 최근 감소했는데, 이는 총수입의 감소 정도가 경영비와 생산비의 감소 정도보다 더 크기 때문이다. 시설고추 재배농가가 총수입을 증가하기 위해서는 제품 차별화와 같이 수취단가를 높이는 방안과 함께 재배기술 수준의 향상과 더불어 수량을 늘리는 방안도 고려해야 한다. 만약 시설고추 재배 시설이 노후된 경우라면, 노후화된 시설로 인해 수도광열비나 수선비 등의 비용이 과다하게 지출되지 않는지 등을 검토해야 한다.

〈표 10-3〉 시설고추 재배 농가의 수익성 변화

(단위 : 천 원/10a, %)

구분		'91~'95	'96~'00	'01~'05	'06~'10	'11~'15	'16~'19
	총수입(A)	12,099	16,933	17,480	19,365	18,628	15,068
주산물	수량(kg/10a)	3,765	4,786	5,173	5,125	4,798	4,854
	수취단가(원/kg)	3,225	3,556	3,376	3,757	3,840	3,113
	경영비(B)	3,905	7,988	8,728	9,517	9,535	7,631
	생산비(C)	7,926	13,085	13,152	13,034	13,164	12,876
소득(D=A-B)		8,194	8,945	8,752	9,847	9,093	7,438
순수익(E=A-C)		4,173	3,848	4,328	6,331	5,464	2,192
소득률(%, F=D/A)		67.7%	52.8%	50.1%	50.9%	48.8%	49.4%
순수익률(%, G=E/A)		34.5%	22.7%	24.8%	32.7%	29.3%	14.5%

주: 생산자 물가지수를 사용하여 실질 개념으로 변환함(2015=100).
자료: 농촌진흥청

시설고추 생산비의 변화를 살펴보았다. 생산비에서 가장 큰 비중을 차지하는 비목은 자가노동비이며, 다음으로 감가상각비, 수도광열비, 고용노동비 순으로 큰 비중을 차지하였다. 즉, 노동과 시설에 관한 비용은 생산비에서 큰 비중을 차지한다. 특히, 수도광열비는 시설 운영뿐만 아니라 출하시기를 조절하는 역할을 하므로, 단순히 비용을 절감하는 것에만 초점을 두기보다 비슷한 효과를 가질 수 있는 대체 에너지원의 사용이나 보온시설을 보완하는 방안을 모색해야 한다.

〈표 10-4〉 시설고추 재배 농가의 생산비 변화

(단위 : 천 원/10a, %)

구분		'91~'95	'96~'00	'01~'05	'06~'10	'11~'15	'16~'19
생산비	경영비						
	종자종묘비	63 (1.3%)	212 (2.2%)	297 (2.8%)	387 (3.2%)	471 (3.4%)	509 (3.9%)
	비료비	206 (4.2%)	495 (5.1%)	531 (5.0%)	582 (4.8%)	681 (5.0%)	715 (5.5%)
	농약비	49 (1.0%)	110 (1.1%)	188 (1.8%)	272 (2.3%)	346 (2.5%)	475 (3.6%)
	수도광열비	509 (10.4%)	2,024 (20.8%)	2,324 (21.8%)	3,317 (27.4%)	3,400 (24.8%)	1,637 (12.5%)
	소농구비	3 (0.1%)	5 (0.0%)	7 (0.1%)	4 (0.0%)	6 (0.0%)	8 (0.1%)
	기타 재료비	726 (14.8%)	1,024 (10.5%)	1,200 (11.3%)	1,339 (11.1%)	1,551 (11.3%)	1,109 (8.5%)
	감가상각비	374 (7.6%)	1,320 (13.6%)	1,516 (14.2%)	1,692 (14.0%)	1,882 (13.7%)	1,659 (12.7%)
	수리·유지비	29 (0.6%)	60 (0.6%)	72 (0.7%)	55 (0.5%)	68 (0.5%)	94 (0.7%)
	기타비용	8 (0.2%)	8 (0.1%)	22 (0.2%)	2 (0.0%)	2 (0.0%)	55 (0.4%)
	임차료	15 (0.3%)	57 (0.6%)	82 (0.8%)	123 (1.0%)	255 (1.9%)	231 (1.8%)
	위탁영농비	0 (0.0%)	0 (0.0%)	31 (0.3%)	40 (0.3%)	74 (0.5%)	19 (0.1%)
	고용노동비	433 (8.9%)	636 (6.5%)	796 (7.5%)	1,017 (8.4%)	1,204 (8.8%)	1,234 (9.4%)
	계	2,415 (49.4%)	5,952 (61.2%)	7,068 (66.4%)	8,832 (73.0%)	9,942 (72.5%)	7,744 (59.3%)
	자가노동비	1,993 (40.7%)	2,651 (27.3%)	2,723 (25.6%)	2,693 (22.3%)	3,167 (23.1%)	4,698 (35.9%)
	토지자본용역비	39 (0.8%)	106 (1.1%)	208 (2.0%)	139 (1.1%)	152 (1.1%)	114 (0.9%)
	유동자본용역비	242 (4.9%)	730 (7.5%)	305 (2.9%)	142 (1.2%)	172 (1.3%)	190 (1.5%)
	고정자본용역비	205 (4.2%)	281 (2.9%)	340 (3.2%)	289 (2.4%)	288 (2.1%)	324 (2.5%)
	계	4,894 (100.0%)	9,720 (100.0%)	10,644 (100.0%)	12,096 (100.0%)	13,721 (100.0%)	13,070 (100.0%)

주: 생산자 물가지수를 사용하여 실질 개념으로 변환함(2015=100).
자료: 농촌진흥청

건고추와 같이 시설고추도 자가노동비가 생산비에서 여전히 높은 비중을 차지하고 있다. 결국 경영주의 고령화는 시설고추 재배 이탈을 가속하는 원인으로 작용한다. 또한, 고용노동비와 위탁영농비도 증가 추세인데, 농업노동력의 부족 문제도 시설고추 생산기반을 위협하는 요인이 될 것이다. 결과적으로, 시설고추 재배는 스마트팜 기반의 디지털화를 통해 시설 운영과 노동 부족 문제를 해결할 수 있는 노력이 필요하다. 만약 농가에서 스마트팜으로 시설고추를 재배할 계획이라면, 스마트팜의 다양한 기능을 알 수 있는 교육과 컨설팅을 통해 숙련도를 향상하는 것이 우선될 필요가 있다.

나. 시설고추 유통 동향

시설고추(신선고추)는 상장 후 경매·입찰식으로 거래되는 품목이며, 작목반 등 생산자단체를 통해 도매시장으로 출하되는 비중이 큰 것이 특징이다. 도매시장으로 반입된 신선고추는 소매상이나 대형 유통업체를 통해 일반 소비자에게 전달되거나 외식업체 등의 대량 수요처로 거래된다. 특히, 신선고추는 도매시장을 경유하는 비중이 높은 품목이므로 도매시장법인과 꾸준히 거래할 수 있게 신뢰관계를 형성하기 위한 노력이 필요하다. 또한, 신선고추 시장이 어떻게 변화하는지를 읽고, 그 변화에 대응할 수 있는 출하 전략을 수립할 필요가 있다.

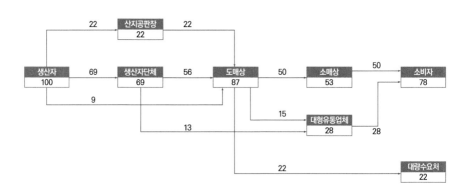

자료: 한국농수산식품유통공사

〈그림 10-13〉 신선고추 유통경로

전체적으로 신선고추의 도매시장 반입량이 증가 추세이다. 신선고추 반입량 가운데 녹광, 청양 등을 포함한 풋고추 반입량이 큰 비중을 차지하는데, 풋고추 반입량은 최근 증가 추세이다. 반면, 꽈리고추 반입량은 2015년 이전까지 감소한 후 증가했는데, 최근 들어 감소 추세를 보였다. 홍고추 반입량은 증가한 후 감소했지만, 최근에 다시 소폭 증가했다.

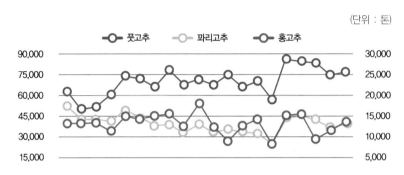

주: 좌측은 풋고추 반입량을, 우측은 꽈리고추와 홍고추 반입량을 기준으로 함.
자료: 한국농촌경제연구원 OASIS

〈그림 10-14〉 신선고추 반입량 변화(전국 도매시장 기준)

도매시장으로 반입되는 풋고추는 매운맛이 강한 청양고추가 가장 큰 비중을 차지한다. 최근 들어, 아삭함이 우수한 오이고추의 반입 비중이 증가 추세이다. 하지만 일반 풋고추의 반입 비중은 감소 추세로 나타났다.

일반 풋고추 가운데 과거 생식용 풋고추를 대표하던 녹광 품종의 반입 비중 감소가 뚜렷하다. 녹광이 시장 점유율이 하락한 이유는 수요자의 외면을 받기 때문이다. 농가가 녹광을 크게 키우기 위해 만기 수확하는 경우, 생산된 녹광은 과육이 질기고 식감이 좋지 않게 된다. 도매시장에서는 풋고추의 외관 평가가 우선되기 때문에 크기가 큰 녹광이 고가로 평가될 수 있지만, 식감이 나빠 수요자의 관심을 끌지 못하게 되었다. 최근에는 길이와 식감을 겸비한 오이고추와 길이가 긴 특징을 가진 롱그린 품종이 녹광을 빠르게 대체하고 있다. 농가에서는 시장의 트렌드를 읽어 어떠한 품종이 시장에서 유망한지를 판단하는 것이 필요하다. 만약 농가에서 유망품종을 도입할 계획이라면, 한 번에 많은 면적을 재배하기보다 포트폴리오를 기반으로 소규모 면적부터 시작해 서서히 확대하는 방안을 고려해야 한다.

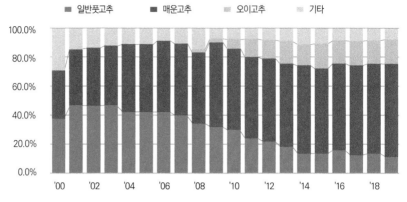

자료: 한국농촌경제연구원 OASIS

〈그림 10-15〉 신선고추의 도매시장 반입비중 변화

다. 시설고추 소비 트렌드 분석

주요 신선고추의 구매액과 구매 횟수는 2015년을 기점으로 소폭 감소하는 양상을 보였다. 앞서 분석한 결과와는 달리, 신선고추 구매는 김장용 고추보다 구매액은 적지만 구매 횟수가 많은 것으로 파악된다. 이는 신선고추가 김장용 고추보다 필요한 때 소량으로 자주 구매하는 품목임을 의미한다. 주요 신선고추 가운데 매운고추(청양고추)가 다른 신선고추보다 구매액과 구매횟수가 많은 품목으로 나타났다. 하지만 매운고추는 2015년 이후 구매액 감소가 뚜렷하게 나타나고 있다. 오이고추와 꽈리고추는 구매액과 구매 횟수는 매년 큰 변화 없이 일정하며, 꾸준히 구매가 이루어지는 것으로 파악된다.

자료: 농촌진흥청 농식품 소비자 패널 조사 자료

〈그림 10-16〉 연간 구매 변화: 오이고추·매운고추·꽈리고추

오이고추는 최근 들어 구매 시기가 2개월가량 앞당겨진 것으로 파악된다. 오이고추 구매액은 과거에는 5~8월에 많았으나, 최근에는 3~6월에 많은 것으로 확인된다. 매운고추는 과거와 유사한 양상을 보이는데, 최근에는 3월을 정점으로 구매액 감소가 뚜렷하게 나타났다. 꽈리고추는 성출하기인 여름철(6~8월)에 가장 많으나 이후 감소 추세로 나타났다. 꽈리고추는 봄철과 여름철에 구매가 이루어지지만, 가을부터는 구매가 감소하며, 특히 11월은 꽈리고추 구매액이 가장 적은 시기이다.

자료: 농촌진흥청 농식품 소비자 패널 조사 자료

〈그림 10-17〉 월별 구매액 변화: 오이고추·매운고추·꽈리고추

2010년의 오이고추 구매는 60대가 주도하는 양상을 보였으나, 최근에는 50대와 60대가 주도하며 70대가 이탈하는 양상을 보였다. 오이고추 구매액은 70대 미만의 연령대에서 모두 10년 전보다 증가했으며, 그중 2010년 20대가 2019년 30대가 되면서 가장 많이 증가한 것으로 파악된다. 오이고추 구매는 젊은 세대에서도 관심을 둔다는 점에서 다른 신선고추 구매와 차이가 있다.

최근 매운고추 구매는 60대 이상이 이탈하고, 50대가 늘어나는 양상을 보였다. 매운고추 구매액은 60대를 기점으로 감소했는데, 60대 이상의 연령대가 되면서 강한 매운맛에 부담을 느끼기 때문에 매운고추 구매를 줄인 것으로 판단된다.

꽈리고추는 최근 50대의 구매액 증가가 뚜렷하다. 꽈리고추 구매는 2010년 50대 이상이 주도했으나 최근 들어 감소했다. 특히, 2010년 20대의 꽈리고추 구매액 감소가 가장 큰 것으로 파악된다.

연령대 변화와 오이고추 구매액 변화 단위: 원	연령대 변화와 매운고추 구매액 변화 단위: 원	연령대 변화와 꽈리고추 구매액 변화 단위: 원

자료: 농촌진흥청 농식품 소비자 패널 조사 자료

〈그림 10-18〉 연령대 변화와 구매액 변화: 오이고추·매운고추·꽈리고추

소비자가 풋고추 구매 시 중요하게 생각하는 요인은 신선도이며 그다음으로 가격, 크기·모양이며, 상대적으로 색깔과 브랜드의 중요도는 낮은 것으로 나타났다. 또한, 소비자가 만족하는 요인은 신선도이며, 그다음으로 가격, 식감(아삭함), 크기·모양 순이며, 색깔과 브랜드의 만족도는 낮은 것으로 나타났다.

특히, 신선도는 소비자의 풋고추 구매와 직결되는 요인으로 나타나며, 생산과 유통 측면에서 풋고추 신선도의 꾸준한 관리가 요구된다. 또한, 풋고추의 강한 매운맛은 모든 소비자가 선호하는 속성이 아니므로 매운맛을 세분하는 방법(스코빌지수 활용)을 통해 소비자의 선택 폭을 넓히는 방안도 모색할 필요가 있다.

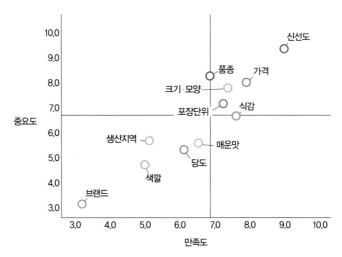

자료: 농촌진흥청 농식품 소비자 패널 조사 자료

〈그림 10-19〉 풋고추 구매의 요인별 중요도-만족도 분석

농촌진흥청에서는 소비자가 어떠한 특성을 가진 풋고추를 선호하는지 조사하였다. 소비자의 구매의향을 자극하는 풋고추의 속성은 아삭함으로 나타났으며, 이는 풋고추가 식사의 즐거움을 부가하는 수단임을 의미한다. 즉, 신선도의 유지가 아삭한 식감이라는 강점을 발휘하기 위한 전제조건이라는 것을 의미하며, 오이고추의 경우에는 소비자가 섭취하는 순간까지 신선도를 유지할 수 있는 전략을 수립해야 할 것이다. 최근, 소비자의 건강 관심이 증가하는 상황에서 혈당조절과 같은 기능성도 관심을 표현하고 있다. 특히, 연령대가 높은 소비자가 혈당조절 기능에 관심을 갖는 것으로 나타났는데, 추후 아삭함과 혈당조절 기능을 가진 신품종 풋고추를 통해 실버세대를 공략하는 방안도 모색해야 할 것이다.

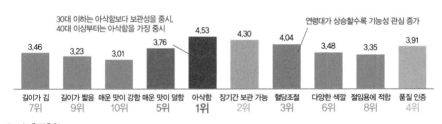

자료: 농촌진흥청

〈그림 10-20〉 풋고추 속성별 소비자의 구매의향(5점 만점)

풋고추는 안전성 기준을 충족하고 생산·유통되어 소비자에게 전달된다. 풋고추는 표면 전체에 방어막 역할을 하는 왁스층이 있어 농약이 열매에 스며들지 않으며, 고추 전체에 농약이 유해한 정도로 잔류하지 않는다. 열매와 꼭지가 접합된 부분에는 왁스층이 형성되어 있지 않아 극소량의 농약이 남을 수 있지만, 이 부분에 잔류한 농약이 열매의 속으로 투입되지 않는다.

그러나 이러한 정보가 소비자에게 제대로 전달되지 않아, 많은 소비자가 풋고추 열매의 끝부분에 농약이 많이 남아있을 것이라는 오해가 빈번하다. 설문조사 결과, 설문에 응답한 소비자의 절반 정도(48.8%)가 풋고추를 먹을 때 열매의 끝부분이 혹시나 잔류농약이 있을 것으로 우려했다. 반면, 실제 우려되는 부분인 꼭지와 열매의 경계 부분을 인지한 소비자는 18.0%에 불과했다.

많은 소비자의 오해를 해소하고, 풋고추를 바르게 먹는 방법을 전파하는 것은 풋고추 소비 활성화의 초석이 될 것으로 예상된다. 풋고추는 열매의 끝부분에는 농약이 남아 있지 않으며, 꼭지와 열매의 경계 부분에 혹시라도 남아있을 수 있는 농약은 흐르는 물에 씻으면 해결된다. 풋고추를 먹기 전에 꼭지를 제거하고, 꼭지와 열매의 경계 부분을 흐르는 물에 2~3번 문질러 씻은 후 섭취하는 것이 바람직한 방법이다〈그림 10-21〉.

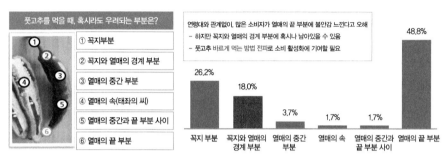

자료: 한국농수산식품유통공사

〈그림 10-21〉 풋고추 섭취에 관한 진실과 오해

MEMO

11

제11장
품질관리

01. 품질의 규격화

가. 시판 품종의 품질 특성

국내 시판되는 40개 품종을 3년간 조숙 터널로 재배 수확 후 건조 방법은 열풍 60℃ 5시간 무배습 후 58℃ , 30% 배습에서 완전건조한 후 성분을 분석한 결과, ASTA 값은 100 이하 '명성' '푸마시' 등 5품종, 101 이상~130까지 '금강산', '향촌', '태양' 등 27품종, 131 이상이 '온세상', '신태양' 등 8개 품종이 분류되었다〈표 11-1〉.

〈표 11-1〉 ASTA 값의 범위별 품종분포

ASTA Color	품종명
100 이하	명성, 푸마시, 삼관왕, 여명, 금관.
101~130	금강산, 향촌, 21세기, 야망, 방패, 영양맛, 두레, 조광, 왕고추, 국보, 슈퍼비가림, 부촌, 정성, 다보탑, 금상, 두배나, 한반도, 조홍, 새찬홍, 만석꾼, 통일, 세계, 청양, 부자, 우리, 거성, 태양
131~160	부강, 기찬, 올고추, 한고을, 해돋이, 동방, 신태양, 온세상

※ 40품종 평균 편차 37.2

매운맛〈표 11-2〉은 30mg% 이하의 순한 고추는 11개 품종, 30~60mg%에 분포되는 보통 매운맛 고추는 '야망', '부강', '조광' 등 23개 품종, 60~90mg% 의 매운맛 고추는 2개 품종, 아주 매운맛 고추는 '청양', '우리' 등 4개 품종이 분포되었다.

〈표 11-2〉 매운맛의 범위별 품종 분포

〈표 11-2〉 매운맛의 범위별 품종 분포

매운맛	품종명
30mg% 이하	방패, 만석꾼, 태양, 금관, 한고을, 신태양, 푸마시, 삼관왕, 한반도, 영양맛, 다보탑
30.1~60.0mg%	향촌, 야망, 부강, 세계, 명성, 21세기, 부촌, 전성, 국보, 거성, 새찬홍, 동방, 금강산, 왕고추, 슈퍼비가림, 두레, 금상, 조홍, 해돋이, 조광, 기찬, 올고추, 온세상
60.1~90.0mg%	부자, 여명
90.0mg% 이상	두배나, 통일, 우리, 청양

※ 40품종 평균 편차 47.7

당 함량은 16% 이하 '태양' 등 5개 품종, '만석꾼' 등 10개 품종은 16~17%에 분포되었고, 17~18%에 분포하는 품종은 '영양맛' 등 14개 품종, '새찬홍' 등 6개 품종은 18~19%에 분포되었으며, 19% 이상은 '향촌', '야망' 등 5개 품종이 분포되었다〈표 11-3〉.

〈표 11-3〉 당 함량의 범위별 품종 분포

당 함량	품종명
16% 이하	태양, 한고을, 신태양, 청양, 부촌
16.1~17.0%	만석꾼, 슈퍼비가림, 방패, 왕고추, 조광, 한반도, 21세기, 두배나, 온세상, 삼관왕
17.1~18.0%	거성, 영양맛, 기찬, 조홍, 금상, 두레, 전성, 금강산, 해돋이, 동방, 부자, 여명, 국보, 명성
18.1~19.0%	금관, 올고추, 세계, 새찬홍, 우리, 부강
19.1% 이상	향촌, 야망, 다보탑, 통일, 푸마시

※ 40품종 평균 편차 8.4

품종별 건과의 색도와 당 함량은 재배법 및 토양, 기상 환경에 따라 차이가 나타날 수 있으며, 매운맛은 당년도 강우량과 토성의 배수성에 따라 차이가 심하므로 재배하고자 하는 지역적 환경을 고려한 품종 선택이 중요하다.

나. 국내 및 중국산 유통 건고추의 품질

국내산 및 수입 유통 건고추의 함수율은 상품 건고추가 가장 높았고, 하품이 가장 낮게 수분을 함유 하였다〈표 11-4〉.

〈표 표 11-4〉 유통 건고추 등급 및 건조 방법별 함수율과 성분 함량

등급	건조법	함수율(%)	매운함량 (mg%)	ASTA color	당 함량(%)
상	화건초	13.9	28.1	107.0	19.2
	태양초	13.6	18.9	114.1	17.9
	중국초	17.4	88.7	113.8	11.6
	평균	15.0	45.2	111.6	16.2
중	화건초	13.2	32.0	106.0	18.2
	태양초	12.6	30.1	116.3	18.3
	중국초	18.4	93.5	118.7	11.0
	평균	14.7	51.9	113.7	15.8
하	화건초	13.1	33.5	100.4	15.8
	태양초	12.1	25.7	118.5	17.5
	중국초	16.1	161.0	123.7	9.0
	평균	13.8	73.4	114.2	14.1

국내산 건고추의 수분은 12~14% 정도이었으나, 중국산 건고추는 16~18.4% 로 국내 건고추 허용 수분 15%보다 높아 곰팡이가 발생될 우려가 높으므로 건 고추 통관시 수분함량조사가 강화되어야 한다. 매운맛은 하품일수록 매운맛 함 량이 높았으나, 중국산을 제외하면 국내산 고추의 상, 중, 하품간 매운맛 차이 는 크지 않았다.

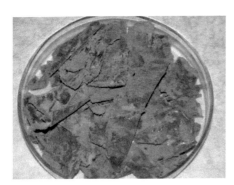

중국산 냉동 고추 상온 보관시 수분과다로 곰팡이 발생

색도인 ASTA 값의 상, 중, 하품간 차이가 없었고, 국내산과 중국산간 차이도 크지 않았다. 당 함량은 상품일수록 당 함량이 높았고, 상품에서는 화건초, 하 품에서는 태양초가 당 함량이 높았고, 중국초의 경우 상품이 11.6%로 화건 상 품의 19.2%보다 7.6% 정도 낮았으며, 전반적으로 국내산에 비해 7~9% 정도 낮게 조사되었다.

다. 한국 및 중국의 고추 경영 분석 및 생산 체계 비교

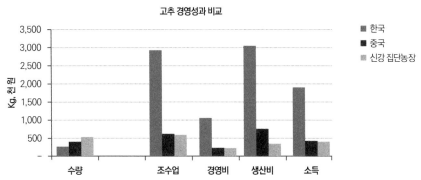

고추 경영성과 비교

단위 : Kg, 천 원

	한국 (A)	중국 (B)	신강 집단농장 (C)	A/B	A/C
수량 (kg)	260	382	495	0.7	0.5
조수입	2,910	614	587	4.7	5.0
경영비	1,033	198	207	5.2	5.0
생산비	3,038	724	294	4.2	10.3
소득	1,877	416	380	4.5	4.9

〈그림 11-1〉 고추 한·중 경영성과 비교, 국립원예특작과학원 2015.

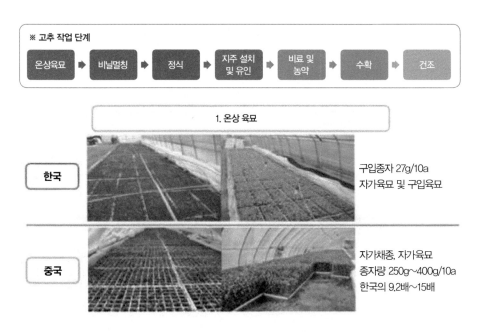

※ 고추 작업 단계

온상육묘 ▶ 비닐멀칭 ▶ 정식 ▶ 지주 설치 및 유인 ▶ 비료 및 농약 ▶ 수확 ▶ 건조

1. 온상 육묘

한국
구입종자 27g/10a
자가육묘 및 구입육묘

중국
자가채종, 자가육묘
종자량 250g~400g/10a
한국의 9.2배~15배

2. 비닐멀칭

한국

고추 기계화율 51%
비닐 피복 64%

중국

대규모 경지 여건 양호
기계화 여건 좋음

3. 정식

한국

정식 기계화율 3.9%

중국

인력 정식

4. 지주 설치 및 유인

한국

대부분 지주 설치

중국

지주 설치 및 유인
작업을 하지 않음

5. 비료 및 농약

한국

무기 147kg 유기 609kg
농약(6회) – 살균제
　　　　　　– 살충제

중국

무기질 중심 투입
유기질(X)
농약(3회) – 살충제

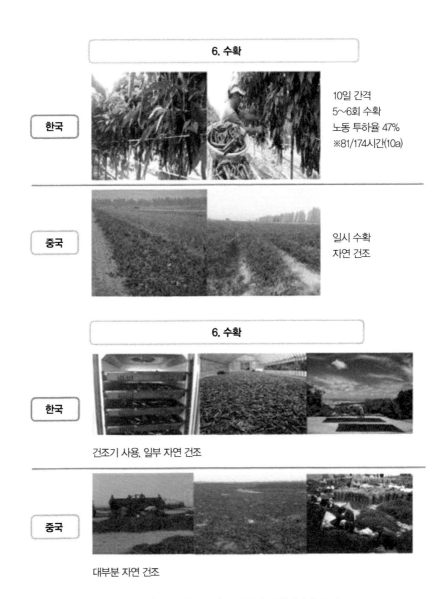

<그림 11-2> 고추 한·중 작업 단계별 생산관리체계 비교

라. 건고추 및 고춧가루 품질 규격화 방향

국내 종묘회사에서 육성 판매하고 있는 품종의 과 크기는 대과 중심이고, 농가 또한 대과를 선호하며, 소비자도 제분시 고춧가루가 많이 생산되는 대과를 선호하고 있다.

현재 유통되고 있는 건고추의 과장은 10cm 이하 35%, 10~12cm 41%, 12cm 이상은 24%로 과 크기는 3등급으로 분류하였다. 과의 균일도는 동일 등급의 건고추 내 크기가 다른 건고추의 혼입율을 5%, 5~10%, 10% 이상 3등급으로 분류하여 이전의 혼입율을 5%정도 줄여 규격화 기준으로 제시하였다〈표 11-3〉. 건고추의 색택은 ASTA 값이 현재 고추 색도 측정 기준의 표준이 되고 있으므로 이를 기준으로 하였다. 보통 이하를 100 이하, 보통을 102~130, 상품을 130~160, 특상을 161 이상으로 표준 규격화를 제시하였다. 매운맛 규격 범위는 소비자가 가장 원하는 항목으로 4단계로 분류하였으며, 아주 매운맛은 90mg% 이상, 매운맛 60.1~90, 중간맛 30.1~60, 순한맛 30 이하로 구분하여 규격화를 제시하였다.

〈표 11-3〉 유통 건고추 품질 규격화(안)

구분	규격화 방향(안)	
과 크기	• 10cm 이하, 10.1~12.0cm, 12.1cm 이상(3등급)	
과 균일도	• 동일 품질내에서 혼입율 5% 미만, 5~10%, 10% 이상(3등급)	
색택	• ASTA값 － 보통이하 : 100 이하 － 상 : 131~160	－ 보통 : 101~130 － 특상 : 161 이상(Special)
매운맛	• Capsaicinoids 함량(mg%) － 순한맛 : 30 이하 － 매운맛 : 60.1~90	－ 중간맛 : 30.1~60 － 아주매운맛 : 90.1 이상

고춧가루의 규격화 〈표 11-4〉는 농림부 식품산업과 KS기준의 규격화 수정을 위하여 색택과 매운맛은 건고추와 동일하며, 고춧가루의 입도는 용도별로 메쉬체를 이용하는 것이 통상적이므로 고추장용은 30~40mesh, 조미반찬용은 14~25mesh, 김치용은 8~14mesh를 제시하였다.

〈표 11-4〉 KS 고춧가루 품질 규격화(안)

구분	규격화 방향(안)	
색택	• ASTA값 － 보통이하 : 100 미만 － 상 : 131~160	－ 보통 : 101~130 － 특상 : 161 이상(Special)
매운맛	• Capsainoids 함량(mg%) － 순한맛 : 30 미만 － 매운맛 : 60.1~90	－ 중간맛 : 30.1~60 － 아주매운맛 : 90.1 이상
입도	• 고추장용 : 30~40mesh • 조미용(반찬용) : 14~25mesh • 김치용 : 8~14mesh	

02. 영양적 특성

고추는 식이섬유, 필수 아미노산과 무기질 및 비타민이 풍부한 채소로, 대사성 질환 등의 건강 문제 개선에 도움이 되는 우수 식품으로 알려져있다.

〈표 11-5〉 고추의 영양성분 비교

성분	풋고추	붉은 고추	마른 고추	오이 고추	청양 고추	꽈리 고추	고추 장아찌
총 식이섬유(g)	4.4	10.2 .	35.8	2.7	4.7	3.2	4.8
필수 아미노산(g)	0.388	1.114	4.188	0.351	0.429	0.579	0.79
칼륨(g)	0.27	0.575	2.634	0.227	0.29	0.279	0.209
베타카로틴(mg)	0.458	3.537	13.94	0.394	0.456	0.474	0.291
비타민 C(mg)	43.95	122.74	—	78.01	51.35	56.7	11.8

총 식이섬유는 100당 약 2.7~10.2g으로 풋고추보다 붉은 고추에 많고, 마른 고추에는 35.8g 함유되어 있다. 반드시 식품으로 섭취하여야 하는 필수 아미노 산은 붉은 고추에서 풋고추보다 3배 많고, 마른 고추에는 100g당 4.188g 함 유되어 있다. 나트륨 섭취량이 많은 우리나라에서 나트륨과의 균형을 위해 중요 한 칼륨은 고추가 좋은 급원으로, 붉은 고추가 풋고추보다 2배 이상 많다. 베타 카로틴(비타민 A)은 붉은 고추에 다른 고추들보다 8배 많이 함유되어 있고, 비 타민 C는 붉은 고추에 가장 많이 들어 있으며, 다음으로 오이 고추에 함량이 많 다. 고추는 간편식 위주의 식생활에서 부족하기 쉬운 식이섬유, 필수 아미노산, 칼륨과 비타민을 골고루 섭취할 수 있는 채소이다. 요즘에는 신선한 고추를 쉽 게 구입할 수 있지만 고추 장아찌는 냉장고에 보관하면서 연중 즐길 수 있는 좋 은 식품으로 매콤하고 상큼한 신맛이 입맛을 찾게 한다.

03. 약리적 기능

가. 비만 예방

고추의 매운맛 성분인 캡사이신이 혈액에 들어오면 감각 신경을 흥분시키고 이
것은 교감 신경의 말단에서 분비되는 노르아드레날린을 통해 갈색 지방 조직을
활성화하여 체열이 발생되도록 한다. 또 부신을 자극하여 아드레날린 분비를
통해 백색 지방 조직이 지방을 분해하고 혈액 속에 유리 지방산을 증가시킨다.
〈그림 11-6〉.

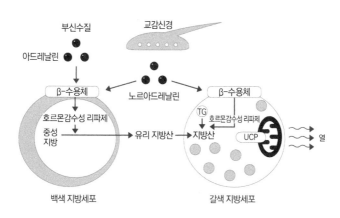

TG: 중성지방, UCP: 탈접합 단백질

〈그림 11-6〉 교감신경에 의한 지방 분해와 열 발생의 촉진

나. 장 건강 개선

고추에 들어 있는 식이섬유는 장의 운동을 돕고, 캡사이신 성분은 유산균의 발
육을 돕는 것으로 알려져 있다. 특히 김치에 들어 있는 유산균은 몸에 해로운 균
의 성장을 억제하고 장의 운동을 활발하게 하며 암 예방에 효과가 있는 것으로
밝혀졌다.

다. 심폐 기능 강화

베타카로틴은 심장 질환 개선에 도움을 줄 수 있고, 캡사이신은 심폐 기능을 강화해 지구력을 높여주는 것으로 알려져 있다. 고추를 섭취한 뒤 운동을 하면 1회의 심박수로 내보내는 산소의 양이 늘어나 운동량이 향상되며, 같은 심박수로 더 많은 양의 산소를 흡입할 수 있는 것으로 알려져 있다.

라. 혈당 조절

2008년 국내 연구진에 의해 개발된 '당조고추'는 이름 그대로 '당을 조절해주는' 기능을 지니고 있다. '당조고추'에 함유된 루테오린 성분이 당류 분해와 흡수를 완만하게 해 식후 혈당 상승을 억제하기 때문이다. 국내산 당조고추는 일본 수출 농산물 최초로 '일본 기능성표시식품'으로 등록되었다.

마. 암 발생 억제

비타민 A의 전구체인 베타카로틴과 고추의 매운맛 성분인 캡사이신은 암 예방에 도움을 주는 것으로 잘 알려져 있다. 암 생성에서부터 진행, 전이 및 차단하는 모든 단계에서 효과가 있어 다단계의 발암 과정에 영향을 줄 수 있다. 즉 발암 물질이 몸속에 들어와 암이 전이되는 것을 막고, 전이된 암세포가 증식을 해서 종양을 만드는 단계를 막아준다. 또한 암세포의 자살을 유도함으로써 더 이상 증식하는 것을 막아준다. 체내에 늘어난 활성산소는 발암 물질의 활동을 도와 암 발생 과정에 관여하지만 고추의 항산화성 성분으로 활성산소를 없애 암을 예방할 수 있다.

바. 위염·고혈압 예방

고추의 매운맛 성분인 캡사이신을 섭취하면 그 자극으로 지각 신경의 말단에서 칼시토닌 유전자 관련 펩타이드(CGRP)란 물질이 다량 방출된다. 이 CGRP가 혈관벽 세포에 작용하여 위염을 억제하는 작용이 있는 프로스타글란딘이란 물질을 증가시키기 때문에 위염을 억제하며 나아가서 위궤양이나 위암도 예방 할 수 있다.

사. 정력 증가 및 환경 호르몬 감소

성 호르몬이나 환경 호르몬이 피하지방에 녹아 들어가면 잘 배출되지 않는다. 그러나 고추의 섭취로 지방을 연소시켜 신진대사를 활발하게 하면, 성호르몬의 양과 기능을 향상시키고 환경 호르몬의 문제를 낮추는데 도움이 될 수 있다.

아. 신진대사 증진 및 치매 예방

비타민 C와 비타민 B군은 음식물의 소화 흡수를 도와 신진대사를 증진하고 뇌와 신경계의 정상적인 기능을 유지하는 역할을 한다. 인구의 고령화로 최근 급속히 증가하고 있는 치매 질환의 예방과 개선은 우리가 해결해야 할 중요한 문제이다. 고추의 매운맛 성분인 캡사이신, 붉은색 성분인 카로티노이드와 플라보노이드의 항산화성 성분이 뇌세포막의 산화를 방지하고 세포를 정상적으로 유지하는 작용을 통해 치매 예방에 도움이 될 수 있다.

자. 기타

고추씨에는 23~29%의 불포화 지방산이 함유되어 있는데, 불포화지방산은 체내의 노폐물을 걸러 주는 작용을 한다. 또한, 고추의 캡사이신 성분은 유산균의 발육을 돕기 때문에 우리가 보통 섭취하는 김치에는 상당한 양의 유산균이 함유되어 있다. 김치에 들어있는 유산균은 장의 운동을 활발히 하고 암을 예방하며 항균 작용을 하고 비타민의 생성을 좋게 한다.

04. 내가 만드는 고추 요리

가. 풋고추 물김치

– 주재료 : 풋고추 20개, 무 300g, 쪽파 20g, 홍고추 2개
– 밀가루 풀 : 물 2/3컵, 밀가루 1큰술
– 양념 : 굵은 소금 1/2컵, 설탕 1큰술, 액젓 4큰술, 새우젓 1+1/2큰술, 굵은
    소금 1+1/4큰술

– 요리 방법
① 냄비에 밀가루 풀 재료를 넣고 덩어리지지 않게 저어가며 중간 불로 끓여 걸
  쭉해지면 불을 꺼 식힌다.
② 풋고추는 꼭지를 뗀 뒤 세로로 길게 칼집을 넣어 씨를 뺀다.
③ 물(5컵)에 굵은 소금(1/2컵)을 푼 뒤 풋고추를 넣어 20분간 담가 절인다.
④ 무는 3cm 길이로 채 썰고, 쪽파도 3cm 길이로 썰며, 홍고추도 꼭지를 뗀
  뒤 씨를 제거해 같은 길이로 채 썬다.
⑤ 무에 설탕(1큰술), 액젓(4큰술), 새우젓(1+1/2큰술)을 넣어 10분간 절인 뒤
  홍고추, 쪽파를 고루 섞어 김칫소를 만든다.
⑥ 절인 풋고추는 물기를 뺀 뒤 칼집 사이에 김칫소를 넣어 채운다.
⑦ 물(3+1/2컵)에 굵은 소금(1+1/4큰술)을 넣어 녹인 뒤 밀가루 풀을 섞고 김
  칫소를 채운 풋고추에 부어 마무리한다.

나. 풋고추 새우살 튀김

- 주재료 : 풋고추 8개, 칵테일 생새우 15마리, 튀김가루 1컵, 얼음물 1컵, 빵
  가루 1컵
- 부재료 : 양파 1/4개, 쪽파 10g
- 양념 : 전분 1큰술, 소금 약간, 후춧가루 약간, 식용유 3컵
- 초간장 : 설탕 1큰술, 물 1큰술, 식초 2큰술, 간장 1큰술

- 요리 방법
① 풋고추는 세로로 칼집을 넣어 속을 가른 뒤 씨를 빼낸다.
② 새우, 양파, 쪽파는 곱게 다진 뒤 전분(1큰술), 소금(약간), 후춧가루(약간)
  를 넣고 고루 섞어 치댄다.
③ 풋고추 속에 치댄 새우살 반죽을 넣는다.
④ 튀김가루(1컵)와 얼음물(1컵)을 섞어 반죽을 만든다.
⑤ 새우살을 넣은 풋고추에 반죽을 고루 바른 뒤 빵가루를 도톰하게 입힌다.
⑥ 180℃로 달군 식용유(3컵)에 3분간 앞뒤로 노릇해질 때까지 튀긴다.
⑦ 키친타월에 올려 기름기를 뺀 뒤 초간장을 곁들여 마무리한다.

누구나 재배할 수 있는 텃밭채소 고추

1판 1쇄 인쇄 2023년 05월 08일
1판 1쇄 발행 2023년 05월 15일
저   자 국립원예특작과학원
발 행 인 이범만
발 행 처 **21세기사** (제406-2004-00015호)
         경기도 파주시 산남로 72-16 (10882)
         Tel. 031-942-7861   Fax. 031-942-7864
         E-mail : 21cbook@naver.com
         Home-page : www.21cbook.co.kr
         ISBN 979-11-6833-077-1

정가 23,000원